西北工业大学精品学术著作
培育项目资助出版

临近空间高速飞行器
有限/固定时间控制方法

丁一波　岳晓奎　崔乃刚　马学宝　著

科学出版社
北京

内 容 简 介

本书主要内容包括有限/固定时间控制的基本概念、理论和方法，滑模控制理论发展至今的五代体系，临近空间高速飞行器外部扰动上界未知、执行器饱和抑制、弹性频率辨识与自适应抑制、跟踪性能与进气约束等控制问题的解决方案。本书内容系统、严谨，注重控制理论基础与工程应用结合，具有鲜明的航天应用特色。

本书既可以作为高等院校航空航天类学科飞行器设计与控制相关专业师生的教学用书或参考书，也可以作为临近空间高速飞行器相关研究人员的参考资料。

图书在版编目（CIP）数据

临近空间高速飞行器有限/固定时间控制方法 / 丁一波等著. -- 北京 : 科学出版社, 2025. 3. -- ISBN 978-7-03-080672-7

Ⅰ. V47

中国国家版本馆 CIP 数据核字第 20245XJ919 号

责任编辑：宋无汗　郑小羽 / 责任校对：崔向琳

责任印制：徐晓晨 / 封面设计：陈　敬

科学出版社 出版

北京东黄城根北街 16 号

邮政编码：100717

http://www.sciencep.com

北京华宇信诺印刷有限公司印刷

科学出版社发行　各地新华书店经销

*

2025 年 3 月第　一　版　开本：720×1000　1/16

2025 年 3 月第一次印刷　印张：12 1/4

字数：244 000

定价：145.00 元

（如有印装质量问题，我社负责调换）

前 言

自由、高效进出空天是人类永恒的梦想，而临近空间高速飞行器是实现该梦想的一项切实可行的方案。吸气式临近空间高速飞行器兼具航天器与航空器的优势，具有重大的军事价值与潜在的经济价值。作为 21 世纪航空航天领域的战略研究重点，临近空间高速飞行技术已经成为世界各国关注的主要发展方向。在此背景下，我国积极开展吸气式临近空间高速飞行器的研发工作。相比传统飞行器，吸气式临近空间高速飞行器的机身/发动机一体化设计外形使得推进系统与气动系统之间存在强耦合。另外，轻质细长机身导致的机体弹性振动、静不稳定、强非线性、气动参数不确定等特性都给控制系统设计带来了巨大的挑战。控制系统设计作为临近空间高速飞行器的关键核心技术之一，其性能直接影响飞行器战技指标。传统控制器在剧烈外界扰动与参数摄动的影响下难以实现较高的控制品质，无法满足飞行器快速响应、强鲁棒性与高精度的控制需求，因此需要研究智能化高、收敛速度快、精度高、具有强扰动抑制能力的控制算法。

随着反步控制、预定性能控制、滑模变结构控制、神经网络控制等理论的快速发展，利用先进控制理论开展临近空间高速飞行器控制系统研究得到了广泛重视。国内已经出版了众多关于临近空间高速飞行器控制系统设计的书籍，基于有限/固定时间控制理论提出了许多控制方案，但多数并未对有限/固定时间控制理论进行全面而系统的介绍。对于临近空间高速飞行器面临的执行器饱和抑制、跟踪误差性能约束、弹性振动抑制、宽域飞行智能自学习等控制问题，缺乏系统、整体的解决方案。为了满足临近空间高速飞行器控制系统设计的专业需求，本书以吸气式临近空间高速飞行器为研究对象，在有限/固定时间控制方法研究的基础上，对智能优化理论与机器学习理论的应用进行深入研究并提出控制器设计方案，以期提升飞行器控制系统的响应速度、跟踪精度与抗干扰性能，同时解决执行器饱和抑制问题、跟踪误差性能约束问题、弹性振动抑制问题、宽域飞行智能自学习问题。

全书共 8 章。第 1 章介绍临近空间高速飞行器及其控制方法的研究现状。第 2 章介绍吸气式临近空间高速飞行器数学模型。第 3 章介绍有限/固定时间控制基础理论与稳定性定理。第 4 章介绍滑模控制基础理论，并给出其在观测器设计中的典型扩展应用方案。第 5 章基于高阶滑模理论设计一种自适应增益高阶超螺旋控制器，以有效抑制外界扰动的影响。第 6 章针对临近空间高速飞行器执行机构

(气动舵与燃油当量比)幅值受限问题，设计自适应抗饱和有限时间控制器。第 7 章针对临近空间高速飞行器弹性振动抑制问题，利用三层径向基函数神经网络构建弹性频率辨识在线监督机制，结合串行自适应陷波器与固定时间反步控制器实现频率快速辨识与振动抑制控制。第 8 章面向攻角跟踪约束问题，设计攻角约束快速补偿终端滑模控制器，并利用深度森林算法构建性能指标智能策略库，实现性能指标的智能设计与在线提取，保障飞行器在宽速域、大空域范围下始终能够自学习获取最优飞行性能。

在撰写本书过程中，得到了西北工业大学航天学院和航天飞行动力学技术国家级重点实验室教师和研究生的大力支持，在此表示衷心感谢。

本书的研究工作得到了国家自然科学基金项目(12372048、12102343)、中国博士后科学基金项目(2023M742835)、航空科学基金项目(2022Z004053001)的资助，一并表示感谢。

由于作者水平有限，书中难免存在疏漏和不当之处，敬请广大读者与专家批评指正。

作者于西北工业大学

2025 年 1 月

目　录

前言
第 1 章　绪论 ······ 1
1.1　研究背景、目的和意义 ······ 1
1.2　临近空间高速飞行器研究现状 ······ 3
1.2.1　美国临近空间高速飞行器研究现状 ······ 3
1.2.2　俄罗斯临近空间高速飞行器研究现状 ······ 6
1.2.3　其他国家临近空间高速飞行器研究现状 ······ 6
1.3　临近空间高速飞行器控制方法研究现状 ······ 8
1.3.1　考虑外部扰动影响的控制方法研究现状 ······ 9
1.3.2　考虑输入受限影响的抗饱和控制方法研究现状 ······ 10
1.3.3　考虑弹性振动问题的控制方法研究现状 ······ 11
1.3.4　考虑进气约束问题的控制方法研究现状 ······ 12
1.4　本书主要研究内容及组织结构 ······ 13
第 2 章　吸气式临近空间高速飞行器数学模型 ······ 16
2.1　引言 ······ 16
2.2　吸气式临近空间高速飞行器几何构型 ······ 16
2.3　吸气式临近空间高速飞行器动力学建模 ······ 18
2.3.1　坐标系定义与坐标转换关系 ······ 18
2.3.2　刚体动力学方程 ······ 19
2.3.3　气动与推进系统模型 ······ 23
2.3.4　吸气式临近空间高速飞行器曲线拟合模型 ······ 27
2.4　本章小结 ······ 31
第 3 章　有限/固定时间控制基础理论与稳定性定理 ······ 32
3.1　引言 ······ 32
3.2　有限/固定时间稳定的定义 ······ 32
3.3　有限/固定时间稳定性判定方法 ······ 33
3.3.1　有限时间齐次性方法 ······ 33
3.3.2　有限时间 Lyapunov 稳定性定理 ······ 33
3.3.3　固定时间 Lyapunov 稳定性定理 ······ 34

3.4 本章小结 …… 35
第 4 章 滑模控制基础理论及扩展应用 …… 36
4.1 引言 …… 36
4.2 经典滑模控制 …… 36
4.2.1 滑模控制理论概述 …… 36
4.2.2 滑动模态的不变性 …… 37
4.2.3 线性滑模控制 …… 39
4.3 二阶滑模控制 …… 41
4.3.1 螺旋算法 …… 41
4.3.2 次优算法 …… 42
4.3.3 预定收敛律算法 …… 43
4.3.4 准连续算法 …… 43
4.3.5 漂移算法 …… 44
4.4 超螺旋滑模控制 …… 45
4.5 任意阶滑模控制 …… 45
4.5.1 嵌套式高阶滑模算法 …… 46
4.5.2 准连续高阶滑模算法 …… 46
4.5.3 改进的嵌套式高阶滑模算法 …… 47
4.6 连续任意阶滑模控制 …… 48
4.6.1 高阶超螺旋算法 …… 49
4.6.2 连续螺旋算法 …… 52
4.6.3 连续终端滑模算法 …… 53
4.7 终端滑模控制 …… 54
4.7.1 终端滑模面 …… 54
4.7.2 快速终端滑模面 …… 55
4.7.3 非奇异终端滑模面 …… 56
4.7.4 非奇异快速终端滑模面 …… 58
4.8 固定时间滑模面与典型控制器设计 …… 59
4.8.1 固定时间滑模面典型形式 …… 59
4.8.2 二阶系统固定时间典型控制器设计 …… 62
4.9 滑模控制理论扩展应用 …… 62
4.9.1 精确鲁棒微分器 …… 62
4.9.2 迭代固定时间观测器 …… 65
4.9.3 鲁棒一致收敛观测器 …… 66
4.9.4 广义超螺旋观测器 …… 67

4.10 本章小结 ········ 69
第5章 基于自适应增益高阶超螺旋算法的控制方法 ········ 70
5.1 引言 ········ 70
5.2 问题描述 ········ 70
5.3 自适应增益高阶超螺旋控制器设计 ········ 74
5.4 仿真与分析 ········ 77
5.4.1 仿真参数设定 ········ 77
5.4.2 临近空间高速飞行器仿真结果与分析 ········ 78
5.4.3 扰动影响下的临近空间高速飞行器仿真结果与分析 ········ 83
5.5 本章小结 ········ 88
第6章 基于自适应固定时间补偿器的抗饱和有限时间控制方法 ········ 89
6.1 引言 ········ 89
6.2 问题描述 ········ 89
6.3 自适应抗饱和有限时间控制器设计 ········ 91
6.3.1 速度子系统抗饱和动态逆控制器 ········ 91
6.3.2 高度子系统基于微分器的抗饱和反步控制器 ········ 96
6.4 仿真与分析 ········ 103
6.4.1 自适应固定时间抗饱和补偿器仿真结果与分析 ········ 103
6.4.2 自适应抗饱和有限时间控制器仿真结果与分析 ········ 106
6.5 本章小结 ········ 112
第7章 考虑弹性频率辨识与自适应抑制的反步控制方法 ········ 113
7.1 引言 ········ 113
7.2 问题描述 ········ 113
7.3 串行陷波器 ········ 116
7.4 基于神经网络在线监督的弹性频率智能快速辨识器 ········ 118
7.4.1 基于 Hilbert-Huang 变换的串行自适应陷波器设计 ········ 118
7.4.2 基于 RBF 神经网络的弹性频率辨识在线监督 ········ 121
7.5 考虑弹性频率辨识与自适应抑制的反步控制器设计 ········ 124
7.5.1 速度子系统设计 ········ 124
7.5.2 高度子系统设计 ········ 125
7.6 仿真与分析 ········ 130
7.6.1 串行自适应陷波器仿真结果与分析 ········ 130
7.6.2 弹性临近空间高速飞行器仿真结果与分析 ········ 132
7.7 本章小结 ········ 145

第 8 章 考虑跟踪性能与进气约束的性能优化智能滑模控制方法 ······ 147
8.1 引言 ······ 147
8.2 问题描述 ······ 148
8.3 临近空间高速飞行器性能约束快速终端滑模控制器设计 ······ 149
8.3.1 速度子系统控制器设计 ······ 149
8.3.2 高度子系统控制器设计 ······ 150
8.4 基于深度森林算法的性能优化智能滑模控制器设计 ······ 158
8.4.1 考虑多目标性能优化的训练样本数据获取 ······ 158
8.4.2 基于深度森林算法的性能指标智能策略库设计 ······ 163
8.5 仿真与分析 ······ 165
8.5.1 临近空间高速飞行器性能约束快速终端滑模控制器仿真结果与分析 ······ 165
8.5.2 基于深度森林算法的性能优化智能滑模控制器仿真结果与分析 ······ 167
8.6 本章小结 ······ 177
参考文献 ······ 179

第1章　绪　　论

1.1　研究背景、目的和意义

临近空间高速飞行器是指在 20～100km 临近空间区域以超过 5 倍声速飞行并完成特定任务的飞行器。该类飞行器兼具航天器与航空器的优势，具有重大的军事价值与潜在的经济价值[1]。早期的临近空间高速飞行器方案“银鸟”于 20 世纪 30 年代由桑格尔提出。该方案引起了美国、苏联等大国的重视，争相开展临近空间高速飞行技术的相关研究[2-3]。经过世界各国的大量资金投入与通力合作，美、俄、日、英、德、法、中等国家都陆续取得了临近空间高速飞行技术上的重大突破。可见，临近空间高速飞行技术作为 21 世纪航空航天领域的战略研究重点，已经成为世界各国关注的主要发展方向[1]。

临近空间高速飞行器依据是否有动力主要分为无动力的弹道式或滑翔式飞行器与以吸气式超燃冲压发动机为动力的临近空间高速巡航飞行器或临近空间高速飞机平台[4-5]。现阶段，无动力临近空间高速飞行器的发展相对较为成熟，吸气式临近空间高速飞行器则囊括了航空航天领域各学科的前沿技术[6]，如机身/发动机一体化设计技术、临近空间高速飞行空气动力技术、临近空间高速飞行热防护技术、超燃冲压发动机技术、临近空间高速飞行控制技术等，这些技术成熟度较低，是目前各国研究的焦点[7]。

吸气式临近空间高速飞行器作为一种高速度、大射程、快响应的新型飞行器，既能在大气层内高速巡航飞行，又能穿越大气层作空间运输载具，在不同领域都有着广泛的应用前景[8]。其优势体现在飞行空域大、射程远；飞行于 20km 高度以上的临近空间，大气密度低，气动阻力小；飞行速度快，机动性高，突防能力强；部署与发射方式灵活，任务执行效率高；飞行动能大，在携带相同质量战斗部的情况下，相比传统武器能够产生更强的毁伤效能[9-10]。上述各项优势决定了临近空间高速飞行器可作为远程突袭武器发射平台或直接打击武器，成为实现全球远程快速精确打击的核心力量。同时，临近空间高速飞行器可作为新型洲际客/货运输交通工具，实现比普通飞机速度更快、承载更多、范围更广的全球通航，改善人类生活方式与生活水平。临近空间高速货机可便捷地实现高价值物资的快速、精准远程投送，提升运输效率，拉动全球经济增长；临近空间高速客机可缩短旅客出行时间，提升工作效率，促进全球一体化进程[11]。此外，临近空间高速飞行技术的开发提供了一种高可靠、高效率、低成本、节约能源的空间进出方式。作为一种可控性更强的空间运输载具，临近空间高速飞行器能够对地球外层空间展开探测，为未来的大规模空间开发、星际探测、星际运输提供服务[12]。

控制系统设计作为临近空间高速飞行器的关键核心技术之一，与飞行性能直接关联。但是，相比传统飞行器，吸气式临近空间高速飞行器的机身/发动机一体化设计外形导致推进系统与气动系统之间存在强耦合[13-14]。另外，静不稳定、强非线性、气动参数不确定等特性都对其控制系统设计带来了巨大的挑战[15]。不仅如此，临近空间高速飞行器复杂的外界飞行环境极易产生外部扰动，引发飞行器饱和以及进气道阻塞，导致系统不稳定。传统控制器在剧烈外界扰动与参数摄动的影响下难以实现较高的控制品质，无法满足临近空间高速飞行器快速响应、强鲁棒性与高精度的控制需求，因此需要研究收敛速度快、精度高、具有强扰动抑制能力的控制算法。临近空间高速飞行器极端的飞行条件中，未知气流，如阵风与湍流容易引发执行机构饱和，当飞行器的执行机构发生饱和时，控制指令无法得到响应，原系统变成不可控的开环系统，极易失去稳定性，因此需要针对控制受限的临近空间高速飞行器研究饱和抑制控制算法。临近空间高速飞行器的细长体外形与轻质结构机身设计导致机体弹性振动频率降低，与控制系统发生耦合，这种耦合会影响控制精度，甚至导致飞行器闭环不稳定，乃至折断飞行器结构。临近空间高速飞行器具有飞行空域广、飞行时间长和飞行速度快等特点，严酷的飞行环境和复杂多变的飞行工况使得弹性振动模态参数表现出强时变性和强不确定性，因此需要设计自适应陷波器对弹性振动模态进行自适应辨识与抑制。吸气式超燃冲压发动机工作条件苛刻，不合适的飞行状态可能导致发动机进气不足，致使发动机熄火，甚至引起系统状态发散。同时，由于吸气式临近空间高速飞行器的飞行工况复杂,不同飞行工况下能够满足进气约束条件的响应性能是不同的，需要在不同飞行工况下设计不同的性能参数。增益调度法作为一种常用的解决方案，可以通过函数设定法或查表法等方式，对性能参数进行补偿。但是，针对大空域、宽速域的吸气式临近空间高速飞行器，利用插值方法设计对任务包络全覆盖的调度函数或构建调度参数表，不仅工作量巨大，而且实际难以操作。以机器学习技术为代表的人工智能理论是处理复杂非线性系统的一种有效方法，不仅泛化能力强，能够无限逼近非线性函数，而且具有更灵活、更强大的特征提取和抽象能力。因此，可以借鉴人工智能理论提炼、挖掘性能参数与飞行工况的内在联系，构建性能指标智能策略库，实现性能指标的智能设计与在线提取，在满足进气约束与跟踪性能约束的基础上，确保控制性能最优。综上所述，本书针对临近空间高速飞行器遭遇外部扰动问题、输入受限问题、弹性模态辨识与抑制问题、进气约束问题分别展开理论研究，并设计相关先进控制策略加以解决。

为了满足国家经济发展与战略安全的需求，研究临近空间高速飞行技术具有重大意义。本书通过对吸气式临近空间高速飞行器面临的各项控制难题进行理论分析与研究，丰富吸气式临近空间高速飞行器控制系统设计的理论与技术知识储备。

1.2 临近空间高速飞行器研究现状

近半个世纪，临近空间高速飞行技术受到美国、俄罗斯、日本、英国、德国、法国、印度、澳大利亚和中国等航空航天强国的广泛重视和深入研究，积累了大量经验。

1.2.1 美国临近空间高速飞行器研究现状

20 世纪初，美国便开始了 X 系列临近空间高速飞行器的研究计划。进入 21 世纪，美国明确了以临近空间高速巡航导弹为技术突破口，逐步发展可重复使用临近空间高速飞行器，最终实现空天往返的渐进式发展路线，并在 2001 年的“国家航空航天倡议”(National Aerospace Initiative，NAI)中正式提出临近空间高速飞机平台的发展构想。2005 年，临近空间高速飞行器受到美国军方的重视。美国国防部发布的《无人机系统路线图(2005—2030)》首次将临近空间高速飞行器列入无人飞行器系统范畴。

1. 空间轨道机动飞行器

空间轨道机动飞行器是以火箭发动机为推进动力，兼具进入近地轨道和再入大气层滑翔能力的一类飞行器。该类飞行器的主要应用前景是进行空天往返运载工作。其早期探索开始于 X-15 与 X-20 载人临近空间高速飞行器，经历 X-23、可重复使用运载火箭(reusable launch vehicle，RLV)技术计划(X-33、X-34)等一系列火箭推进无人空间轨道机动飞行器后，最终成功试验首架无人空间轨道机动飞行器 X-37B。

2. 助推滑翔再入飞行器

助推滑翔再入飞行器的飞行过程：首先通过火箭助推器将飞行器推进至大气层外，待火箭助推器分离后飞行器依靠自身气动外形进行远距离机动滑翔[16]。该类飞行器的主要应用前景是战略级导弹，典型代表为美国空军的从本土实施军力运用和投送(force application and launch from the continental，FALCON)计划(简称“猎鹰”计划)与美国陆军的先进高超声速武器(advanced hypersonic weapon，AHW)项目。

FALCON 计划的目标：研发、飞行试验和验证再入飞行器的关键技术，确保美国在近期和远期具备执行全球快速精确打击任务的能力。FALCON 计划的任务为发展小型运载火箭(small launch vehicle，SLV)与高超声速武器系统(hypersonic weapon system，HWS)，即通用航空飞行器(common aero vehicle，CAV)、改进的通用航空飞行器(enhanced common aero vehicle，ECAV) 与高超声速巡航飞行器(hypersonic cruise vehicle，HCV)。2005 年，美国国会取消了 FALCON 计划中武器相关的飞行试验，采用高超声速技术验证机(hypersonic technology demonstrator vehicle，HSTDV) HTV-1、HTV-2、HTV-3X 分别验证 CAV、ECAV 与 HCV 的关键技术。HTV-1 采用改进的锥形气动布局。HTV-2 采用乘波体构型[17]，分别于 2010 年与 2011 年进行过两次飞行试验，第一次用于验证气动热风险，第二次用于验证防热系统性能与大范围横向机动能力。

AHW 项目由载荷和运载器组成，其外形与 HTV-2 不同，采用小翼锥形设计[18]。2011 年，AHW 项目成功完成了首次飞行试验[19]。

2018 年，在美国国防部的统筹部署下，美国陆海空三军达成合作协议：以 AHW 项目验证的圆锥体构型方案为基础，依托远程高超声速武器(long range hypersonic weapon，LRHW)项目、常规快速打击(conventional prompt strike，CPS)项目和高超声速常规打击武器(hypersonic conventional strike weapon，HCSW)项目，分别开展陆射、潜射和空射型临近空间助推滑翔导弹的型号研制；以 HTV-2 项目研发的乘波体构型方案为基础，依托战术助推滑翔(tactical boost glide，TBG)、空射快速响应武器(air-launched rapid response weapon，ARRW)和作战火力(operational fires，OpFires)项目，开展空射/舰射型、空射型以及陆射型助推滑翔导弹型号研制与演示验证。

2022 年 5 月，美国空军宣布成功完成一次临近空间武器试射，一架 B-52H 轰炸机释放了 AGM-183A 空射快速响应武器，该武器的马赫数为 5。AGM-183A 是美国新一代空射火箭助推滑翔飞行器，由固体燃料火箭助推器和楔形滑翔体组成，采用全程滑翔技术。

3. 吸气式临近空间高速飞行器

吸气式临近空间高速飞行器是以超燃冲压发动机为动力的一类临近空间高速飞行器[20]。该类飞行器的探索开始于 1955 年，早期主要开展超燃冲压发动机的相关技术研究工作。1986 年，美国国家航空航天局(National Aeronautics and Space Administration，NASA)提出了国家空天飞机(national aero-space plane，NASP)发展计划，旨在设计氢燃料的单级入轨吸气式临近空间高速飞行器，代号 X-30，但其仅停留在缩比模型研究阶段。

在 NASP 发展计划取消后，高超声速试验(hypersonic experimental，Hyper-X)计划在 NASA 统一管理、兰利研究中心牵头下备受军方关注，其目的为研究并验证可用于临近空间高速飞机和可重复使用天地往返系统的超燃冲压发动机技术与一体化设计技术。Hyper-X 计划共四个型号的试飞器：X-43A～X-43D。X-43A 采用乘波体外形，将全动式水平尾翼、双垂直尾翼作为控制面。截至 2004 年 11 月，X-43A 共进行了三次飞行试验。X-43A 首先由 B-52B 轰炸机携载至高空由翼下释放，然后在“飞马座”助推火箭的推进下到达高空，与助推器分离后，X-43A 自身发动机点火工作，X-43A 开始依靠自身动力飞行，在燃料耗尽后，继续滑行，最终坠入太平洋。

高超声速技术(hypersonic technology，HyTech)为美国空军于 1995 年提出的临近空间高速飞行器发展计划，用于发展碳氢燃料–主动冷却超燃冲压发动机技术，验证马赫数 4～8 下发动机的可操作性、性能和结构耐久度。HyTech 计划的验证机 X-51A 具有乘波体外形[21]，由固体火箭助推器、级间段与巡航飞行器组成。X-51A 共进行了四次飞行试验，2013 年第四次飞行试验基本成功。X-51A 首先由 B-52H 轰炸机携带至高空投放，然后助推器开始工作，对 X-51A 进行加速。与助推器分离后，超燃冲压发动机点火，X-51A 开始有动力飞行。在发动机关机后，X-51A 继续飞行一段时间后坠海[22]。

高超声速飞行(hypersonics flight，Hyfly)技术演示计划由美国国防部高级研究计划局(Defense Advanced Research Projects Agency，DARPA)与海军研究办公室于 2002 年联合发起，用于验证具有马赫数 6 巡航能力的双燃烧室超燃冲压发动机推进临近空间高速飞行器。

2013 年，美国空军与 DARPA 将高超声速吸气式武器概念(hypersonic air-breathing weapon concept，HAWC)项目与 TBG 项目合并，形成了新的高速打击武器(high speed strike weapon，HSSW)项目[23]。2016 年，承包商签署了 HSSW 项目的合同[24]。

4. 临近空间高速飞机平台

临近空间高速飞机平台通常指马赫数为 5～16 的“飞机”，可以作为民用客机，也可以作为战斗机或侦察机。临近空间飞行侦察机平台是一类主要用于侦察敌方对空防御系统阵地情况、执行电子情报搜集等任务的临近空间高速飞行器。SR-72 采用大细长比机身、边条翼+大后掠梯形翼、单垂尾构型，双发动机位于机翼下方。其采用涡轮基组合循环发动机(turbine-based combined-cycle engine，TBCC)，发动机上下并联且共用进气道和尾喷管。

2018 年，波音公司公布了“女武神”临近空间高速飞机平台的概念方案，并展示了验证机模型。该飞行器巡航时马赫数可达 5。相比于 SR-72，“女武神”采用大后掠双三角翼+双垂尾布局，TBCC 动力系统左右并联而非上下并联。

2022 年，波音公司推出了新版本的“女武神”飞行器模型。2018 年版“女武神”采用尖机头，机身下方有二维矩形进气道设计；2022 年新版“女武神”的机型更具乘波体特征，机头钝化，顶部扁平，进气道呈圆形且贯穿飞机全长。

2021 年，Hermeus 公司推出“夸特马”临近空间高速飞机平台原型机[25]。“夸特马”采用大后掠三角翼布局，机体长细比较大，前机身与进气道高度融合。

2021 年，NASA 与通用电气公司签订研发合同，为“苍穹”临近空间高速飞机平台研发 TBCC 和耐高温陶瓷基复合材料[26]。

2022 年，维纳斯航空航天公司推出了“观星者”临近空间高速飞机平台。“观星者”是一种商务喷气式飞机，采用新颖的外观设计、下一代发动机技术以及先进的冷却装置。同年，维纳斯航空航天公司已生产了一个发动机原型，并利用风洞和推进试验设施进行了多次地面试验，在休斯敦太空港也开展了一次地面试验。

1.2.2 俄罗斯临近空间高速飞行器研究现状

俄罗斯临近空间飞行试验中，早期开始的是“冷”计划。“冷”计划试验飞行器由防空导弹 C-200 改装而成。该导弹为两级并联，四台固体火箭助推器捆绑在弹体四周，轴对称式超燃冲压发动机安装于弹体头部[27]。

“针”计划(IGLA 计划)采用翼身融合的升力体气动布局，应用 SS-19 导弹作为运载器。“针”计划的飞行试验过程：首先由 SS-19 将“针”飞行器运送至高空，飞行器与运载器分离后俯冲滑行，然后超燃冲压发动机点火试验。由于“针”飞行器同时具备助推滑翔与临近空间高速巡航两种弹道特性，其突防能力更强[28]。

“锆石”吸气式反舰导弹采用乘波体构型，可由舰载通用垂直发射系统或空基图-22M 轰炸机发射。

“匕首”导弹代号 Kh-47M2，采用回转体外形。由载机米格-31K 发射后，“匕首”导弹首先做类抛物线飞行，接近目标后通过跃升俯冲实施灌顶攻击[29]。2019 年，“匕首”导弹成功完成了试飞试验[30]。2022 年，“匕首”导弹首次在实战中使用。

“先锋”导弹采用 RS-28“萨尔玛特”洲际弹道导弹作为助推器。在 2018 年的发射试验中，“先锋”导弹成功命中预定目标。俄罗斯计划于 2027 年前组装并部署 12 套“先锋”导弹系统[31]。

1.2.3 其他国家临近空间高速飞行器研究现状

日本在可重复使用运载器研发方面采取循序渐进的思路，首先以 H-II 轨道飞机试验(H-II orbiting plane-experimental，HOPE-X)作为发展重点。自 1994 年开始，先后进行了自动着陆飞行试验(automatic landing flight experiment，ALFLEX)、临近空间飞行试验(HYFLEX)与轨道再入试验(orbital reentry experiment，OREX)三项试验[17]。2018 年，日本同时开启了助推滑翔导弹和临近空间巡航导弹的研发工作。

英国提出了水平起飞着陆的霍托尔(horizontal take-off and landing，HOTOL)空天飞机计划。在 HOTOL 空天飞机计划失败后，其概念保留并形成了新飞行器“云霄塔”(Skylon)。Skylon 是一种混合动力、水平起降、单级入轨的可重复使用空天飞机。Skylon 工作时，“佩刀”发动机首先将其加速推进至高空，然后关闭进气道转入火箭发动机工作模式，实现入轨。在 2022 年范堡罗航空航天展览会上，英国国防科学技术实验室、罗罗公司和反作用发动机公司(REL)等机构联合公开展出了一种军用临近空间高速飞机平台模型及其概念方案，被命名为“5 号方案”(Concept V)。“5 号方案”采用鸭式布局，翼身融合设计。

德国于 20 世纪 80 年代提出了两级入轨的“桑格尔”空天飞机计划。第一级为载机，采用涡轮冲压发动机，第二级为轨道飞行器，采用液体火箭发动机。锐边飞行试验(sharp edge flight experiment，SHEFEX)是由德国航空航天中心(Deutsches Zentrum für Luft-und Raumfahrt，DLR)进行的一项试验，旨在为具有重返大气层能力的太空舱、临近空间高速飞行器和航天飞机开发一些新的、更便宜和更安全的设计方案。DLR 分别于 2005 年和 2012 年完成了临近空间高速飞行器 SHEFEX-Ⅰ和 SHEFEX-Ⅱ的飞行试验。

法国在 1992～1997 年实施了国家临近空间飞行研究与技术计划，最终成功研制了 Chamois 超燃冲压发动机。1999 年，法国开始实施普罗米修斯(Promethee)巡航导弹研究计划[17]。2019 年，法国国防部部长声明已启动一型临近空间高速滑翔飞行器技术验证项目 V-max，于 2023 年 6 月在法国西南部比斯卡罗斯的导弹试验场开展首次飞行试验[31]。V-max 项目是法国提出的首个临近空间高速滑翔飞行器方案项目，旨在研发一型临近空间高速滑翔飞行器技术验证机。该项目的主管机构是法国国防部武器装备总署(DGA)，总承包商是欧洲阿丽亚娜集团(Ariane Group)。2023 年 6 月，法国国防采购局成功完成 V-max 临近空间高速滑翔飞行器首次飞行试验，试验中使用火箭助推发射，飞行过程中成功实现多次机动。

2001 年，印度提出了可重复使用航天飞机研发计划。2010 年，“布拉莫斯-2”巡航导弹试射成功。2016 年，可重复发射飞行器-技术验证飞行器(reusable launch vehicle-technology demonstrator，RLV-TD)完成了首飞试验。2019 年，印度研发的高超声速技术验证机(hypersonic technology demonstrator vehicle，HSTDV)完成首次试射。2020 年，印度国防研究与发展组织再次开展了 HSTDV 的飞行试验，成功验证了超燃冲压发动机技术。

澳大利亚通过与多国合作，先后开展了超燃冲压喷气发动机飞行试验(代号为 HyShot)、美–澳高超声速合作试验(the hypersonic collaborative Australia/United States experiment，HyCAUSE)、高超声速国际飞行研究试验(hypersonic international flight research experimentation，HIFiRE)等临近空间高速飞行器研究项目。2017 年，美国及澳大利亚证实，已成功进行了一系列临近空间高速巡航导弹测试。

我国同样十分重视临近空间高速飞行技术的发展。2002 年与 2007 年，国家自然科学基金委员会分别设立了“空天飞行器的若干重大基础问题”与“近空间飞行器的关键基础科学问题”两个重大研究计划，分别围绕空天飞行器与近空间远程飞行器研究中所涉及的关键科学问题，以多学科交叉创新研究为手段，对飞行器设计、材料科学、推进技术、飞行控制等核心技术领域进行了深入研究，从而为我国临近空间高速飞行器的技术发展奠定理论基础。在多项基金项目资助与国家“863”和“973”计划的支持下，部分研究院所与高校陆续针对临近空间高速飞行器的总体设计、气动设计、推进系统、结构强度、导航制导与控制等技术领域开展了探索、论证与研究。2018 年，中国航天科技集团公司第十一研究院研制的“星空-2”临近空间高速飞行器成功试飞。在 2022 年珠海航展中，我国展出了“鸣镝”(MD-22)临近空间高速飞行器模型。2022 年中国航天大会公布的宇航领域十大科学问题和技术难题包括“跨域飞行器的强适应控制技术”“航班化航天运输系统关键技术”等，旨在通过精确建模与强适应智能控制等研究，实现临近空间高速飞行器跨域飞行、全球运输等任务需求，为先进航天飞行器的发展提供理论支撑与技术牵引[32]。2022 年，国家自然科学基金委员会发布“多物理场高效飞行科学基础与调控机理”重大研究计划项目指南，旨在面向一小时左右全球抵达高速民航和航班化天地往返运输国家重大需求，聚焦多物理场高效飞行重大基础问题，通过飞行器构型连续变化，结合主动流动调控与智能控制实现飞行器跨大空域、宽速域、可重复的高效智能飞行。2022 年，由西北工业大学航天学院牵头研制的“飞天一号”临近空间高速飞行器成功试飞[33]。

1.3 临近空间高速飞行器控制方法研究现状

本书以吸气式临近空间高速飞行器为对象研究其控制问题。相比传统飞行器，吸气式临近空间高速飞行器具有强非线性、静不稳定的特性；由于腹部超燃冲压发动机的影响，吸气式临近空间高速飞行器的推进系统和气动系统之间会产生强耦合；由于工作环境气动现象复杂、机身气动参数难以准确获取，吸气式临近空间高速飞行器易遭遇外界扰动和参数摄动影响。上述诸多问题均导致吸气式临近空间高速飞行器的控制问题复杂且极具挑战性。

为了精确描述临近空间高速飞行器的特性，自 20 世纪 90 年代起，相关学者就对临近空间高速飞行器的建模研究开展了大量工作。Marrison 等[34]、Wang 等[35]根据 NASA 兰利研究中心的通用临近空间高速飞行器提出了高保真纵向动力学模型，对临近空间高速飞行器的主要特征进行了精确描述：高度非线性、非最小相位、静不稳定和气推耦合。Bolender 等[36-37]提出了一个体现结构动力学、气体动力学与推进动力学之间强耦合的“真实模型”(truth model)。由于真实模型过于复杂，为了便于实际使用，Parker 等[38]将真实模型中的力与力矩表达式采用多项式拟合近似，获得曲线拟合模型(curve-fitted model)。通过忽略影响较小的升降舵耦合，Parker 等获得了控制导向模型(control-oriented model)。

考虑到临近空间高速飞行器具有前述诸多控制难点，传统飞行控制方法难以满足其性能要求，因此，近年来临近空间高速飞行器的控制问题得到了国内外学者的极大关注。

1.3.1 考虑外部扰动影响的控制方法研究现状

迄今为止，已有许多先进控制理论应用于吸气式临近空间高速飞行器的控制系统设计，如线性二次型调节器(linear quadratic regulator，LQR)控制、鲁棒 H_∞ 控制、模糊控制、神经网络控制、反步控制、滑模控制等。文献[39]针对临近空间高速飞行器提出了一个极小极大 LQR 控制器，Parker 等[38]应用带有积分增广的 LQR 控制器补偿控制导向模型中的不确定度。Qin 等[40]基于临近空间高速飞行器的线性变参数模型设计了一种鲁棒参数依赖滚动时域 H_∞ 控制器。文献[41]首先应用 T-S 模糊建模技术对飞行器动力学进行近似，然后基于获得的非线性模型设计了一种 H_∞ 动态输出反馈控制器用于提升鲁棒性。另外，Hu 等[42]基于文献[41]中的模糊模型，提出了一种模糊保代价状态反馈控制算法。仿真结果表明，此方法相较于传统模糊控制器保守性更低。Bu 等[43]设计了一种自适应神经控制算法，其中非线性动力学中的集总扰动通过神经网络进行近似。为了减小神经网络的计算压力，Bu 等在文献[44]与[45]中将神经网络近似与最小学习参数技术结合，并应用于反步控制器中。Zhang 等[46]基于文献[47]中的理论算法，应用准连续高阶滑模控制器使临近空间高速飞行器在有限时间内跟踪期望指令，其中抖振问题通过人工增加相对阶的方法进行削弱。Wang 等[48]基于 Levant 在文献[49]中的理论，设计了新型齐次高阶滑模控制器，该控制器可生成连续控制信号，实现跟踪误差的有限时间收敛。文献[50]结合了自适应反步方案与滑模精确扰动观测器。文献[51]基于超螺旋算法设计了有限时间扰动观测器与连续二阶滑模控制器，能够实现扰动的有限时间估计与跟踪误差的有限时间控制。Cao 等[52]针对临近空间高速飞行器设计了嵌套式任意阶滑模控制器，采用混合粒子群智能优化算法确定控制器参数。

通过对吸气式临近空间高速飞行器考虑扰动影响的控制方法进行调研分析可知，LQR 控制、鲁棒 H_∞ 控制、模糊控制、神经网络控制、自适应控制等方法仅能保证飞行器跟踪误差实现渐近收敛或指数收敛。滑模控制器因其有限时间收敛特性而更受国内外学者的关注，但是传统滑模控制器离散控制信号产生的抖振现象限制了其在航空航天领域中的应用。为了解决此问题，学者们选择超螺旋算法设计相关控制器，将离散的符号函数隐藏于积分号下，从而有效抑制抖振。但是，超螺旋控制器的局限性在于其仅可应用于相对阶为 1 的系统。为了能够应用于高阶系统，文献[53]提出了高阶超螺旋算法，但是高阶超螺旋算法参数众多，难以调节。针对吸气式临近空间高速飞行器这种易受剧烈扰动影响的系统，高阶超螺旋算法需要具有较大的控制参数，以保障系统鲁棒性，这无疑又会增大抖振的影响。因此，需要深入研究与分析如何基于滑模控制理论保证临近空间高速飞行器抵抗扰动的鲁棒性与有限时间收敛特性，同时有效抑制抖振。

1.3.2　考虑输入受限影响的抗饱和控制方法研究现状

在临近空间高速飞行器的飞行过程中，燃油当量比需要始终保持在允许范围内，以保证超燃冲压发动机稳定燃烧[54]，否则会引发热滞现象，导致发动机熄火[50]。升降舵偏转角的约束则是由实际物理限制引起的[55]。由于临近空间高速飞行器的输入饱和经常会限制系统性能，甚至引发不稳定，因此有必要针对临近空间高速飞行器设计能够有效抑制执行机构饱和影响的控制方法。现有饱和抑制方法主要可分为两类：一步法与抗饱和补偿器方法[56-57]。一步法在控制器设计的初始阶段即考虑输入约束影响，但是这种方法为了保证系统在饱和影响下的稳定性，牺牲了闭环系统的全局性能与稳态性能[58]。因此，一步法所设计的控制器在执行机构未发生饱和的情况下较为保守，难以实现较好的控制性能[59]。Hu 等[60]基于模型预测控制方法，采用优化参考重构思想处理执行机构饱和问题。文献[61]设计了鲁棒 H_∞ 控制器，执行机构输入约束采用附加线性矩阵不等式来处理。Qin 等[62]考虑了执行机构饱和与延迟，基于线性变参数模型提出了带有时延补偿的参数依赖模型预测控制算法。抗饱和补偿器由两部分组成：标称控制器与附加补偿器[63]。标称控制器的作用是在执行机构不发生饱和的情况下使系统实现期望性能。附加补偿器的作用则是弱化饱和影响。当执行机构发生饱和时，附加补偿器快速生成附加变量，以保证饱和系统的稳定性并缩短饱和时间；当执行机构不再饱和时，附加变量自动收敛用于恢复标称控制器的系统性能[64]。因此，相比一步法，抗饱和补偿器方法无论执行机构饱和与否都可以保持较好的控制性能。学者们已经提出了多种有效的抗饱和补偿器。文献[65]基于双曲正切函数设计了新型抗饱和补偿器。An 等[66]将传统指数收敛形式抗饱和补偿器应用于反步控制器中，并结合非线性扰动观测器补偿未知集总扰动的影响。Tan 等[67]与 Bu 等[68]基于分数幂次项设计了新型抗饱和补偿器及其高阶形式，并与神经网络-滑模控制相结合成功解决了临近空间高速飞行器控制受限问题。在文献[69]中，Chen 等结合了基于扰动观测器的终端滑模控制器与有限时间收敛抗饱和补偿器，以实现更好的跟踪性能与更快的闭环响应速度。

通过对吸气式临近空间高速飞行器抗饱和补偿器的调研分析可知，现有补偿器难以保证附加变量在执行机构退出饱和后实现快速精确收敛，这会对标称控制器的收敛特性产生影响。因此，需要研究同时具备高效抗饱和能力与高精度收敛特性的新型补偿器。

1.3.3 考虑弹性振动问题的控制方法研究现状

为了追求在飞行速度与飞行高度上的突破，临近空间高速飞行器普遍采用大细长比构型和轻质复合材料，在带来较大弹性的同时，也带来了较低的弹性振动固有频率。这一设计使得临近空间高速飞行器的刚体与弹性模态之间产生了剧烈的耦合效应。由于带有结构振动信号的反馈数据会对临近空间高速飞行器的控制产生不利影响，甚至导致飞行器系统失稳，因此，在设计飞行器控制系统时，必须考虑弹性振动问题。

针对临近空间高速飞行器弹性振动问题，已经有许多学者进行了深入研究。现有研究成果对临近空间高速飞行器弹性模态的处理方法可分为两种，第一种是基于自适应控制、滑模控制、神经网络控制等控制方案，将弹性模态造成的影响视作飞行器系统的不确定性扰动，采用观测器进行扰动抑制或增强控制器的鲁棒性，以消除弹性模态对控制系统的不利影响。这种方法并未主动抑制飞行器的弹性振动，导致传感器测量信号包含的弹性振动通过控制器反馈对整个闭环系统产生不利影响，即存在气动伺服弹性问题。第二种是采用结构陷波器等主动弹性振动抑制方法[70]。结构陷波器可以通过设计自适应律，实现实时弹性频率辨识，以滤除测量信号中的弹性振动，从而实现弹性模态的幅值稳定，并且其窄陷波带宽可以减小对刚体控制性能的影响。

采用结构陷波器对弹性振动进行抑制，必须准确获知弹性模态频率，即解决临近空间高速飞行器弹性模态辨识问题[71]。朴敏楠等[72]基于零极点受限型陷波器，分别设计了参数单独自适应与同步自适应两种框架下的串行自适应陷波器，并对两种框架下的陷波器滤除效果进行对比仿真，尽管这种方法在处理类正弦波信号方面表现出色，但其并未考虑到临近空间高速飞行器的弹性振动模态具有衰减特性，在弹性模态收敛至极小值时，辨识结果会严重偏离真实值。当模态再次激发时，辨识结果远离真实值，导致辨识速度降低，难以取得理想效果。文献[73]采用递归最小二乘法，对飞行器的结构模态参数进行在线辨识，并依据辨识结果实时更新结构陷波器的中心频率。文献[74]利用带遗忘因子的递归最小二乘法对模态参数进行在线辨识，然后设计自适应陷波器，抑制弹性振动模态。文献[73]与文献[74]中的方法需要进行刚弹模型参数的联合辨识，在增加辨识难度的同时降低了辨识结果的可靠性。张玩乐等[75]利用小波变换与奇异值分解方法，对弹性振型频率进行在线估计，并根据辨识结果实时调整陷波器的中心频率，从而实现飞行器弹性振动的自适应抑制，但该方法只能辨识出一阶弹性振型。文献[76]提出了一种自适应结构滤波器设计方法，该方法采用递归最小二乘法进行在线辨识并实时调整滤波器参数，但其辨识精度依赖于飞行器动态模型的精确度，难以保证算法的可靠性。

通过对吸气式临近空间高速飞行器弹性辨识方法的调研分析可知，现有辨识方法对飞行器建模准确度的依赖度较高，而且其辨识对象主要为一阶弹性振型，忽略了其他振型频率。因此，需要研究模型依赖度低、辨识速度快、精度高、适用于临近空间高速飞行器多阶弹性辨识的算法。

1.3.4 考虑进气约束问题的控制方法研究现状

吸气式临近空间高速飞行器的机身/发动机一体化设计，虽然能够为飞行器提供充足的推力、提高升阻比并减小燃料负载，但也造成飞行器空气动力系统与推进系统之间的强耦合。若飞行器系统姿态跟踪误差超调量较大，可能产生过大攻角，使飞行器无法维持发动机进气量，导致发动机熄火。预定性能控制能够使系统跟踪误差满足期望超调量、收敛速率与稳态误差。因此，可以将预定性能控制方法用于解决临近空间高速飞行器进气约束问题，通过限定攻角跟踪误差的超调量、收敛时间、稳态误差等性能，保证吸气式发动机正常工作所需的进气量。

现有预定性能控制方法可以总结为漏斗控制法、障碍李雅普诺夫函数法与坐标转换法[70]等。文献[77]首次将漏斗控制法应用在临近空间高速飞行器的控制系统设计中，对临近空间高速飞行器速度与高度跟踪误差的瞬态、稳态性能进行限定。Dong 等[78]基于自适应控制，利用障碍李雅普诺夫函数，对临近空间高速飞行器的状态量跟踪误差进行限定。An 等[79]基于指令滤波反步控制方法与障碍李雅普诺夫函数法，通过限定虚拟控制与跟踪误差的边界，解决了攻角约束问题。Xu 等[80]基于反步控制方法、复合学习法以及障碍李雅普诺夫函数法，提出了一种考虑临近空间高速飞行器攻角约束的控制器设计方法。坐标转换法是 Bechlioulis 等[81]提出的方案，该方法首先设计预定性能边界函数，然后对系统跟踪误差进行坐标转化，得到新的无约束坐标。通过设计控制律保证新坐标有界即可将原跟踪误差限定在预定性能边界函数内。作为坐标转换法中最重要的组成部分之一，预定性能边界函数直接决定了系统跟踪误差的性能。Bu[82]应用反双曲正切函数进行坐标转换，并采用传统的指数收敛形式性能函数对临近空间高速飞行器设计预定性能控制器。文献[83]与文献[84]分别基于双曲余切函数与双曲余割函数设计了不同的预定性能边界函数，用于解决临近空间高速飞行器状态约束问题。

基于预定性能控制方法设计控制器，能够解决临近空间高速飞行器的进气约束问题，但是目前的性能函数参数较少，导致约束性能难以自由调节。同时，由于吸气式临近空间高速飞行器的飞行工况复杂，不同飞行条件下满足进气约束的响应性能是不同的，在实际中难以针对复杂飞行工况分别设计不同的性能函数参数，因此需要研究在多飞行工况下始终满足进气约束的智能控制方法。

1.4 本书主要研究内容及组织结构

本书主要针对吸气式临近空间高速飞行器的爬升段与巡航段控制问题进行深入研究，重点解决扰动上界未知问题、控制量输入受限问题、弹性模态辨识问题和进气约束下性能优化控制问题。本书主要研究内容详述如下。

第 2 章，吸气式临近空间高速飞行器数学模型。本章首先介绍吸气式临近空间高速飞行器的几何构型、外形参数与飞行任务剖面。其次给出介绍本书内容所需的坐标系及其相互转换关系，构建刚体动力学方程，并基于空气动力学理论建立气动与推进系统模型。最后通过近似拟合，给出吸气式临近空间高速飞行器的曲线拟合模型及相关参数。

第 3 章，有限/固定时间控制基础理论与稳定性定理。本章首先介绍非线性系统有限时间稳定与固定时间稳定的定义，然后分别给出齐次性方法与 Lyapunov 稳定性定理两种有限/固定时间稳定的验证方法。其中，Lyapunov 稳定性定理包括有限时间定理、快速有限时间定理、实际有限时间定理、固定时间定理、实际固定时间定理。

第 4 章，滑模控制基础理论及扩展应用。本章首先介绍滑模控制基本概念，并依次重点介绍滑模控制理论发展至今的五代体系，包括经典滑模控制、二阶滑模控制、超螺旋滑模控制、任意阶滑模控制与连续任意阶滑模控制。其次介绍终端滑模控制、固定时间滑模面与典型控制器设计。最后介绍精确鲁棒微分器、迭代固定时间观测器、鲁棒一致收敛观测器、广义超螺旋观测器等滑模控制理论的扩展应用。

第 5 章，基于自适应增益高阶超螺旋算法的控制方法。为了解决吸气式临近空间高速飞行器的诸多控制难点，如易受外界未知扰动影响、推进系统与气动系统之间存在强耦合、气动参数摄动、静不稳定构型与快速响应的任务需求，本章结合坐标膨胀理论设计自适应律改进高阶超螺旋算法。为了处理气推耦合问题，应用反馈线性化方法将飞行器模型转化为仿射非线性形式，并利用非线性反馈将速度、高度两通道控制信号进行解耦；为了解决气动参数摄动问题，引入精确鲁棒微分器实时估计获取跟踪误差向量的导数信息。相比传统滑模控制，本书设计的自适应增益高阶超螺旋控制器不仅保留了高阶超螺旋算法的优势，可用于高阶系统、收敛精度高、抖振弱、可有效补偿利普希茨有界扰动，而且可依据临近空间高速飞行器的外界扰动实时调节自身控制增益，实现自主增强鲁棒性与提升响应速度，并避免增益过度估计引发的抖振现象。

第 6 章，基于自适应固定时间补偿器的抗饱和有限时间控制方法。临近空间高速飞行器的执行机构在工作中会受到幅值约束影响(气动舵受制于物理最大偏转角，燃油当量比超出额定工作范围会引发热滞现象)。当执行机构饱和时，控制指令无法得到响应，系统变成不可控的开环系统，极易失去稳定性，因此本章针对输入受限的临近空间高速飞行器设计自适应抗饱和有限时间控制器。首先基于功能分解将飞行器拆分为速度和高度两个子系统，分别设计动态逆控制器与反步控制器。其次针对执行机构饱和设计自适应固定时间抗饱和补偿器。当执行机构饱和时，补偿器保证饱和系统稳定并使其快速退饱和；当执行机构不再饱和时，补偿器的附加变量在固定时间内精确收敛，避免影响原本闭环系统的收敛特性。最后在高度子系统的反步控制器中引入迭代固定时间微分器实时估计虚拟控制的导数，在解决项目爆炸问题的同时实现系统跟踪误差的有限时间收敛。

第 7 章，考虑弹性频率辨识与自适应抑制的反步控制方法。针对临近空间高速飞行器气动伺服弹性问题，首先，为了在最小化对刚体控制性能影响的同时实现对频率未知且时变的弹性模态的抑制，采用希尔伯特–黄(Hilbert-Huang)变换理论与串行自适应陷波器对弹性振动频率进行在线辨识，并将辨识结果作为串行陷波器中心频率，对弹性模态进行自适应抑制。其次，基于径向基函数(radial basis function，RBF)神经网络设计弹性频率辨识在线监督机制，可以有效提升辨识速度与精度。最后，基于设计的弹性频率智能快速辨识器，结合反步控制方法与固定时间收敛的鲁棒一致收敛观测器设计反步控制器。相比不采用弹性模态辨识与抑制的传统控制方法，本章设计的控制器引入了串行自适应陷波器，能够更好地抑制时变弹性模态，减小弹性模态引起的附加控制指令抖动，避免因控制抖动与飞行器弹性模态发生耦合而出现结构破坏的风险。

第 8 章，考虑跟踪性能与进气约束的性能优化智能滑模控制方法。吸气式临近空间高速飞行器的瞬态性能在飞行器控制系统中起着重要作用，较大超调量会产生过大攻角，无法满足吸气式发动机的进气条件。同时，由于吸气式临近空间高速飞行器的飞行空域大、速域宽，固定增益的传统控制方案难以在复杂飞行环境中始终满足进气约束条件。因此，针对吸气式临近空间高速飞行器进气约束问题，本章提出基于深度森林算法的性能优化智能滑模控制方法。首先将进气约束问题转化为攻角约束问题，并设计设定时间性能函数。其次将受约束的跟踪误差进行无约束转化，设计性能约束快速终端滑模控制器来保证控制转化误差有界，实现原始跟踪误差的预定性能约束。再次基于 NSGA-Ⅲ优化算法与变异系数法，设计临近空间高速飞行器性能指标优化算法,解决训练样本数据获取困难的问题。最后基于深度森林算法对训练样本数据的经验学习结果，构建性能指标智能策略库；同时，将性能指标智能策略库作为终端滑模控制器的输入，设计性能优化智能滑模控制器。相比增益调度等传统控制方法，本章设计的智能滑模控制器不仅工程实施容易，而且能在大空域、宽速域下实现对满足进气约束与跟踪性能约束的吸气式临近空间高速飞行器的最优控制。

本书组织结构如图 1-1 所示。

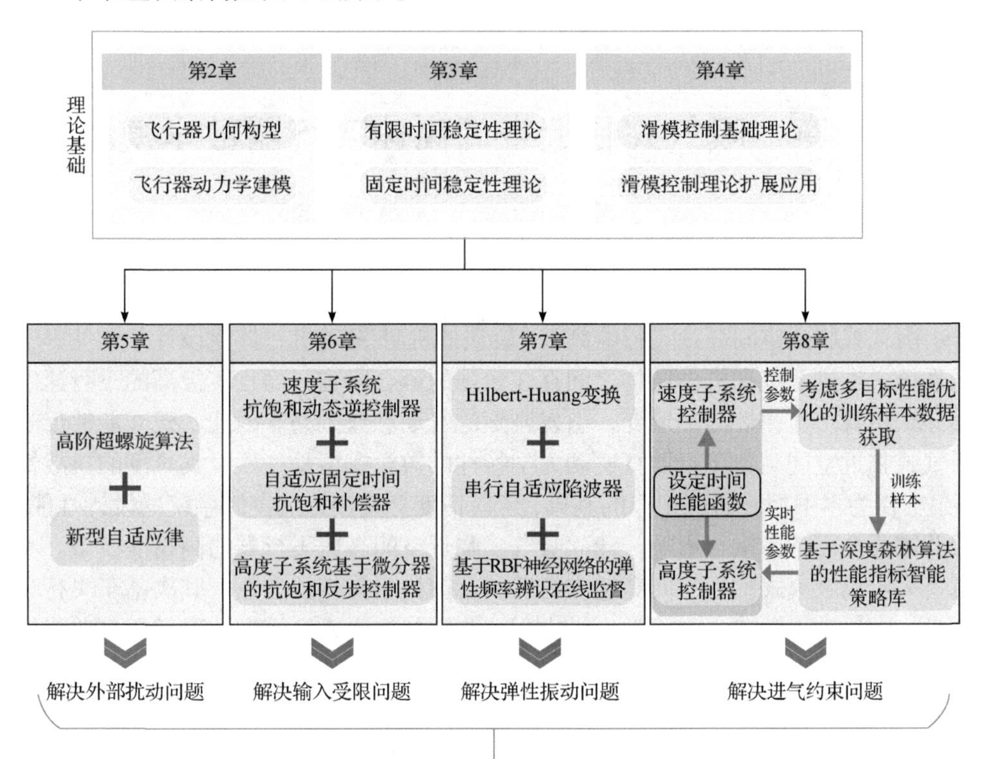

图 1-1 本书组织结构框图

第 2 章　吸气式临近空间高速飞行器数学模型

2.1　引　　言

吸气式临近空间高速飞行器细长、轻质的机身/发动机一体化设计外形使得气动系统、推进系统和机体结构之间存在较强的耦合影响，而且其极高的飞行速度会导致机身产生弹性与热形变，引发剧烈的气动参数摄动。因此，建立能够反映吸气式临近空间高速飞行器真实动力学特性的数学模型是一项极具难度的挑战性工作。作为本书控制研究工作的基础，建模精度会直接影响控制系统的设计性能，因此需要全面考虑耦合影响，建立吸气式临近空间高速飞行器的高精度模型。本章首先给出吸气式临近空间高速飞行器的几何构型与相关参数，其次基于飞行动力学、空气动力学建立刚体动力学方程、气动与推进系统模型，最后通过曲线拟合获得完整的吸气式临近空间高速飞行器数学模型。

2.2　吸气式临近空间高速飞行器几何构型

本书的模型参考 NASA 兰利研究中心和美国空军研究实验室、俄亥俄州立大学联合设计构建的吸气式临近空间高速飞行器模型。吸气式临近空间高速飞行器纵平面几何构型如图 2-1 所示[85-86]。在高速飞行时，乘波体外形的临近空间高速飞行器前体将生成附体激波，产生较大升力，同时对吸气式发动机入口气流进行预压缩。吸气式发动机安装于临近空间高速飞行器机身腹部，其进气口处具有可移动外罩(其长度为 L_{d})，外罩前缘与前体斜激波相交，用于保证发动机的气体最大捕获量。气流进入发动机后在燃烧室中与燃料混合燃烧，生成的高温气流经由尾喷管膨胀喷出，产生推力。临近空间高速飞行器后体作为发动机的外部喷管，能够使发动机出口处气流进一步膨胀，增压增速，提升推力与升力[87]。由此可见，吸气式临近空间高速飞行器的机身/发动机一体化设计外形相较常规飞行器构型能够提供较大的升阻比与推力，但是也导致气动系统与推进系统之间产生强耦合(机身飞行状态影响发动机进气流量；发动机推力又会产生额外的推力力矩)，为临近空间高速飞行器建模与控制系统设计都带来了巨大的挑战[88]。

图 2-1 中吸气式临近空间高速飞行器外形几何参数如表 2-1 所示[89-90]。

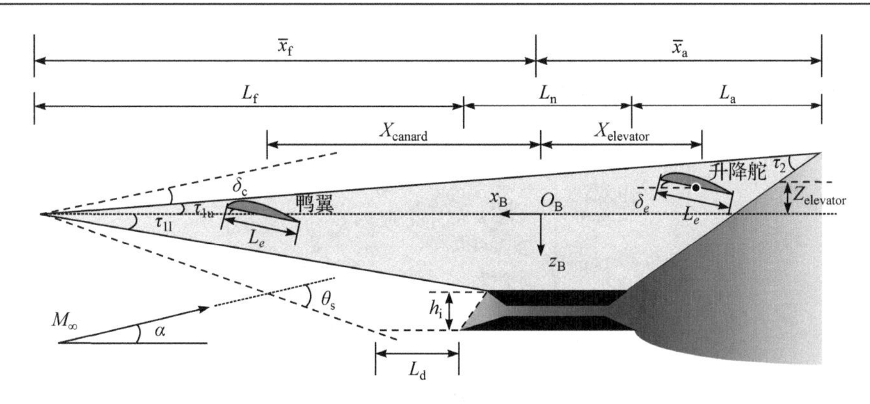

图 2-1　吸气式临近空间高速飞行器纵平面几何构型

表 2-1　图 2-1 中吸气式临近空间高速飞行器外形几何参数

长度参数/m	位置参数/m	角度参数/(°)
$L_f=14.327$	$\bar{x}_f=16.764$	$\tau_{1u}=3$
$L_n=6.096$	$\bar{x}_a=13.716$	$\tau_{1l}=6$
$L_a=10.058$	$X_{elevator}=9.144$	$\tau_2=14.41$
$L_e=5.1816$	$Z_{elevator}=1.067$	—
$h_i=1.067$	$X_{canard}=12.192$	—

吸气式临近空间高速飞行器结构参数如表 2-2 所示[91-92]。

表 2-2　吸气式临近空间高速飞行器结构参数

结构参数	取值
飞行器质量 m	4378.17kg
绕 $O_B y_B$ 轴转动惯量 I_{yy}	6.779×10^5 kg·m^2

根据文献[38]与[93]，本书吸气式临近空间高速飞行器的飞行任务剖面如图 2-2 所示。

由图 2-2 可见，吸气式临近空间高速飞行器的飞行任务分为五个阶段。经由载机在发射点投放发射后，第一阶段是助推段，吸气式临近空间高速飞行器在固体火箭助推器的推动下于预定分离窗口(22km，*Ma* 为 7)完成分离操作[94-95]；第二阶段是姿态调整过渡段，该阶段吸气式临近空间高速飞行器的进气道堵盖打开，调整姿态至发动机点火允许范围内；第三阶段是爬升段，超燃冲压发动机点火接力，吸气式临近空间高速飞行器继续加速爬升，直至达到预定巡航速度与巡航高度；第四阶段是巡航段，吸气式临近空间高速飞行器以标称巡航条件(26km，*Ma*

为 7.8)沿规划弹道巡航飞行；最后一个阶段是无动力下滑段，吸气式临近空间高速飞行器关闭发动机，根据不同任务需求进行俯冲攻击或下降着陆。

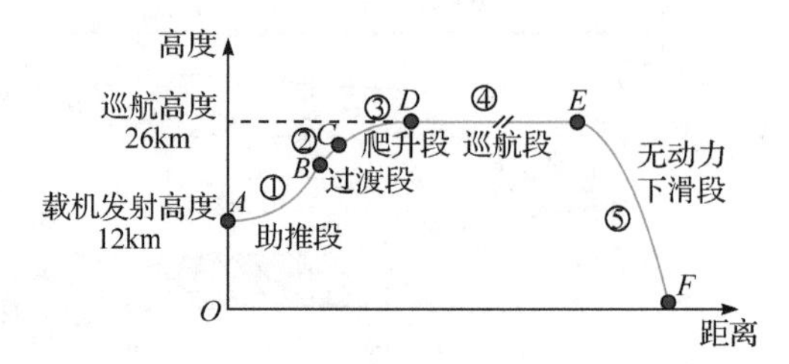

图 2-2　吸气式临近空间高速飞行器的飞行任务剖面

在五个飞行阶段中，爬升段与巡航段中吸气式超燃冲压发动机工作，导致吸气式临近空间高速飞行器产生气推耦合，为控制系统设计带来挑战。因此，本书以爬升段与巡航段为背景开展吸气式临近空间高速飞行器的控制问题研究。

2.3　吸气式临近空间高速飞行器动力学建模

本节首先定义相关坐标系与坐标转换关系，其次构建刚体动力学方程，并对气动与推进系统进行详细建模，最后给出吸气式临近空间高速飞行器曲线拟合模型。

2.3.1　坐标系定义与坐标转换关系

首先定义本章动力学建模所需坐标系。

(1) 地面坐标系 $O_d\text{-}x_dy_dz_d$，记作 S_d。

坐标系原点选为地面固定点，O_dz_d 轴垂直于当地水平面并竖直向下指向地心，O_dx_d 轴与 O_dz_d 轴垂直并指向发射方向，O_dy_d 轴垂直于 $O_dx_dz_d$ 平面构建右手坐标系。

(2) 体固联坐标系 $O_B\text{-}x_By_Bz_B$，记作 S_B。

坐标系原点固联于飞行器质心处，O_Bx_B 轴沿飞行器纵对称轴指向飞行器头部，O_Bz_B 轴在飞行器纵对称面内垂直于 O_Bx_B 轴并指向下，O_By_B 轴垂直于 $O_Bx_Bz_B$ 平面构建右手坐标系。

(3) 速度坐标系 $O_B\text{-}x_vy_vz_v$，记作 S_v。

坐标系原点固联于飞行器质心处，O_Bx_v 轴与飞行器速度矢量重合，O_Bz_v 轴在飞行器纵对称面内垂直于 O_Bx_v 轴并指向下，O_By_v 轴垂直于 $O_Bx_vz_v$ 平面构建右手坐标系。

(4) 弹道坐标系 $O_B\text{-}XYZ$，记作 S_D。

坐标系原点固联于飞行器质心处，O_BX 轴与飞行器速度矢量重合，O_BZ 轴在

竖直平面内垂直于 O_BX 轴并指向下，O_BY 轴垂直于 O_BXZ 平面构建右手坐标系。

各坐标系之间的转换关系如下所述。

(1) 地面坐标系 S_d 到体固联坐标系 S_B。

地面坐标系按照 z—y—x 顺序，分别旋转偏航角 ψ、俯仰角 θ 和滚转角 ϕ 可转换至体固联坐标系下，转换矩阵为

$$\boldsymbol{C}_{\mathrm{Bd}}=\begin{bmatrix}\cos\theta\cos\psi & \cos\theta\sin\psi & -\sin\theta\\ \sin\phi\sin\theta\cos\psi-\cos\phi\sin\psi & \sin\phi\sin\theta\sin\psi+\cos\phi\cos\psi & \sin\phi\cos\theta\\ \cos\phi\sin\theta\cos\psi+\sin\phi\sin\psi & \cos\phi\sin\theta\sin\psi-\sin\phi\cos\psi & \cos\phi\cos\theta\end{bmatrix}\tag{2-1}$$

(2) 体固联坐标系 S_B 到速度坐标系 S_v。

体固联坐标系按照 y—z 顺序，分别旋转负攻角 $-\alpha$、侧滑角 β 可转换至速度坐标系下，转换矩阵为

$$\boldsymbol{C}_{\mathrm{vB}}=\begin{bmatrix}\cos\alpha\cos\beta & \sin\beta & \sin\alpha\cos\beta\\ -\cos\alpha\sin\beta & \cos\beta & -\sin\alpha\sin\beta\\ -\sin\alpha & 0 & \cos\alpha\end{bmatrix}\tag{2-2}$$

(3) 地面坐标系 S_d 到弹道坐标系 S_D。

地面坐标系按照 z—y 顺序，分别旋转航向角 σ、飞行路径角 γ 可转换至弹道坐标系下，转换矩阵为

$$\boldsymbol{C}_{\mathrm{Dd}}=\begin{bmatrix}\cos\sigma\cos\gamma & \sin\sigma\cos\gamma & -\sin\gamma\\ -\sin\sigma & \cos\sigma & 0\\ \cos\sigma\sin\gamma & \sin\sigma\sin\gamma & \cos\gamma\end{bmatrix}\tag{2-3}$$

(4) 弹道坐标系 S_D 到速度坐标系 S_v。

弹道坐标系绕 O_BX 轴旋转速度倾斜角 γ_V 可转换至速度坐标系下，转换矩阵为

$$\boldsymbol{C}_{\mathrm{vD}}=\begin{bmatrix}1 & 0 & 0\\ 0 & \cos\gamma_V & \sin\gamma_V\\ 0 & -\sin\gamma_V & \cos\gamma_V\end{bmatrix}\tag{2-4}$$

2.3.2　刚体动力学方程

在建立刚体动力学方程之前，首先给出如下假设：

(1) 飞行器相对于体固联坐标系纵平面严格对称，其体固联坐标系各轴均为惯性主轴；

(2) 不考虑飞行器气体绕流与发动机喷流的耦合影响；

(3) 假定质心位置不变，转动惯量数值恒定；

(4) 假定飞行器为理想刚体，不考虑弹性振动影响。

基于上述假设，建立飞行器的刚体动力学模型。

1) 平动动力学方程

飞行器在飞行中受到的力包括重力 $m\boldsymbol{g}$、气动力 $\boldsymbol{A}$ 与推力 $\boldsymbol{T}$，则平动动力学方程为

$$m\frac{\mathrm{d}^2\boldsymbol{R}}{\mathrm{d}t^2}=m\boldsymbol{g}+\boldsymbol{T}+\boldsymbol{A} \tag{2-5}$$

式中，t 为飞行时间；$\boldsymbol{R}$ 为位置矢量；$\boldsymbol{g}$ 为重力加速度。将式(2-5)在弹道坐标系下分解可得分量表达式：

$$\begin{cases}m\dot{V}=\left(T\cos\alpha\cos\beta-D\right)-mg\sin\gamma\\ mV\cos\gamma\dot{\sigma}=T\left(\sin\alpha\sin\gamma_V-\cos\alpha\sin\beta\cos\gamma_V\right)+L\sin\gamma_V+Z\cos\gamma_V\\ mV\dot{\gamma}=T\left(\sin\alpha\cos\gamma_V+\cos\alpha\sin\beta\sin\gamma_V\right)+L\cos\gamma_V-Z\sin\gamma_V-mg\cos\gamma\end{cases} \tag{2-6}$$

式中，m、V 与 T 分别为飞行器的质量、速度与推力；D、L 与 Z 分别为飞行器的阻力、升力与侧向力。

注意，不同于传统飞行器，吸气式临近空间高速飞行器的推力 T 不仅与发动机自身特性相关，而且受飞行器的飞行状态影响。例如，不同飞行攻角会改变吸气式发动机的进气量，影响发动机推力值。具体的影响分析与表达式将在 2.3.3 小节与 2.3.4 小节中详述。

2) 平动运动学方程

地面坐标系下的平动运动学方程分量表达式为

$$\begin{cases}\dot{P}_{\mathrm{N}}=V\cos\gamma\cos\sigma\\ \dot{P}_{\mathrm{E}}=V\cos\gamma\sin\sigma\\ \dot{h}=V\sin\gamma\end{cases} \tag{2-7}$$

式中，P_{N}、P_{E} 分别为地面坐标系下的前向位移、侧向位移；h 为飞行高度。

3) 转动动力学方程

飞行器在飞行中受到的力矩包括气动力矩 $\boldsymbol{M}_A$ 与推力力矩 $\boldsymbol{M}_T$，则转动动力学方程为

$$\boldsymbol{I}\cdot\frac{\mathrm{d}\boldsymbol{\omega}}{\mathrm{d}t}+\boldsymbol{\omega}\times(\boldsymbol{I}\cdot\boldsymbol{\omega})=\boldsymbol{M}_A+\boldsymbol{M}_T \tag{2-8}$$

式中，$\boldsymbol{I}$ 为飞行器转动惯性张量；$\boldsymbol{\omega}$ 为旋转角速度矢量。将式(2-8)在体固联坐标系下分解可得分量表达式：

$$\begin{cases}I_{xx}\dot{P}=M_x-\left(I_{zz}-I_{yy}\right)QR\\ I_{yy}\dot{Q}=M-\left(I_{xx}-I_{zz}\right)PR\\ I_{zz}\dot{R}=M_z-\left(I_{yy}-I_{xx}\right)PQ\end{cases} \tag{2-9}$$

式中，I_{xx}、I_{yy}、I_{zz} 分别为飞行器绕体轴 $O_{\mathrm{B}}x_{\mathrm{B}}$、$O_{\mathrm{B}}y_{\mathrm{B}}$、$O_{\mathrm{B}}z_{\mathrm{B}}$ 的转动惯量；P、Q、R 分别为飞行器绕三个体轴的旋转角速度；M_x、M、M_z 分别为飞行器绕各体轴的合力矩。

需要注意的是，传统飞行器所受力矩仅由气动力引起；吸气式临近空间高速飞行器的发动机安装于机身下腹部，发动机中轴线不与机体中轴线重合，因此，吸气式临近空间高速飞行器绕体轴 $O_{\mathrm{B}}y_{\mathrm{B}}$ 的合力矩 M 不仅由气动力产生，还包含发动机推力产生的推力力矩。具体的影响分析与表达式同样将在 2.3.3 小节与 2.3.4 小节中详述。

4) 转动运动学方程

由坐标转换关系可得旋转角速度满足：

$$
\begin{bmatrix} P \\ Q \\ R \end{bmatrix} = \begin{bmatrix} \dot{\phi} \\ 0 \\ 0 \end{bmatrix} + \begin{bmatrix} 1 & 0 & 0 \\ 0 & \cos\phi & \sin\phi \\ 0 & -\sin\phi & \cos\phi \end{bmatrix} \begin{bmatrix} 0 \\ \dot{\theta} \\ 0 \end{bmatrix} + \begin{bmatrix} 1 & 0 & 0 \\ 0 & \cos\phi & \sin\phi \\ 0 & -\sin\phi & \cos\phi \end{bmatrix} \begin{bmatrix} \cos\theta & 0 & -\sin\theta \\ 0 & 1 & 0 \\ \sin\theta & 0 & \cos\phi \end{bmatrix} \begin{bmatrix} 0 \\ 0 \\ \dot{\psi} \end{bmatrix}
$$

$$
= \begin{bmatrix} 1 & 0 & -\sin\theta \\ 0 & \cos\phi & \sin\phi\cos\theta \\ 0 & -\sin\phi & \cos\phi\cos\theta \end{bmatrix} \begin{bmatrix} \dot{\phi} \\ \dot{\theta} \\ \dot{\psi} \end{bmatrix} \tag{2-10}
$$

整理可得体固联坐标系下的转动运动学方程：

$$
\begin{cases} \dot{\phi} = P + \tan\theta\left(R\cos\phi + Q\sin\phi\right) \\ \dot{\theta} = Q\cos\phi - R\sin\phi \\ \dot{\psi} = \left(R\cos\phi + Q\sin\phi\right)/\cos\theta \end{cases} \tag{2-11}
$$

5) 几何关系方程

为了构建各坐标转换角度之间的关系，需要额外补充三个几何关系方程。通过不同的坐标转换方式实现弹道坐标系与体固联坐标系之间的转化，整理可得如下方程：

$$
\boldsymbol{C}_{\mathrm{vB}}^{\mathrm{T}} \boldsymbol{C}_{\mathrm{vD}} = \boldsymbol{C}_{\mathrm{Bd}} \boldsymbol{C}_{\mathrm{Dd}}^{\mathrm{T}} \tag{2-12}
$$

由式(2-12)可得几何关系方程为

$$
\begin{cases} \sin\beta = \cos\gamma\left[\sin\theta\sin\phi\cos(\psi-\sigma) - \cos\phi\sin(\psi-\sigma)\right] - \sin\gamma\cos\theta\sin\phi \\ \sin\alpha = \dfrac{1}{\cos\beta}\left\{\cos\gamma\left[\sin\theta\cos\phi\cos(\psi-\sigma) + \sin\phi\sin(\psi-\sigma)\right] - \sin\gamma\cos\theta\cos\phi\right\} \\ \sin\gamma_V = \dfrac{1}{\cos\beta}\left\{\sin\gamma\left[\sin\theta\sin\phi\cos(\psi-\sigma) - \cos\phi\sin(\psi-\sigma)\right] + \cos\gamma\cos\theta\sin\phi\right\} \end{cases} \tag{2-13}
$$

综合式(2-6)、式(2-7)、式(2-9)、式(2-11)与式(2-13)可得吸气式临近空间高速飞行器的刚体动力学模型：

$$
\begin{cases}
m\dot{V} = \left(T\cos\alpha\cos\beta - D\right) - mg\sin\gamma \\
mV\cos\gamma\dot{\sigma} = T\left(\sin\alpha\sin\gamma_V - \cos\alpha\sin\beta\cos\gamma_V\right) + L\sin\gamma_V + Z\cos\gamma_V \\
mV\dot{\gamma} = T\left(\sin\alpha\cos\gamma_V + \cos\alpha\sin\beta\sin\gamma_V\right) + L\cos\gamma_V - Z\sin\gamma_V - mg\cos\gamma \\
\dot{P}_{\mathrm{N}} = V\cos\gamma\cos\sigma \\
\dot{P}_{\mathrm{E}} = V\cos\gamma\sin\sigma \\
\dot{h} = V\sin\gamma \\
I_{xx}\dot{P} = M_x - \left(I_{zz} - I_{yy}\right)QR \\
I_{yy}\dot{Q} = M - \left(I_{xx} - I_{zz}\right)PR + \tilde{\psi}_1\ddot{\eta}_1 + \tilde{\psi}_2\ddot{\eta}_2 \\
I_{zz}\dot{R} = M_z - \left(I_{yy} - I_{xx}\right)PQ + \tilde{\psi}_{z1}\ddot{\eta}_{z1} + \tilde{\psi}_{z2}\ddot{\eta}_{z2} \\
\dot{\phi} = P + \tan\theta\left(R\cos\phi + Q\sin\phi\right) \\
\dot{\theta} = Q\cos\phi - R\sin\phi \\
\dot{\psi} = \left(R\cos\phi + Q\sin\phi\right)/\cos\theta \\
\sin\beta = \cos\gamma\left[\sin\theta\sin\phi\cos\left(\psi - \sigma\right) - \cos\phi\sin\left(\psi - \sigma\right)\right] - \sin\gamma\cos\theta\sin\phi \\
\sin\alpha = \dfrac{1}{\cos\beta}\left\{\cos\gamma\left[\sin\theta\cos\phi\cos\left(\psi - \sigma\right) + \sin\phi\sin\left(\psi - \sigma\right)\right] - \sin\gamma\cos\theta\cos\phi\right\} \\
\sin\gamma_V = \dfrac{1}{\cos\beta}\left\{\sin\gamma\left[\sin\theta\sin\phi\cos\left(\psi - \sigma\right) - \cos\phi\sin\left(\psi - \sigma\right)\right] + \cos\gamma\cos\theta\sin\phi\right\}
\end{cases}
\tag{2-14}
$$

在吸气式临近空间高速飞行器的飞行过程中，超燃冲压发动机的进气流量需要满足正常工作需求。如果吸气式临近空间高速飞行器产生较大的侧滑角 β，发动机进气流量将会减小，恶劣情况下甚至会发生超燃冲压发动机熄火，引发灾难性事故。因此，吸气式临近空间高速飞行器采用倾斜转弯控制模式，即通过滚转运动实现转弯，同时保持侧滑角为 0。另外，临近空间高速飞行器特定的任务需求决定了在离线规划时，爬升段与巡航段不会产生较大的侧向机动，故临近空间高速飞行器的速度倾斜角 γ_V 相对较小。因此，吸气式临近空间高速飞行器的完整六自由度模型(2-14)可解耦为纵向运动和侧向运动分别设计相应控制器。由于纵向动力学包含主要的控制难题，故本书将吸气式临近空间高速飞行器的纵向动力学模型选择为研究对象。

将 $\beta=0$ 与 $\gamma_V=0$ 代入模型(2-14)可得如下纵向动力学模型：

$$\begin{cases}\dot{V}=\left(T\cos\alpha-D\right)/m-g\sin\gamma\\\dot{h}=V\sin\gamma\\\dot{\gamma}=\left(L+T\sin\alpha\right)/\left(mV\right)-g/V\cos\gamma\\\dot{\alpha}=Q-\dot{\gamma}\\\dot{Q}=M/I_{yy}\end{cases}\tag{2-15}$$

2.3.3　气动与推进系统模型

本小节参考美国空军研究实验室[90]、麻省理工学院[96]和俄亥俄州立大学[97]等机构针对本书吸气式临近空间高速飞行器构建的理论真实模型，给出气动与推进系统模型。由于气动力较为复杂，将飞行器外形表面划分为前体、机体上下表面、气动舵面、超燃冲压发动机、发动机入口处、后体分别进行受力分析。

1. 飞行器前体与机体上下表面压力

飞行器前体与机体上下表面压力主要受攻角影响，可利用斜激波或普朗特–迈耶流理论求取[98]。对于机体上表面，当 $\alpha>\tau_{1u}$ 时，上表面将产生膨胀波，气流偏转角 $\delta_s=\alpha-\tau_{1u}$；当 $\alpha<\tau_{1u}$ 时，上表面将产生斜激波，气流偏转角 $\delta_s=\tau_{1u}-\alpha$；当 $\alpha=\tau_{1u}$ 时，上表面为自由来流[99]。对于机体下表面，为了使发动机入口压强增大，前体下表面必须产生斜激波，即 $\alpha>-\tau_{1l}$，此时气流偏转角 $\delta_s=\alpha+\tau_{1l}$。将自由来流的马赫数、温度、压强分别定义为 Ma_∞、T_∞、p_∞，比热容比 $\gamma_s=1.4$。若机体上表面产生斜激波，则激波角 θ_s 可通过式(2-16)求解：

$$\sin^6\theta_s+b\sin^4\theta_s+c\sin^2\theta_s+d=0\tag{2-16}$$

式中，

$$\begin{cases}b=-\dfrac{Ma_\infty^2+2}{Ma_\infty^2}-\gamma_s\sin^2\left(\delta_s\right)\\c=-\dfrac{2Ma_\infty^2+1}{Ma_\infty^4}+\left[\dfrac{\left(\gamma_s+1\right)^2}{4}+\dfrac{\gamma_s-1}{Ma_\infty^2}\right]\sin^2\left(\delta_s\right)\\d=-\dfrac{\cos^2\left(\delta_s\right)}{Ma_\infty^4}\end{cases}\tag{2-17}$$

斜激波后气流压强 p_1、温度 T_1 与马赫数 Ma_1 可由式(2-18)解算[96]：

$$\begin{cases}\dfrac{p_1}{p_\infty}=\dfrac{7Ma_\infty^2\sin^2\theta_s-1}{6}\\ \dfrac{T_1}{T_\infty}=\dfrac{\left(7Ma_\infty^2\sin^2\theta_s-1\right)\left(Ma_\infty^2\sin^2\theta_s+5\right)}{36Ma_\infty^2\sin^2\theta_s}\\ Ma_1^2\sin^2\left(\theta_s-\delta_s\right)=\dfrac{Ma_\infty^2\sin^2\theta_s+5}{7Ma_\infty^2\sin^2\theta_s-1}\end{cases} \tag{2-18}$$

若机体上表面产生膨胀波，则先定义角度 ν_1：

$$\nu_1=\sqrt{\frac{\gamma_s+1}{\gamma_s-1}}\tan^{-1}\sqrt{\frac{\gamma_s-1}{\gamma_s+1}\left(Ma_1^2-1\right)}-\tan^{-1}\sqrt{Ma_1^2-1} \tag{2-19}$$

应用数值解法令函数 $f\left(Ma_1\right)$ 等于 0 可求解得到膨胀波后马赫数 Ma_1[37]，即

$$f\left(Ma_1\right)=\sqrt{\frac{\gamma_s+1}{\gamma_s-1}}\tan^{-1}\sqrt{\frac{\gamma_s-1}{\gamma_s+1}\left(Ma_1^2-1\right)}-\tan^{-1}\sqrt{Ma_1^2-1}-\left(\nu_1+\delta_s\right) \tag{2-20}$$

膨胀波后气流压强 p_1、温度 T_1 可由式(2-21)解算：

$$\frac{p_1}{p_\infty}=\left[\frac{1+Ma_\infty^2\left(\gamma_s-1\right)/2}{1+Ma_1^2\left(\gamma_s-1\right)/2}\right]^{\frac{\gamma_s}{\gamma_s-1}},\quad \frac{T_1}{T_\infty}=\frac{1+Ma_\infty^2\left(\gamma_s-1\right)/2}{1+Ma_1^2\left(\gamma_s-1\right)/2} \tag{2-21}$$

根据上述理论可求得前体下表面、机体上表面、机体下表面的压强 p_f、p_u、p_l，则前体下表面产生的气动力在体固联坐标系下的分量为

$$F_{fx}=-p_f L_f\tan\tau_{1l},\quad F_{fz}=-p_f L_f \tag{2-22}$$

前体下表面产生的气动力矩为

$$M_f=\frac{F_{fx}L_f\tan\tau_{1l}}{2}-F_{fz}\left(\bar{x}_f-\frac{L_f}{2}\right) \tag{2-23}$$

机体上表面产生的气动力在体固联坐标系下的分量为

$$F_{ux}=-p_u\left(L_f+L_n+L_a\right)\tan\tau_{1u},\quad F_{uz}=p_u\left(L_f+L_n+L_a\right) \tag{2-24}$$

机体上表面产生的气动力矩为

$$M_u=-\frac{F_{ux}\left(L_f+L_n+L_a\right)\tan\tau_{1u}}{2}-F_{uz}\left(\bar{x}_f-\frac{L_f+L_n+L_a}{2}\right) \tag{2-25}$$

机体下表面产生的气动力在体固联坐标系下的分量为

$$F_{lx}=0,\quad F_{lz}=-p_l\left(L_d+L_n\right) \tag{2-26}$$

式中，L_d 为发动机可移动外罩的长度。发动机可移动外罩前缘与前体斜激波相交，

用于保证发动机的气体最大捕获量，L_{d} 可通过式(2-27)计算[100]：

$$L_{\mathrm{d}} = L_{\mathrm{f}} - \left(L_{\mathrm{f}} \tan\tau_{11} + h_{\mathrm{i}}\right)\cot\left(\theta_{\mathrm{s}} - \alpha\right) \tag{2-27}$$

机体下表面产生的气动力矩为

$$M_1 = F_{\mathrm{lz}}\left(\overline{x}_{\mathrm{f}} - L_{\mathrm{f}} + \frac{L_{\mathrm{d}} - L_{\mathrm{n}}}{2}\right) \tag{2-28}$$

2. 气动舵面压力

类似前体与机体上下表面，气动舵上下表面压强 p_{eu}、p_{el} 同样可以通过斜激波或普朗特-迈耶流理论求取，舵面气动力在体固联坐标系下的分量为[101]

$$F_{ex} = -\left(p_{\mathrm{el}} - p_{\mathrm{eu}}\right)L_e \sin\delta_e,\quad F_{ez} = -\left(p_{\mathrm{el}} - p_{\mathrm{eu}}\right)L_e \cos\delta_e \tag{2-29}$$

式中，δ_e 为升降舵偏转角。气动舵产生的力矩为

$$M_e = -Z_{\mathrm{elevator}}F_{ex} + X_{\mathrm{elevator}}F_{ez} \tag{2-30}$$

3. 超燃冲压发动机推力

将超燃冲压发动机按照进气道、扩散室、燃烧室与尾喷管划分为四段，应用斜激波理论、等熵流动关系、准一维等截面加热流管假设可求解出各段进出口的气体流动特性[102]。根据流体力学动量定理可求得超燃冲压发动机推力：

$$T = \dot{m}_{\mathrm{a}}\left(V_e - V_\infty\right) + \left(p_e - p_\infty\right)\frac{A_e}{b_e} - \left(p_{\mathrm{I}} - p_\infty\right)\frac{A_e/b_e}{A_{\mathrm{n}}A_{\mathrm{d}}} \tag{2-31}$$

式中，$\dot{m}_{\mathrm{a}}$ 为空气质量流速；A_e、V_e、p_e 分别为发动机出口处的面积、气流速度、压强；p_{I} 为进气道入口处压强；V_∞ 为自由来流速度；b_e 为发动机宽度；A_{n} 为尾喷管扩张面积比；A_{d} 为扩散室扩张面积比[103]。由于发动机外罩可自由移动以保证发动机实时捕获最大进气量，故 $\dot{m}_{\mathrm{a}}$ 为[104]

$$\dot{m}_{\mathrm{a}} = p_\infty Ma_\infty \sqrt{\frac{\gamma_{\mathrm{s}}}{R_{\mathrm{s}}T_\infty}}\left(L_{\mathrm{f}} \tan\tau_{11} + L_{\mathrm{f}} \tan\alpha + h_{\mathrm{i}}\right)\cos\alpha \tag{2-32}$$

式中，R_{s} 为理想气体常数。

4. 发动机入口处气流转折力

当气流流经超燃冲压发动机入口时，原本平行于前体下表面的气流将经过一道斜激波转向平行于发动机中轴线，气流转折角 $\tau_{\mathrm{turn}} = \tau_{11}$。此阶段发动机受到的气流转折力在体固联坐标系下的分量可根据动量定理求得

$$F_{\mathrm{turn}x} = \dot{m}_{\mathrm{a}}\left(V_{\mathrm{I}} - V_{\mathrm{f}}\cos\tau_{11}\right) + p_{\mathrm{I}}A_{\mathrm{I}} - p_{\mathrm{f}}A_{\mathrm{f}},\quad F_{\mathrm{turn}z} = \dot{m}_{\mathrm{a}}V_{\mathrm{f}}\sin\tau_{11} \tag{2-33}$$

为了保证质量守恒，A_{f} 满足[105]：

$$\frac{A_{\mathrm{f}}}{A_{\mathrm{I}}}=\frac{p_{\mathrm{I}}T_{\mathrm{f}}V_{\mathrm{I}}}{p_{\mathrm{f}}T_{\mathrm{I}}V_{\mathrm{f}}} \tag{2-34}$$

式中，V_{f} 为前体下表面气流速度；A_{I} 、V_{I} 与 T_{I} 分别为进气道入口处面积、气流速度与温度。p_{I} 、V_{I} 、T_{I} 均可应用斜激波理论求解获得。

气流转折力的作用点在体固联坐标系下的位置分量为[99]

$$n_{\mathrm{turn}x}=\bar{x}_{\mathrm{f}}-L_{\mathrm{f}}+L_{\mathrm{d}}/2,\quad n_{\mathrm{turn}z}=L_{\mathrm{f}}\tan\tau_{1\mathrm{l}}+h_{\mathrm{i}}/2 \tag{2-35}$$

气流转折力产生的力矩为

$$M_{\mathrm{turn}}=F_{\mathrm{a}x}n_{\mathrm{turn}z}-F_{\mathrm{a}z}n_{\mathrm{turn}x} \tag{2-36}$$

5. 后体压力

飞行器后体下表面的气动力可以产生部分升力并抵消部分机体阻力。以发动机出口为原点，则后体下表面距离原点 s_{a} 处的压强可近似为[106]

$$p_{\mathrm{a}}(s_{\mathrm{a}})=\frac{p_e}{1+s_{\mathrm{a}}/L_{\mathrm{as}}(p_e/p_\infty-1)} \tag{2-37}$$

式中，p_e 为发动机出口压强；$L_{\mathrm{as}}=L_{\mathrm{a}}/\cos(\tau_2+\tau_{1\mathrm{u}})$ 。通过积分可得后体下表面的等效集中力 F_{a} 及其作用点 n_{a} ：

$$F_{\mathrm{a}}=\int_0^{L_{\mathrm{as}}}p_{\mathrm{a}}(s_{\mathrm{a}})\mathrm{d}s_{\mathrm{a}}=\frac{\ln(p_e/p_\infty)p_eL_{\mathrm{as}}}{p_e/p_\infty-1} \tag{2-38}$$

$$n_{\mathrm{a}}=\frac{\int_0^{L_{\mathrm{as}}}p_{\mathrm{a}}(s_{\mathrm{a}})s_{\mathrm{a}}\mathrm{d}s_{\mathrm{a}}}{F_{\mathrm{a}}}=\frac{L_{\mathrm{as}}}{\ln(p_e/p_\infty)}\left[1-\frac{\ln(p_e/p_\infty)}{p_e/p_\infty-1}\right] \tag{2-39}$$

因此，后体下表面产生的气动力在体固联坐标系下的分量为

$$F_{\mathrm{a}x}=F_{\mathrm{a}}\sin(\tau_2+\tau_{1\mathrm{u}}),\quad F_{\mathrm{a}z}=-F_{\mathrm{a}}\cos(\tau_2+\tau_{1\mathrm{u}}) \tag{2-40}$$

后体下表面产生的气动力矩为

$$M_{\mathrm{a}}=F_{\mathrm{a}x}\left[L_{\mathrm{f}}\tan\tau_{1\mathrm{l}}-n_{\mathrm{a}}\sin(\tau_2+\tau_{1\mathrm{u}})\right]-F_{\mathrm{a}z}\left[L_{\mathrm{a}}-\bar{x}_{\mathrm{a}}-n_{\mathrm{a}}\cos(\tau_2+\tau_{1\mathrm{u}})\right] \tag{2-41}$$

6. 合力与合力矩

在完成各项受力分析之后，吸气式临近空间高速飞行器纵向动力学的气动力在体固联坐标系下的分量计算如下[107]：

$$\begin{cases}F_{\mathrm{ae}x}=F_{\mathrm{f}x}+F_{\mathrm{u}x}+F_{\mathrm{l}x}+F_{ex}+F_{\mathrm{turn}x}+F_{\mathrm{a}x}\\ F_{\mathrm{ae}z}=F_{\mathrm{f}z}+F_{\mathrm{u}z}+F_{\mathrm{l}z}+F_{ez}+F_{\mathrm{turn}z}+F_{\mathrm{a}z}\end{cases} \tag{2-42}$$

将体固联坐标系下的气动力转化至速度坐标系下，可得飞行器升力 L 与阻力 D：

$$\begin{cases} L = F_{aex}\sin\alpha - F_{aez}\cos\alpha \\ D = -F_{aex}\cos\alpha - F_{aez}\sin\alpha \end{cases} \tag{2-43}$$

机体气动力与推力产生的合力矩为

$$M = M_{\mathrm{f}} + M_{\mathrm{u}} + M_1 + M_e + \left(L_{\mathrm{f}}\tan\tau_{11} + h_{\mathrm{i}}/2\right)T + M_{\mathrm{turn}} + M_{\mathrm{a}} \tag{2-44}$$

至此，飞行器所受到的气动力 L 、 D 和推力 T 、力矩 M 均分析计算完毕。

2.3.4　吸气式临近空间高速飞行器曲线拟合模型

由于上述建立的真实模型中各个力与力矩的精确表达式过于复杂，非线性控制方法难以直接基于真实受力模型进行设计。同时，真实模型中多数方程是状态量与输入量的隐函数，难以获得系统向量场的闭环表达式。因此，Parker 等[38]将力和力矩表达式进行近似拟合，获得飞行器的曲线拟合模型(curve-fitted model)。首先，重写纵向动力学模型(2-15)如下：

$$\begin{cases} \dot{V} = \left(T\cos\alpha - D\right)/m - g\sin\gamma \\ \dot{h} = V\sin\gamma \\ \dot{\gamma} = \left(L + T\sin\alpha\right)/\left(mV\right) - g/V\cos\gamma \\ \dot{\alpha} = Q - \dot{\gamma} \\ \dot{Q} = M/I_{yy} \end{cases} \tag{2-45}$$

式中，推力与气动力经由曲线拟合近似可得

$$\begin{cases} T = C_T^{\alpha^3}\alpha^3 + C_T^{\alpha^2}\alpha^2 + C_T^{\alpha}\alpha + C_T^0 \\ L = \overline{q}S\left(C_L^{\alpha}\alpha + C_L^{\delta_e}\delta_e + C_L^{\delta_c}\delta_c + C_L^0\right) \\ D = \overline{q}S\left(C_D^{\alpha^2}\alpha^2 + C_D^{\alpha}\alpha + C_D^{\delta_e^2}\delta_e^{\ 2} + C_D^{\delta_e}\delta_e + C_D^{\delta_c^2}\delta_c^{\ 2} + C_D^{\delta_c}\delta_c + C_D^0\right) \\ M = z_T T + \overline{q}S\overline{c}\left(C_{M,\alpha}^{\alpha^2}\alpha^2 + C_{M,\alpha}^{\alpha}\alpha + C_{M,\alpha}^0 + c_e\delta_e + C_M^{\delta_c}\delta_c\right) \\ \overline{q} = \rho V^2/2 \\ \rho = \rho_0\exp\left[-\left(h - h_0\right)/h_s\right] \\ C_T^{\alpha^3} = \beta_1\left(h,\overline{q}\right)\Phi + \beta_2\left(h,\overline{q}\right) \\ C_T^{\alpha^2} = \beta_3\left(h,\overline{q}\right)\Phi + \beta_4\left(h,\overline{q}\right) \\ C_T^{\alpha} = \beta_5\left(h,\overline{q}\right)\Phi + \beta_6\left(h,\overline{q}\right) \\ C_T^0 = \beta_7\left(h,\overline{q}\right)\Phi + \beta_8\left(h,\overline{q}\right) \end{cases} \tag{2-46}$$

式中，δ_e 与 Φ 分别为升降舵偏转角与燃油当量比；$\overline{q}$ 与 ρ 分别为动压与大气密度；S、$\overline{c}$、z_T 分别为参考面积、平均气动弦长、推力力矩耦合系数。

注意，这里力矩 M 包含推力力矩 $z_T T$，这是由安装于机身下腹部的发动机产生的，而且推力 T 的表达式包含变量高度、速度与攻角，说明飞行状态会对发动机工作情况产生影响。

由于升降舵偏转会产生部分升力，引发飞行器的非最小相位特性，因此 Bolender 等[108]在飞行器中引入额外鸭翼，用于抵消升降舵升力。鸭翼通过配合升降舵偏转，满足关系 $C_L^{\delta_e}\delta_e + C_L^{\delta_c}\delta_c = 0$，则升力 L 的表达式变为 $L = \overline{q}S\left(C_L^{\alpha}\alpha + C_L^0\right)$。

纵向平面内，临近空间高速飞行器受力与角度关系如图 2-3 所示。

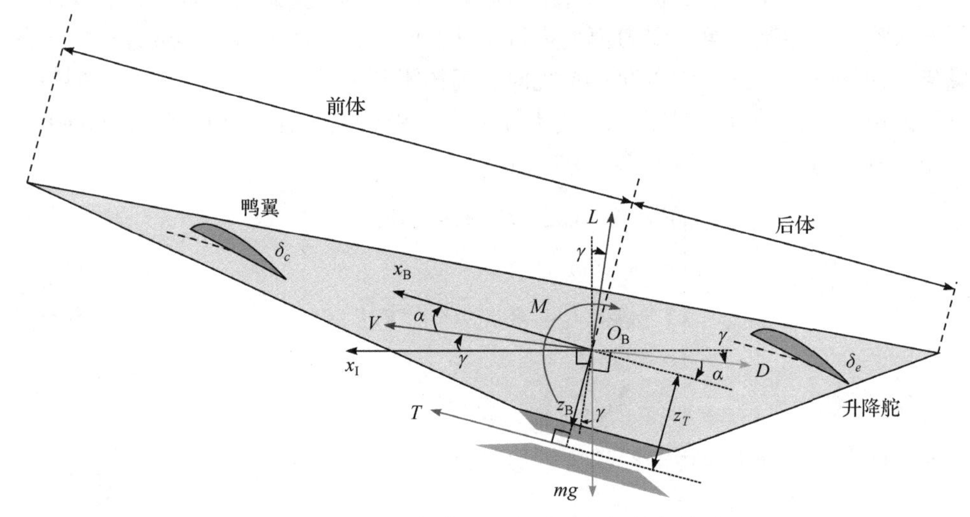

图 2-3　临近空间高速飞行器受力与角度关系

根据美国空军研究实验室[38]与俄亥俄州立大学[109]公开的研究成果[38,109]，可得曲线拟合模型(2-46)中的相关系数值，见表 2-3。

表 2-3　曲线拟合模型(2-46)中的相关系数值

系数	值	系数	值	系数	值
C_L^{α}	4.6773rad^{-1}	C_L^0	−0.018714	$C_L^{\delta_e}$	0.76224 rad^{-1}
$C_D^{\alpha^2}$	5.8224 rad^{-2}	C_D^{α}	−0.045315 rad^{-1}	$C_D^{\delta_e^2}$	0.81993 rad^{-2}
$C_D^{\delta_e}$	2.7699×10^{-4} rad^{-1}	C_D^0	0.01031	S	1.579m^2
$C_L^{\delta_c}$	0.3875 rad^{-2}	$C_D^{\delta_c}$	−8.107×10^{-4}rad^{-1}	$C_D^{\delta_c^2}$	0.6821 rad^{-2}
ρ_0	0.03475 kg/m^3	h_0	25908m	h_s	6.51×10^3 m
z_T	2.5481m	$\overline{c}$	5.1816m	$C_{M,\alpha}^{\alpha^2}$	6.2926 rad^{-2}

续表

系数	值	系数	值	系数	值
$C_{M,\alpha}^{\alpha}$	2.1335 rad^{-1}	$C_{M,\alpha}^{0}$	0.18979	c_e	−1.2897 rad^{-1}
$C_M^{\delta_e}$	1.3096 rad^{-1}	β_1	-1.6767×10^6 N/rad^3	β_2	-1.6559×10^5 N/rad^3
β_3	1.1927×10^5 N/rad^2	β_4	-7.6852×10^4 N/rad^2	β_5	1.5810×10^5 N/rad
β_6	-1.0772×10^4 N/rad	β_7	2.8373×10^4 N	β_8	-4.4883×10^2 N

表 2-3 中 rad 表示与该系数相乘的角度单位应为弧度。注意，由于推力系数 $\beta_i(h,\bar{q})$ $(i=1,2,\cdots,8)$ 是高度与动压的时变函数，表 2-3 中所列 β_i 为 $h=25908\text{m}$ 、$V=2347.6\text{m/s}$ 时的对应系数，但是由于该系数值随高度、速度的变化速率比随燃油当量比的变化速率慢得多，因此在控制器设计中将其假设为常数。考虑到临近空间高速飞行器任务需求与实际物理约束，在飞行过程中，系统状态需要保持在如表 2-4 所示特定允许范围内[38,97]。

表 2-4　状态量与控制量特定允许范围

参数	下界	上界	参数	下界	上界
h	21336m	41148m	Q	−15(°)/s	15(°)/s
V	2133.6m/s	3352.8m/s	Φ	0.05	1.5
α	−10°	10°	δ_e	−20°	20°
γ	−3°	3°	—	—	—

根据文献[38]与[109]所述，曲线拟合模型相比真实模型，其力与力矩的拟合精度都相对较高。文献[109]通过对比均方误差、平均误差幅值和标准差三项指标评估了曲线拟合模型的近似精度，其中短周期运动(飞行路径角、攻角、俯仰角速度)对应极点的平均误差幅值比真实模型极点的平均误差幅值低 9%。但是，近似拟合获得的模型相比真正的飞行器模型不可避免地会损失精度、产生建模误差，而且临近空间高速飞行器实际工作中气动热变形、机身弹性变形等因素都会引发参数摄动。传统的比例–积分–微分(proportion integration differentiation，PID)控制器在应用于设计受强外部扰动与参数不确定影响的临近空间高速飞行器控制系统时，控制品质较差，无法保证较高的跟踪精度与响应速度，难以满足临近空间高速飞行器的控制需求，甚至可能导致系统失稳。因此，需要针对临近空间高速飞行器设计具有较强鲁棒性的控制器，以有效抑制外部扰动与参数摄动的影响。

注释 2-1　后续控制系统基于曲线拟合模型(2-45)设计。曲线拟合模型相对真实模型的拟合误差，以及未建模误差(包含干扰力矩、气动热变形、发动机建模不准确、刚弹耦合等)统一归结为模型的参数摄动与飞行器的外部扰动。在控制器的仿真验证中，通过在曲线拟合模型中考虑参数摄动与外部扰动能够验证本书控制律的有效性与实用性。

注释 2-2　相比传统飞行器，吸气式临近空间高速飞行器的控制难点主要体现在以下几方面：①强非线性。气动力与推力相对飞行状态量与控制输入呈现高度非线性关系。②气推耦合。飞行状态会影响发动机工作，发动机推力又会产生额外的附加力矩。③参数不确定。吸气式临近空间高速飞行器精确模型构建困难，未建模动力学与参数摄动影响大。④静不稳定。控制系统需要具有较快的响应速度。

本书控制系统的组成框图如图 2-4 所示。

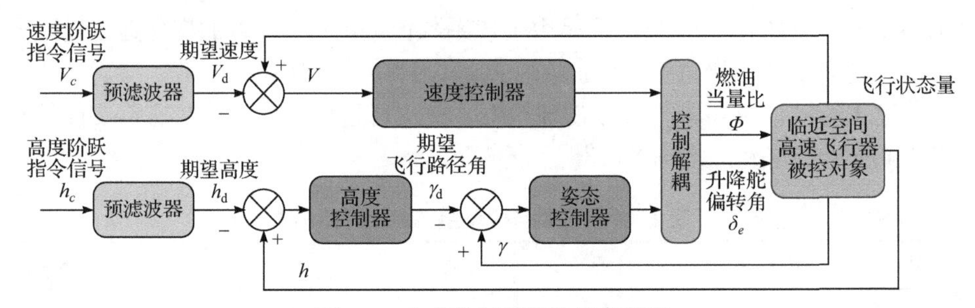

图 2-4　本书控制系统的组成框图

将速度阶跃指令信号 V_c 与高度阶跃指令信号 h_c 通过两个预滤波器可以获取两个通道的期望信号 V_d 与 h_d [44]：

$$V_\mathrm{d}=V_c\times\frac{\omega_\mathrm{d1}^2}{s^2+2\times\zeta_\mathrm{d1}\times\omega_\mathrm{d1}s+\omega_\mathrm{d1}^2} \tag{2-47}$$

$$h_\mathrm{d}=h_c\times\frac{\omega_\mathrm{d1}^2}{s^2+2\times\zeta_\mathrm{d1}\times\omega_\mathrm{d1}s+\omega_\mathrm{d1}^2} \tag{2-48}$$

式中，$\omega_\mathrm{d1}=0.03\mathrm{rad/s}$；$\zeta_\mathrm{d1}=0.95$。两个预滤波器的功能是将阶跃指令信号 V_c 与 h_c 调制为光滑且可导的期望信号 V_d 与 h_d。

高度跟踪误差经由高度控制器生成期望飞行路径角，然后通过姿态控制器进行调节；速度跟踪误差经由速度控制器进行调节。本书第 5 章基于飞行器输入输出动力学矢量同时生成速度控制器与姿态控制器输出，并将其进行控制解耦，可以得到执行机构指令值：燃油当量比 Φ 与升降舵偏转角 δ_e。本书第 6～8 章首先将飞行动力学解耦为速度与高度两个子系统，直接应用速度控制器与姿态控制器即可获得燃油当量比 Φ 与升降舵偏转角 δ_e，无需控制解耦环节。

2.4 本 章 小 结

本章建立了吸气式临近空间高速飞行器的高精度数学模型。首先给出机体外形参数及飞行任务剖面，定义了建模所需的坐标系及坐标转换关系，并构建刚体动力学方程。其次基于空气动力学理论建立各表面气动力模型与吸气式发动机模型。最后通过近似拟合，给出吸气式临近空间高速飞行器曲线拟合模型及相关参数，并分析系统控制难点与控制需求，为后续章节的控制器设计奠定了基础。

第 3 章　有限/固定时间控制基础理论与稳定性定理

3.1　引　　言

本章重点介绍有限/固定时间控制基础理论的定义与判定依据，给出齐次性与李雅普诺夫(Lyapunov)稳定性两种有限/固定时间稳定的判据，其中 Lyapunov 稳定性理论包括有限时间定理、快速有限时间定理、实际有限时间定理、固定时间定理、实际固定时间定理，方便后续章节的理论推导。

3.2　有限/固定时间稳定的定义

考虑非线性系统：

$$\begin{cases}\dot{\boldsymbol{x}}(t)=\boldsymbol{f}\left[t,\boldsymbol{x}(t)\right]\\ \boldsymbol{x}(0)=\boldsymbol{x}_0\end{cases} \tag{3-1}$$

式中，$\boldsymbol{x}(t)\in\mathbb{R}^n$，表示系统的状态变量；$\boldsymbol{f}:\mathbb{R}\times\mathbb{R}^n\to\mathbb{R}^n$，表示非线性向量函数。

定义 3-1[110]　如果对任意 $\varepsilon>0$，存在常数 $\delta>0$，使得当 $\|\boldsymbol{x}_0\|<\delta$ 时，对所有 $t\geqslant 0$，有 $\|\boldsymbol{x}(t,\boldsymbol{x}_0)\|<\varepsilon$，则称系统(3-1)的原点是稳定的。

定义 3-2[110]　如果系统(3-1)的原点是稳定的，且存在常数 $\delta>0$，使得当 $\|\boldsymbol{x}_0\|<\delta$ 时，有 $\lim\limits_{t\to\infty}\|\boldsymbol{x}(t,\boldsymbol{x}_0)\|=0$，则称系统(3-1)的原点是渐近稳定的。

定义 3-3[111]　如果系统(3-1)的原点是稳定的，且存在时间函数 $T(\boldsymbol{x}_0):\mathbb{R}^n\backslash\{\boldsymbol{0}\}\to(0,+\infty)$，使得 $\lim\limits_{t\to T(\boldsymbol{x}_0)}\|\boldsymbol{x}(t,\boldsymbol{x}_0)\|=0$，且对所有 $t\geqslant T(\boldsymbol{x}_0)$，有 $\boldsymbol{x}(t,\boldsymbol{x}_0)=\boldsymbol{0}$，则称系统(3-1)的原点是全局有限时间稳定的，时间函数 $T(\boldsymbol{x}_0)$ 称为有限时间。

定义 3-4[112]　如果系统(3-1)的原点是全局有限时间稳定的，并且存在 $T_{\max}$，使得对任意 $\boldsymbol{x}_0\in\mathbb{R}^n$，有 $T(\boldsymbol{x}_0)\leqslant T_{\max}$，则称系统(3-1)的原点是固定时间稳定的，$T_{\max}$ 称为固定时间。

渐近稳定的闭环系统表示系统状态会在时间趋于无穷时收敛到平衡点(如指数形式收敛)。以生活中的实例类比，即为“我在路上，马上到”。

有限时间稳定的闭环系统表示系统状态将在有限时间内收敛到平衡点。以生活中的实例类比，即为“我五分钟内到”。

固定时间稳定的闭环系统表示系统状态将在固定时间内收敛到平衡点，且收敛时间上界与初值无关。以生活中的实例类比，即为“无论我在哪，我五分钟内必到”。

对比能够发现，有限时间收敛具有更快的收敛速度。相关文献研究结果表明，在系统具有干扰和不确定性的情况下，有限时间收敛的系统往往具有更好的抗干扰和鲁棒性能。

3.3　有限/固定时间稳定性判定方法

常用的连续有限时间稳定性的判定方法主要有齐次性方法和 Lyapunov 稳定性方法两种。

3.3.1　有限时间齐次性方法

定义 3-5　设 $V(\boldsymbol{x}):\mathbb{R}^n \to \mathbb{R}$ 是连续函数，若 $\forall \varepsilon > 0$，$\exists \sigma > 0$，$(r_1, r_2, \cdots, r_n) \in \mathbb{R}^n$，其中，$r_i > 0$，$i = 1, 2, \cdots, n$，使得

$$V\left(\varepsilon^{r_1} x_1, \varepsilon^{r_2} x_2, \cdots, \varepsilon^{r_n} x_n\right) = \varepsilon^{\sigma} f_i(\boldsymbol{x}), \quad \forall \boldsymbol{x} \in \mathbb{R}^n \tag{3-2}$$

则称 $V(\boldsymbol{x})$ 关于 $(r_1, r_2, \cdots, r_n)$ 具有齐次度 σ，称 $(r_1, r_2, \cdots, r_n)$ 为扩张。

定义 3-6　设 $\boldsymbol{f}(\boldsymbol{x}) = \left[f_1(\boldsymbol{x}), f_2(\boldsymbol{x}), \cdots, f_n(\boldsymbol{x})\right]: \mathbb{R}^n \to \mathbb{R}^n$ 是向量函数，若 $\forall \varepsilon > 0$，$\exists (r_1, r_2, \cdots, r_n) \in \mathbb{R}^n$，其中，$r_i > 0$，$i = 1, 2, \cdots, n$，使得

$$f_i\left(\varepsilon^{r_1} x_1, \varepsilon^{r_2} x_2, \cdots, \varepsilon^{r_n} x_n\right) = \varepsilon^{k + r_i} f_i(\boldsymbol{x}), \quad i = 1, 2, \cdots, n \tag{3-3}$$

式中 $k > -\min\{r_i\}$，则称 $\boldsymbol{f}(\boldsymbol{x})$ 关于 $(r_1, r_2, \cdots, r_n)$ 具有齐次度 k。

定义 3-7　对于系统(3-1)，若向量场 $\boldsymbol{f}(\boldsymbol{x})$ 是齐次的，则称该系统是齐次的。

定理 3-1　若系统(3-1)全局渐近稳定，且齐次度为负数，则该系统全局有限时间稳定[113]。

3.3.2　有限时间 Lyapunov 稳定性定理

1. 有限时间 Lyapunov 稳定

定理 3-2　有限时间 Lyapunov 稳定性定理[114]如下。

针对系统：

$$\dot{\boldsymbol{x}} = \boldsymbol{f}(\boldsymbol{x}), \quad \boldsymbol{f}(\boldsymbol{0}) = \boldsymbol{0} \tag{3-4}$$

假设存在连续可微函数$V:\boldsymbol{U}\to\mathbb{R}$使得其满足下列条件：

(1) V为正定函数；

(2) 存在正实数$\alpha>0$，$0<p<1$，以及一个不包含原点的开邻域$U_0\subset U$，使得下列条件成立：

$$\dot{V}(\boldsymbol{x})\leqslant-\alpha V^p(\boldsymbol{x}),\quad \boldsymbol{x}\in\boldsymbol{U}_0\setminus\{\boldsymbol{0}\} \tag{3-5}$$

则系统为有限时间稳定，相应的收敛时间为

$$T\leqslant\frac{V_0^{1-p}}{\alpha(1-p)} \tag{3-6}$$

2. 快速有限时间 Lyapunov 稳定

定理 3-3 快速有限时间 Lyapunov 稳定性定理[115]如下。

针对系统：

$$\dot{\boldsymbol{x}}=\boldsymbol{f}(\boldsymbol{x}),\quad \boldsymbol{f}(\boldsymbol{0})=\boldsymbol{0} \tag{3-7}$$

若存在连续可微函数$V:\boldsymbol{U}\to\mathbb{R}$使得其满足下列条件：

(1) V为正定函数；

(2) 存在正实数$\alpha>0,\ \beta,\ 0<p<1$，满足：

$$\dot{V}(\boldsymbol{x})\leqslant-\beta V-\alpha V^p \tag{3-8}$$

则系统为快速有限时间稳定，相应的收敛时间为

$$T=\frac{1}{\beta(1-p)}\ln\frac{\alpha+\beta V_0^{1-p}}{\alpha} \tag{3-9}$$

3. 实际有限时间 Lyapunov 稳定

定理 3-4 实际有限时间 Lyapunov 稳定性定理[45]如下。

针对系统：

$$\dot{\boldsymbol{x}}=f(\boldsymbol{x}),\quad f(\boldsymbol{0})=\boldsymbol{0} \tag{3-10}$$

若存在连续可微函数$V:\boldsymbol{U}\to\mathbb{R}$使得其满足下列条件：

(1) V为正定函数；

(2) 存在正实数$\lambda>0$，$0<\alpha<1$，$0<\eta<\infty$，满足：

$$\dot{V}(\boldsymbol{x})\leqslant-\lambda V^{\alpha}(\boldsymbol{x})+\eta \tag{3-11}$$

则系统为实际有限时间稳定。

3.3.3 固定时间 Lyapunov 稳定性定理

1. 固定时间 Lyapunov 稳定

定理 3-5 固定时间 Lyapunov 稳定性定理[112]如下。

针对系统：

$$\dot{\boldsymbol{x}} = f(\boldsymbol{x}), \quad f(\boldsymbol{0}) = \boldsymbol{0} \tag{3-12}$$

若存在连续可微函数$V:U \to \mathbb{R}$使得其满足下列条件：

(1) V为正定函数；

(2) 存在正实数α，β，p，q，k，且$pk<1$，$qk>1$，使得

$$\dot{V}(\boldsymbol{x}) \leqslant -\left[\alpha V^{p}(\boldsymbol{x}) + \beta V^{q}(\boldsymbol{x})\right]^{k}, \quad \boldsymbol{x} \in \boldsymbol{U}_0 \setminus \{\boldsymbol{0}\} \tag{3-13}$$

则系统固定时间稳定，相应的收敛时间T与系统初值无关：

$$\begin{aligned} T &= \frac{1}{\alpha^{k}(1-kp)}\left|V(\boldsymbol{x}_0)\right|^{1-kp}\overline{F}\left(k, \frac{1-kp}{q-p}, 1+\frac{1-kp}{q-p}, -\frac{\beta}{\alpha}\left|V(\boldsymbol{x}_0)\right|^{q-p}\right) \\ &\leqslant T_{\max} = \frac{1}{\alpha^{k}(1-pk)} + \frac{1}{\beta^{k}(qk-1)} \end{aligned} \tag{3-14}$$

式中，$\overline{F}(\cdot)$为高斯超几何函数。

2. 实际固定时间 Lyapunov 稳定

定理 3-6　实际固定时间 Lyapunov 稳定性定理[116]如下。

针对系统$\dot{\boldsymbol{x}} = \boldsymbol{f}(\boldsymbol{x})$，$f(\boldsymbol{0}) = \boldsymbol{0}$，若存在连续可微函数$V:\boldsymbol{U} \to \mathbb{R}$使得其满足下列条件：

(1) V为正定函数；

(2) 存在正实数α，β，p，q，k，且$pk<1$，$qk>1$，$0<\eta<\infty$，使得

$$\dot{V}(\boldsymbol{x}) \leqslant -\left[\alpha V^{p}(\boldsymbol{x}) + \beta V^{q}(\boldsymbol{x})\right]^{k} + \eta, \quad \boldsymbol{x} \in \boldsymbol{U}_0 \setminus \{\boldsymbol{0}\} \tag{3-15}$$

则系统实际固定时间稳定，系统解的残差集满足：

$$\left\{ \lim_{t \to T} \boldsymbol{x} \middle| V(\boldsymbol{x}) \leqslant \min\left\{ \alpha^{-1/p}\left(\frac{\eta}{1-\theta^{k}}\right)^{\frac{1}{kp}}, \quad \beta^{-1/p}\left(\frac{\eta}{1-\theta^{k}}\right)^{\frac{1}{kq}} \right\} \right\} \tag{3-16}$$

式中，θ为标量，满足$0<\theta\leqslant 1$。系统收敛到残差集的收敛时间与初值无关：

$$T \leqslant \frac{1}{\alpha^{k}\theta^{k}(1-pk)} + \frac{1}{\beta^{k}\theta^{k}(qk-1)} \tag{3-17}$$

3.4　本章小结

本章重点介绍了有限/固定时间稳定的定义，并给出齐次性与 Lyapunov 稳定性两种有限/固定时间稳定的验证方法。

第 4 章　滑模控制基础理论及扩展应用

4.1　引　　言

滑模控制本质上是一类特殊的非线性控制方法，其特征表现为控制的非连续性。滑模控制作用可以使系统状态在一定条件下的有限时间内到达预先设定的滑模面上(趋近阶段)，然后沿着滑模面运动，直到收敛到系统原点(滑动模态阶段)。由于滑模面的设计与被控系统的参数以及外部干扰无关，因此滑模控制具有对系统参数变化以及外部干扰不敏感的良好性能，即具有强鲁棒性和抗干扰性能。

滑模控制是实现有限/固定时间控制的一项重要手段，本章首先介绍滑模控制理论发展至今的五代体系，并给出其在观测器设计中的典型扩展应用方案。

4.2　经典滑模控制

经典(第一代)滑模控制的特征是结合滑模面与离散趋近律设计控制器，其可实现滑模变量有限时间收敛，但其缺点是控制量不连续，抖振严重，且无法保证系统跟踪误差有限时间收敛。

4.2.1　滑模控制理论概述

考虑如下非线性系统：

$$\dot{\boldsymbol{x}}=\boldsymbol{a}(t,\boldsymbol{x})+\boldsymbol{b}(t,\boldsymbol{x})u \tag{4-1}$$

式中，$\boldsymbol{x}\in\mathbb{R}^n$，是系统状态；$u\in\mathbb{R}$，是控制输入；$\boldsymbol{a}(t,\boldsymbol{x})\in\mathbb{R}^n$，$\boldsymbol{b}(t,\boldsymbol{x})\in\mathbb{R}^n$，是未知函数。

首先，确定滑模面：

$$s(t,\boldsymbol{x})=0 \tag{4-2}$$

这里的滑模面是存在于空间中的超平面(滑模面要满足存在性)，并且满足当系统状态收敛到滑模面上后，能沿滑模面滑动到系统原点(滑模面要满足稳定性)。滑模面将状态空间分为$s(t,\boldsymbol{x})<0$和$s(t,\boldsymbol{x})>0$两部分。

然后，根据确定的滑模面，设计控制输入u按照如下逻辑进行切换：

$$u=\begin{cases}u^{+}(t,\boldsymbol{x}), & s(t,\boldsymbol{x})>0,\quad \dot{s}(t,\boldsymbol{x})<0\\ u^{-}(t,\boldsymbol{x}), & s(t,\boldsymbol{x})<0,\quad \dot{s}(t,\boldsymbol{x})>0\end{cases}\tag{4-3}$$

因此，由上述描述可知，滑模控制算法的基本问题就在于构造滑模面 $s(t,\boldsymbol{x})=0$ 和控制输入 $u^{+}(t,\boldsymbol{x})$ 、$u^{-}(t,\boldsymbol{x})$ ，使闭环系统(4-1)能够在滑模面(4-2)上做滑动运动。滑模控制相轨迹如图 4-1 所示。

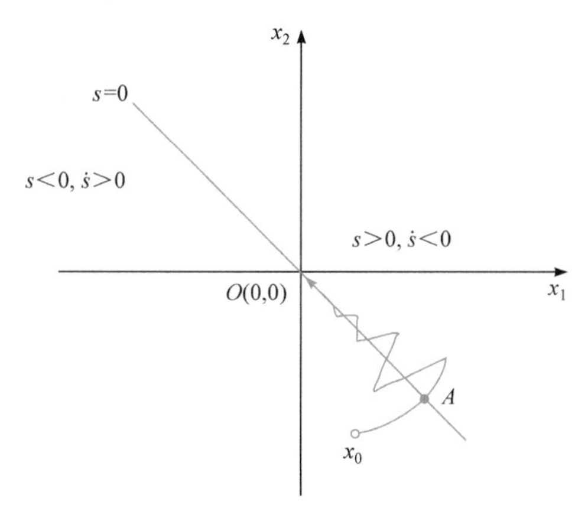

图 4-1　滑模控制相轨迹图

由图 4-1 可以看出，滑模运动分为以下两个阶段：

(1) 趋近阶段，即图 4-1 中的 x_0A 段，在该阶段，系统状态可从任意初始位置在有限时间内到达滑模面；

(2) 滑动模态阶段，即图 4-1 中的 AO 段，在该阶段，系统在控制输入的作用下沿着滑模面运动至原点。

4.2.2　滑动模态的不变性

根据 4.2.1 小节的分析可知，滑模运动分为趋近阶段和滑动模态阶段。当系统进入滑动模态阶段时，滑模控制对于满足特定条件的内部参数摄动和外部扰动具有完全的自适应性，这种完全的自适应性被称为滑模控制的“不变性”。

本小节将具体讨论滑动模态的不变性。考虑如下非线性系统：

$$\dot{\boldsymbol{x}}=f(t,\boldsymbol{x})+\Delta f(t,\boldsymbol{x},\vartheta)+\left[g(t,\boldsymbol{x})+\Delta g(t,\boldsymbol{x},\vartheta)\right]u\tag{4-4}$$

式中，$\boldsymbol{x}\in\mathbb{R}^{n}$，是系统状态；$u\in\mathbb{R}$，是控制输入；$\Delta f(t,\boldsymbol{x},\vartheta)$ 和 $\Delta g(t,\boldsymbol{x},\vartheta)$ 是有界的不确定性项和干扰；ϑ 是不确定参数。选择滑模变量函数 $s(\boldsymbol{x})$，则

$$\begin{aligned}\dot{s}(\boldsymbol{x})&=\frac{\partial s(\boldsymbol{x})}{\partial t}+\frac{\partial s(\boldsymbol{x})}{\partial \boldsymbol{x}}\dot{\boldsymbol{x}}\\&=\frac{\partial s(\boldsymbol{x})}{\partial t}+\frac{\partial s(\boldsymbol{x})}{\partial \boldsymbol{x}}\left[f(t,\boldsymbol{x})+\Delta f(t,\boldsymbol{x},\vartheta)+g(t,\boldsymbol{x})u+\Delta g(t,\boldsymbol{x},\vartheta)u\right]\end{aligned}\tag{4-5}$$

当系统处于滑模面上时，根据等效控制原理($\dot{s}(\boldsymbol{x})=0$)可得

$$u_{\mathrm{eq}}=-\left\{\frac{\partial s(\boldsymbol{x})}{\partial \boldsymbol{x}}\left[g(t,\boldsymbol{x})+\Delta g(t,\boldsymbol{x},\vartheta)\right]\right\}^{-1}\left\{\frac{\partial s(\boldsymbol{x})}{\partial t}+\frac{\partial s(\boldsymbol{x})}{\partial \boldsymbol{x}}\left[f(t,\boldsymbol{x})+\Delta f(t,\boldsymbol{x},\vartheta)\right]\right\} \tag{4-6}$$

假设$\dfrac{\partial s(\boldsymbol{x})}{\partial \boldsymbol{x}}\left[g(t,\boldsymbol{x})+\Delta g(t,\boldsymbol{x},\vartheta)\right]$可逆，将等效控制方程(4-6)代入系统(4-4)，可得系统滑动模态：

$$\begin{aligned}\dot{\boldsymbol{x}}=&f(t,\boldsymbol{x})+\Delta f(t,\boldsymbol{x},\vartheta)-\left[g(t,\boldsymbol{x})+\Delta g(t,\boldsymbol{x},\vartheta)\right]\left\{\frac{\partial s(\boldsymbol{x})}{\partial \boldsymbol{x}}\left[g(t,\boldsymbol{x})+\Delta g(t,\boldsymbol{x},\vartheta)\right]\right\}^{-1}\frac{\partial s(\boldsymbol{x})}{\partial t}\\&-\left[g(t,\boldsymbol{x})+\Delta g(t,\boldsymbol{x},\vartheta)\right]\left\{\frac{\partial s(\boldsymbol{x})}{\partial \boldsymbol{x}}\left[g(t,\boldsymbol{x})+\Delta g(t,\boldsymbol{x},\vartheta)\right]\right\}^{-1}\frac{\partial s(\boldsymbol{x})}{\partial \boldsymbol{x}}\left[f(t,\boldsymbol{x})+\Delta f(t,\boldsymbol{x},\vartheta)\right]\end{aligned} \tag{4-7}$$

假设存在K_1、K_2，使得不确定项满足如下匹配条件：

$$\begin{cases}\Delta f(t,\boldsymbol{x},\vartheta)=g(t,\boldsymbol{x})K_1\\ \Delta g(t,\boldsymbol{x},\vartheta)=g(t,\boldsymbol{x})K_2\end{cases} \tag{4-8}$$

将式(4-8)代入式(4-7)，可得

$$\begin{aligned}\dot{\boldsymbol{x}}=&f(t,\boldsymbol{x})+g(t,\boldsymbol{x})K_1-\left[g(t,\boldsymbol{x})+g(t,\boldsymbol{x})K_2\right]\left\{\frac{\partial s(\boldsymbol{x})}{\partial \boldsymbol{x}}\left[g(t,\boldsymbol{x})+g(t,\boldsymbol{x})K_2\right]\right\}^{-1}\frac{\partial s(\boldsymbol{x})}{\partial t}\\&-\left[g(t,\boldsymbol{x})+g(t,\boldsymbol{x})K_2\right]\left\{\frac{\partial s(\boldsymbol{x})}{\partial \boldsymbol{x}}\left[g(t,\boldsymbol{x})+g(t,\boldsymbol{x})K_2\right]\right\}^{-1}\frac{\partial s(\boldsymbol{x})}{\partial \boldsymbol{x}}\left[f(t,\boldsymbol{x})+g(t,\boldsymbol{x})K_1\right]\\=&f(t,\boldsymbol{x})+g(t,\boldsymbol{x})K_1-g(t,\boldsymbol{x})K(1+K_2)\left[\frac{\partial s(\boldsymbol{x})}{\partial \boldsymbol{x}}g(t,\boldsymbol{x})(1+K_2)\right]^{-1}\frac{\partial s(\boldsymbol{x})}{\partial t}\\&-g(t,\boldsymbol{x})(1+K_2)\left[\frac{\partial s(\boldsymbol{x})}{\partial \boldsymbol{x}}g(t,\boldsymbol{x})(1+K_2)\right]^{-1}\frac{\partial s(\boldsymbol{x})}{\partial \boldsymbol{x}}\left[f(t,\boldsymbol{x})+g(t,\boldsymbol{x})K_1\right]\\=&\left\{1-g(t,\boldsymbol{x})\left[\frac{\partial s(\boldsymbol{x})}{\partial \boldsymbol{x}}g(t,\boldsymbol{x})\right]^{-1}\frac{\partial s(\boldsymbol{x})}{\partial \boldsymbol{x}}\right\}f(t,\boldsymbol{x})-g(t,\boldsymbol{x})\left[\frac{\partial s(\boldsymbol{x})}{\partial \boldsymbol{x}}g(t,\boldsymbol{x})\right]^{-1}\frac{\partial s(\boldsymbol{x})}{\partial t}\end{aligned} \tag{4-9}$$

也就是，此时系统滑动模态为

$$\begin{aligned}\dot{\boldsymbol{x}}=&\left\{1-g(t,\boldsymbol{x})\left[\frac{\partial s(\boldsymbol{x})}{\partial \boldsymbol{x}}g(t,\boldsymbol{x})\right]^{-1}\frac{\partial s(\boldsymbol{x})}{\partial \boldsymbol{x}}\right\}f(t,\boldsymbol{x})\\&-g(t,\boldsymbol{x})\left[\frac{\partial s(\boldsymbol{x})}{\partial \boldsymbol{x}}g(t,\boldsymbol{x})\right]^{-1}\frac{\partial s(\boldsymbol{x})}{\partial t}\end{aligned} \tag{4-10}$$

可以看到，式(4-10)不含$\Delta f(t,\boldsymbol{x},\vartheta)$、$\Delta g(t,\boldsymbol{x},\vartheta)$，系统滑动模态$\dot{\boldsymbol{x}}$与不确定性项、干扰$\Delta f(t,\boldsymbol{x},\vartheta)$、$\Delta g(t,\boldsymbol{x},\vartheta)$无关，也就是说，当干扰或不确定性满足匹配条件(4-8)时，滑动模态对系统外部和内部的未知扰动以及不确定性具有“完全适应性”，称之为滑模控制的不变性。一般称条件(4-8)为滑动模态的匹配条件，其物理意义是，系统中所有参数摄动和扰动等不确定因素均可以等价为输入通道中的不确定性。

4.2.3　线性滑模控制

1. 线性滑模面

一般地，单输入-单输出线性系统可等价转化为如下可控标准型系统：

$$\dot{\boldsymbol{x}} = \boldsymbol{A}\boldsymbol{x} + \boldsymbol{B}u \tag{4-11}$$

式中，$\boldsymbol{x}=[x_1,x_2,\cdots,x_n]^{\mathrm{T}}\in\mathbb{R}^n$；$u\in\mathbb{R}$；$\boldsymbol{A}\in\mathbb{R}^{n\times n}$；$\boldsymbol{B}=[0,\cdots,0,1]^{\mathrm{T}}\in\mathbb{R}^n$。

在滑模控制中，滑模面的作用是令系统状态可以按其轨迹滑动至平衡点。在该过程中，系统不受不确定项的影响，对其具有不变性。针对系统(4-11)，线性滑模面可设计为系统状态变量的线性组合：

$$s(\boldsymbol{x}) = \boldsymbol{C}\boldsymbol{x} = c_1x_1 + c_2x_2 + \cdots + c_{n-1}x_{n-1} + x_n \tag{4-12}$$

式中，$p^{n-1}+c_{n-1}p^{n-2}+\cdots+c_2p+c_1$是赫尔维茨(Hurwitz)的。

对滑模面(4-12)沿系统状态轨迹求导，当$\partial s(\boldsymbol{x})/\partial\boldsymbol{x}\,B(\boldsymbol{x})$非奇异时，基于等速趋近律设计滑模控制律：

$$u = -\left[\frac{\partial s(\boldsymbol{x})}{\partial \boldsymbol{x}}\boldsymbol{B}(\boldsymbol{x})\right]^{-1}\left[\frac{\partial s(\boldsymbol{x})}{\partial \boldsymbol{x}}\boldsymbol{A}(\boldsymbol{x}) + k\,\mathrm{sgn}(s)\right] \tag{4-13}$$

式中，k大于扰动幅值上界，以满足系统稳定的要求。

对滑模控制律(4-13)进行分析，选择 Lyapunov 函数：

$$V(s) = \frac{1}{2}s^2(\boldsymbol{x}) \tag{4-14}$$

对 Lyapunov 函数(4-14)求导，可得

$$\dot{V}(s) = s(\boldsymbol{x})\dot{s}(\boldsymbol{x}) \tag{4-15}$$

将式(4-13)代入式(4-15)，可得

$$\dot{V}(s) = -k\left|s(\boldsymbol{x})\right| \tag{4-16}$$

基于 Lyapunov 稳定性理论可得，因为趋近律的作用，滑模变量函数$s(\boldsymbol{x})$有限时间趋于 0，即系统状态可以有限时间到达滑模面。到达滑模面后的系统动态，由滑模面方程$s(\boldsymbol{x})=0$唯一确定。当使用线性滑模变量$s(\boldsymbol{x})=\boldsymbol{C}\boldsymbol{x}$时，系统状态对

平衡点是渐近稳定的。

线性滑模面不仅设计简单，而且适用于低阶及高阶系统。虽然通过调节系数$\{c_1, c_2, \cdots, c_{n-1}\}$可以得到期望的动态响应，但无论如何调整，系统变量只能实现渐近收敛，无法在有限时间内到达平衡点。

2. 趋近律设计

趋近律方法是由我国学者高为炳教授根据滑模控制过程的本质提出的，具体是为滑模面设计一个收敛方程，当滑模面收敛到 0 时系统从初始状态运动到滑模面上。趋近律方法提供了滑模控制器设计的新方式，并且通过调整趋近律可以改进系统整体动态响应。

常见的趋近律如下所述。

(1) 等速趋近律：

$$\dot{s} = -\varepsilon \operatorname{sgn}(s) \tag{4-17}$$

式中，$\varepsilon > 0$。

(2) 指数趋近律：

$$\dot{s} = -\varepsilon \operatorname{sgn}(s) - ks \tag{4-18}$$

式中，$\varepsilon > 0$；$k > 0$。

(3) 一般趋近律：

$$\dot{s} = -\varepsilon \operatorname{sgn}(s) - f(s) \tag{4-19}$$

式中，$\varepsilon > 0$；$f(0) = 0$；当$s \neq 0$时，$sf(s) > 0$。

(4) 幂次趋近律：

$$\dot{s} = -\varepsilon |s|^{\alpha} \operatorname{sgn}(s) \tag{4-20}$$

式中，$\varepsilon > 0$；$0 < \alpha < 1$。通过对幂次项系数α的值进行调整，能够保证系统初始状态远离滑动模态时($|s|$较大)，以较快的速度趋近于滑动模态；在系统状态接近滑动模态时($|s|$较小)，趋近速度减缓，以保证系统状态在到达滑动模态后有较小的抖振。

(5) 快速幂次趋近律：

$$\dot{s} = -k_1 |s|^{\alpha} \operatorname{sgn}(s) - k_2 s \tag{4-21}$$

式中，$k_1 > 0$；$k_2 > 0$；$0 < \alpha < 1$。

(6) 双幂次趋近律：

$$\dot{s} = -k_1 |s|^{\alpha} \operatorname{sgn}(s) - k_2 |s|^{\beta} \operatorname{sgn}(s) \tag{4-22}$$

式中，$k_1 > 0$；$k_2 > 0$；$0 < \alpha < 1 < \beta$。

4.3　二阶滑模控制

二阶滑模控制(第二代滑模控制)克服了经典滑模控制中滑模变量相对阶仅能为 1 的限制，将适用范围拓展至相对阶为 2 的系统中。相比第一代滑模控制的设计理论，第二代滑模控制能够保证系统跟踪误差有限时间收敛，而且取消了滑模面的概念(从广义而言，第二代滑模控制的滑模面可以看作系统原点)。

考虑如下非线性系统：

$$\dot{\boldsymbol{x}}=\boldsymbol{f}(t,\boldsymbol{x})+\boldsymbol{g}(t,\boldsymbol{x})u,\quad s=s(t,\boldsymbol{x}) \tag{4-23}$$

式中，$\boldsymbol{x}\in\mathbb{R}^n$，是系统状态；$u\in\mathbb{R}$，是控制输入；$\boldsymbol{f}(t,\boldsymbol{x})$与$\boldsymbol{g}(t,\boldsymbol{x})$是光滑的未知向量场；$s\in\mathbb{R}$，是滑模变量。系统(4-23)的解是菲利波夫(Filippov)意义下的解，允许非连续控制[117]。

假定系统(4-23)的相对阶为 2，即滑模变量$s(t,\boldsymbol{x})$的二阶导数可写作：

$$\ddot{s}=h(t,\boldsymbol{x})+l(t,\boldsymbol{x})u \tag{4-24}$$

式中，$h(t,\boldsymbol{x})=\ddot{s}\big|_{u=0}$；$l(t,\boldsymbol{x})=\dfrac{\partial}{\partial u}\ddot{s}\neq 0$。假定$h(t,\boldsymbol{x})$与$l(t,\boldsymbol{x})$满足如下不等式：

$$0<K_m\leqslant l(t,\boldsymbol{x})\leqslant K_M,\quad \left|h(t,\boldsymbol{x})\right|\leqslant C \tag{4-25}$$

式中，$K_m>0$，$K_M>0$，$C>0$，则会形成下面的微分包含：

$$\ddot{s}\in[-C,C]+[K_m,K_M]u \tag{4-26}$$

因此，二阶滑模控制问题就是找到如下的反馈：

$$u=\varphi(s,\dot{s}) \tag{4-27}$$

使得系统轨迹在有限时间内收敛到相平面的原点，即$s=\dot{s}=0$。

广义的二阶滑模控制形式如下：

$$u=-r_1\operatorname{sgn}\left[\mu_1\dot{s}+\lambda_1|s|^{1/2}\operatorname{sgn}(s)\right]-r_2\operatorname{sgn}\left[\mu_2\dot{s}+\lambda_2|s|^{1/2}\operatorname{sgn}(s)\right] \tag{4-28}$$

式中，r_1与r_2均为正数，λ_1、$\lambda_2\in\mathbb{R}$。

4.3.1　螺旋算法

螺旋(twisting)算法是一种较早提出的二阶滑模控制算法[118-119]，该控制算法表达式如下：

$$u=-\left[r_1\operatorname{sgn}(s)+r_2\operatorname{sgn}(\dot{s})\right],\quad r_1>r_2>0 \tag{4-29}$$

其有限时间收敛的充分条件为

$$\begin{cases}(r_1+r_2)K_m-C>(r_1-r_2)K_M+C\\(r_1-r_2)K_m>C\end{cases}\tag{4-30}$$

螺旋算法的特点：在$sO\dot{s}$相平面上，系统轨迹围绕原点旋转，如图 4-2 所示。同时，系统轨迹能在有限时间内经过无限次旋转收敛到原点。也就是，系统的相轨迹与坐标轴相交值的绝对值，随着旋转次数增大以等比数列形式减小。由式(4-29)可知，此控制律的设计需要已知$\dot{s}$的符号。

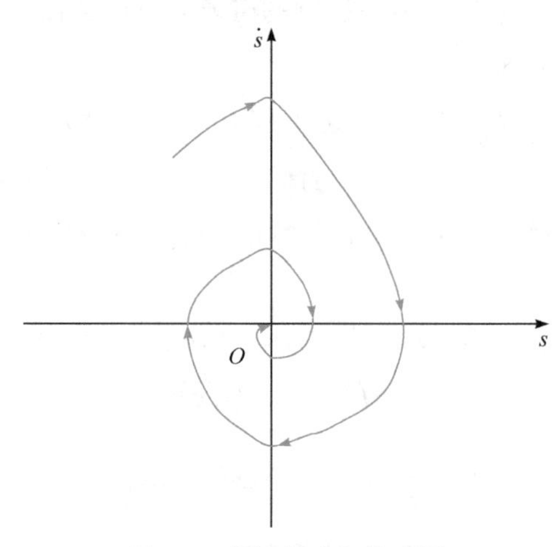

图 4-2　螺旋算法相轨迹图

若考虑控制输入受限的情形，则需增加以下条件[120]：

$$r_1+r_2\leqslant u_{\max}\tag{4-31}$$

4.3.2　次优算法

次优(suboptimum)算法由 Bartolini 等[121]提出，该控制算法表达式如下：

$$u=-r_1\operatorname{sgn}\left(s-s^*/2\right)+r_2\operatorname{sgn}\left(s^*\right),\quad r_1>r_2>0\tag{4-32}$$

式中，s^*表示最近的时间内$\dot{s}=0$时对应的s值，s^*的初始值为 0。

次优算法有限时间收敛的充分条件为

$$\begin{cases}r_1-r_2>\dfrac{C}{K_m}\\[2ex] r_1+r_2>\dfrac{4C+K_M(r_1-r_2)}{3K_m}\end{cases}\tag{4-33}$$

次优算法由经典的时间最优控制算法演化而来，控制量u实际依赖于s和$\dot{s}$的整个测量历史，因此该算法不具有式(4-27)的反馈形式，可称次优算法为广义的二阶滑模控制算法。

如图 4-3 所示，$sO\dot{s}$ 相平面内的轨迹被限制在包括原点在内的有限抛物线之内。

4.3.3 预定收敛律算法

预定收敛律(prescribed convergence law)算法[118-119]表达式如下：

$$u=-\alpha\,\mathrm{sgn}\left[\dot{s}+\beta|s|^{1/2}\,\mathrm{sgn}(s)\right],\quad \alpha,\beta>0 \tag{4-34}$$

其有限时间收敛的充分条件为

$$\alpha K_m - C > \beta^2/2 \tag{4-35}$$

图 4-4 为预定收敛律算法相轨迹图。$sO\dot{s}$ 相平面内的轨迹都会在有限时间内到达非线性滑模面 $\dot{s}+\beta|s|^{1/2}\,\mathrm{sgn}(s)=0$，并沿着 $\dot{s}+\beta|s|^{1/2}\,\mathrm{sgn}(s)=0$ 在有限时间内收敛到原点。

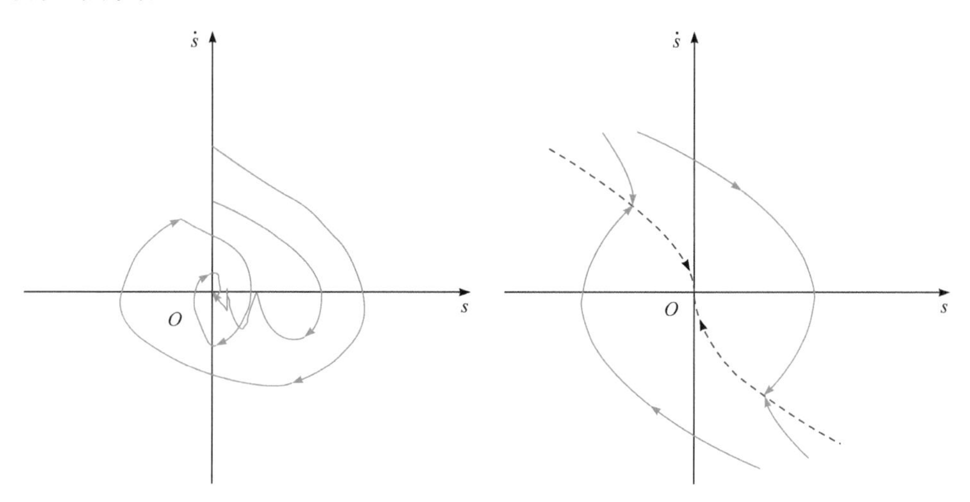

图 4-3　次优算法相轨迹图　　　　图 4-4　预定收敛律算法相轨迹图

4.3.4 准连续算法

准连续(quasi-continuous)算法[122]表达式如下：

$$u=-\alpha\frac{\dot{s}+\beta|s|^{\frac{1}{2}}\,\mathrm{sgn}(s)}{|\dot{s}|+\beta|s|^{\frac{1}{2}}} \tag{4-36}$$

式中，

$$\alpha>0,\quad \beta>0,\quad \alpha K_m - C>0 \tag{4-37}$$

$$\alpha K_m - C - \alpha K_m \frac{\beta}{\rho+\beta} - \frac{1}{2}\rho^2,\ \ \rho > \beta \tag{4-38}$$

准连续算法的优点在于，除原点以外其他地方都是连续的，但在实际系统控制中，系统状态不可能被完全控制到原点。因此，从实际应用角度来看，准连续算法(4-36)设计的控制器为连续控制器，在一定程度上，准连续算法能够减少抖振。如图 4-5 所示，当参数α充分大时，存在常数ρ_1、ρ_2，满足条件$0<\rho_1<\beta<\rho_2$，使得状态轨迹进入由曲线$\dot{s}+\rho_1|s|^{1/2}\operatorname{sgn}(s)=0$和$\dot{s}+\rho_2|s|^{1/2}\operatorname{sgn}(s)=0$构成的区域。

4.3.5　漂移算法

广义的二阶滑模控制形式(4-28)的离散采样形式如下：

$$u = -r_1\operatorname{sgn}\left[\mu_1\Delta s_i + \lambda_1\tau|s_i|^{1/2}\operatorname{sgn}(s_i)\right] - r_2\operatorname{sgn}\left[\mu_2\Delta s_i + \lambda_2\tau|s_i|^{1/2}\operatorname{sgn}(s_i)\right] \tag{4-39}$$

当控制参数满足条件$\mu_1=\lambda_2=0$时，即为漂移(drift)算法。漂移算法[118]表达式如下：

$$u = -r_1\operatorname{sgn}(s_i) - r_2\operatorname{sgn}(\Delta s_i) \tag{4-40}$$

注意，参数必须满足$r_2>r_1>0$。图 4-6 为漂移算法相轨迹图。

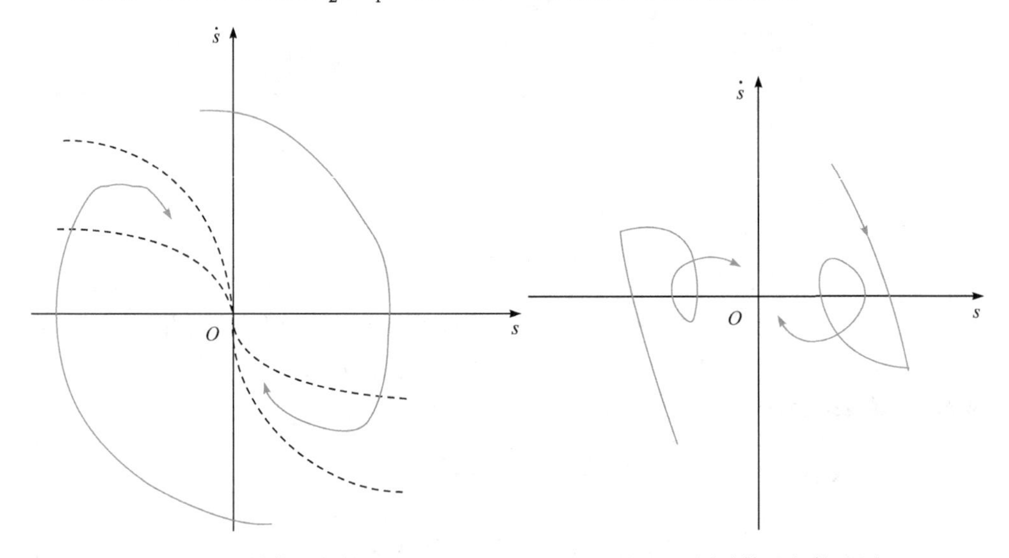

图 4-5　准连续算法相轨迹图　　　图 4-6　漂移算法相轨迹图

4.4　超螺旋滑模控制

超螺旋(super-twisting)滑模控制[118]作为第三代滑模控制，其本质属于二阶滑模控制，但是相比其他类别的二阶滑模控制，超螺旋滑模控制具有连续的控制量；相比一阶滑模控制，超螺旋滑模控制具有二阶滑模收敛精度。超螺旋滑模控制的主要局限性在于其作为二阶滑模控制，仅可应用于相对阶为 1 的控制系统中。

超螺旋滑模控制表达式如下：

$$\begin{cases} u=-k_1|s|^{1/2}\operatorname{sgn}(s)+u_1 \\ \dot{u}_1=-k_2\operatorname{sgn}(s) \end{cases} \tag{4-41}$$

一般来说，增益参数可按照如下原则设计：

$$k_1=1.5\sqrt{L},\quad k_2=1.1L \tag{4-42}$$

式中，L 为扰动的利普希茨常数。

超螺旋控制算法相轨迹如图 4-7 所示。

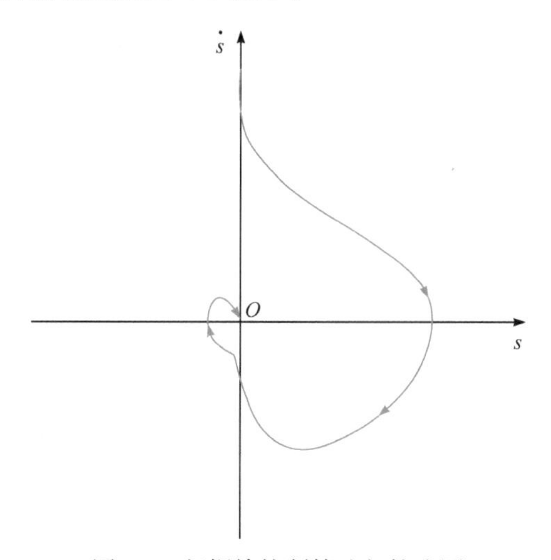

图 4-7　超螺旋控制算法相轨迹图

4.5　任意阶滑模控制

任意阶滑模控制(第四代滑模控制)将适用系统提升到任意阶，可以保证相对阶任意的系统在有限时间内收敛。相比于第一代滑模控制的设计理论，第四代滑模控制能够保证系统跟踪误差有限时间收敛。

r 阶滑动集由滑模变量及其连续导数$\left\{s,\dot{s},\ddot{s},\cdots,s^{(r-1)}\right\}$构成，关于滑模变量$s(t,\boldsymbol{x})$的$r$阶滑动集可以由式(4-43)描述：

$$s=\dot{s}=\ddot{s}=\cdots=s^{(r-1)}=0 \tag{4-43}$$

式(4-43)构成了动态系统状态的r维约束条件。

r 阶滑模控制器的广义表达式如下：

$$u=-\alpha\Psi_{r-1,r}\left(s,\dot{s},\cdots,s^{(r-1)}\right) \tag{4-44}$$

式中，增益$\alpha>0$，α需要根据系统的C、K_m、K_M值进行调整；Ψ表示非线性切换函数。

4.5.1　嵌套式高阶滑模算法

嵌套式高阶滑模算法[123]的一般递归形式为

$$\begin{cases}N_{i,r}=\left(|s|^{\frac{q}{r}}+|\dot{s}|^{\frac{q}{r-1}}+\cdots+\left|s^{i-1}\right|^{\frac{q}{r-i+1}}\right)^{\frac{r-i}{q}}\\ \Psi_{0,r}=\operatorname{sgn}(s),\ \Psi_{i,r}=\operatorname{sgn}\left(s^{(i)}+\beta_i N_{i,r}\Psi_{i-1,r}\right)\end{cases} \tag{4-45}$$

式中，q是1到r的最小公倍数。

下面给出相对阶数$r=1,2,3$时，嵌套式高阶滑模算法的具体表达式：

(1) $u=-\alpha\operatorname{sgn}(s)$。

(2) $u=-\alpha\operatorname{sgn}\left[\dot{s}+|s|^{\frac{1}{2}}\operatorname{sgn}(s)\right]$，该形式可以广泛应用于二阶系统，但控制量是离散的。

(3) $u=-\alpha\operatorname{sgn}\left\{\ddot{s}+2\left(|\dot{s}|^3+|s|^2\right)^{\frac{1}{6}}\operatorname{sgn}\left[\dot{s}+|s|^{\frac{2}{3}}\operatorname{sgn}(s)\right]\right\}$，该形式可以广泛应用于三阶系统，但是控制量离散；也可以应用于二阶系统，根据s、$\dot{s}$、$\ddot{s}$获取$\dot{u}$，然后积分得到连续控制量u，但这种处理方式需要用到滑模变量的二阶导数，在实际控制系统中难以实现。

4.5.2　准连续高阶滑模算法

相比其他类型高阶滑模算法，准连续高阶滑模算法在除原点外的所有位置上都是连续的，即$s=\dot{s}=\cdots=s^{(r-1)}=0$。

准连续高阶滑模算法的一般形式可写作：

$$\begin{cases}\varphi_{0,r}=s, \quad N_{0,r}=|s|, \quad \Psi_{0,r}=\dfrac{\varphi_{0,r}}{N_{0,r}}=\operatorname{sgn}(s) \\ \varphi_{\mathrm{i},r}=s^{(i)}+\beta_i N_{i-1,r}^{\frac{r-i}{r-i+1}}\Psi_{i-1,r} \\ N_{i,r}=\left|s^{(i)}\right|+\beta_i N_{i-1,r}^{\frac{r-i}{r-i+1}}, \quad \Psi_{i,r}=\dfrac{\varphi_{i,r}}{N_{i,r}}\end{cases} \tag{4-46}$$

下面给出相对阶数 $r=1,2,3$ 时，准连续高阶滑模算法的具体表达式：

(1) $u=-\alpha\operatorname{sgn}(s)$。

(2) $u=-\alpha\dfrac{\dot{s}+|s|^{\frac{1}{2}}\operatorname{sgn}(s)}{|\dot{s}|+|s|^{\frac{1}{2}}}$，该形式的准连续高阶滑模算法可以广泛应用于二阶系统，但是控制量在原点处是离散的。

(3) $u=-\alpha\dfrac{\ddot{s}+2\left(|\dot{s}|+|s|^{\frac{2}{3}}\right)^{-\frac{1}{2}}\left[\dot{s}+|s|^{\frac{2}{3}}\operatorname{sgn}(s)\right]}{|\ddot{s}|+2\left(|\dot{s}|+|s|^{\frac{2}{3}}\right)^{\frac{1}{2}}}$，该形式可以广泛应用于三阶系统；同样，也可以类比嵌套式高阶滑模算法，应用于二阶系统，根据 s、$\dot{s}$、$\ddot{s}$ 获取 $\dot{u}$，然后积分得到连续控制量 u。

4.5.3 改进的嵌套式高阶滑模算法

文献[49]对嵌套式高阶滑模算法进行了改进，得到改进的嵌套式高阶滑模算法，其一般形式可写作：

$$\begin{cases}N_{i,r}=\left(|s|^{\frac{q}{r}}+|\dot{s}|^{\frac{q}{r-1}}+\cdots+\left|s^{i-1}\right|^{\frac{q}{r-i+1}}\right)^{\frac{r-i}{q}} \\ \varphi_{0,r}=\operatorname{sgn}(s) \\ \varphi_{i,r}=\operatorname{sgn}\left(s^{i}+\beta_i N_{i,r}\varphi_{i-1,r}\right)\end{cases}, \quad i=1,2,\cdots,r-1 \tag{4-47}$$

注意，改进的嵌套式高阶滑模算法(4-47)中 $N_{i,r}\,(i=1,2,\cdots,r-1)$ 的表达式与嵌套式高阶滑模算法(4-45)的相同，但是改进的嵌套式高阶滑模算法对参数 $N_r=N_{r,r}$ 的计算规则进行了更改：

$$N_r = N_{r,r} = \left(|s|^{\frac{q}{r}} + |\dot{s}|^{\frac{q}{r-1}} + \cdots + \left| s^{r-1} \right|^q \right)^{\frac{1}{q}} \tag{4-48}$$

式中，q 表示从 1 到 r 的最小公倍数。

由于符号函数 $\mathrm{sgn}(\cdot)$ 会产生较大抖振，对控制系统造成不利影响，故采用饱和函数替换符号函数 $\mathrm{sgn}(\cdot)$。

定义饱和函数 $\mathrm{sat}(z,\varepsilon) = \min\left[1, \max(-1, z/\varepsilon)\right]$，满足：

$$\mathrm{sat}(z,\varepsilon) = \begin{cases} 1, & z > \varepsilon \\ z/\varepsilon, & -\varepsilon < z < \varepsilon \\ -1, & z < -\varepsilon \end{cases} \tag{4-49}$$

则

$$\varepsilon \min\left[1, \max(-1, z/\varepsilon)\right] = \begin{cases} \varepsilon, & z > \varepsilon \\ z, & -\varepsilon < z < \varepsilon \\ -\varepsilon, & z < -\varepsilon \end{cases} \tag{4-50}$$

借鉴此饱和函数，可重新设计饱和嵌套式高阶滑模算法，其表达式如下所示：

$$\begin{cases} \psi_{0,r} = \mathrm{sgn}(s) \\ \psi_{i,r} = \mathrm{sat}\left[\left(s^i + \beta_i N_{i,r} \psi_{i-1,r} \right) \Big/ N_r^{r-i}, \varepsilon_i \right] \end{cases} \tag{4-51}$$

$$u = -\alpha \psi_{r-1,r}\left(s, \dot{s}, \cdots, s^{r-1} \right) \tag{4-52}$$

下面给出相对阶数 $r = 1,2,3$ 时，饱和嵌套式高阶滑模算法的形式：

(1) $u = -\alpha\,\mathrm{sgn}(\sigma)$。

(2) $u = -\alpha \mathrm{sat}\left\{ \left[\dot{s} + \beta_1 |s|^{1/2} \mathrm{sgn}(s) \right] \Big/ \left(|\dot{s}|^2 + |s| \right)^{1/2}, \varepsilon_1 \right\}$。

(3) $u = -\alpha \mathrm{sat}\left[\left(\ddot{s} + \beta_2 \left(|\dot{s}|^3 + |s|^2 \right)^{1/6} \mathrm{sat}\left\{ \left[\dot{s} + \beta_1 |s|^{2/3} \mathrm{sgn}(s) \right] \Big/ N_3, \varepsilon_1 \right\} \right) \Big/ N_3, \varepsilon_2 \right]$，其中 $N_3 = \left(|s|^2 + |\dot{s}|^3 + |\ddot{s}|^6 \right)^{1/6}$；$\beta_1, \beta_2, \cdots, \beta_r > 0$，是控制器参数，决定了收敛速率。

4.6 连续任意阶滑模控制

第四代滑模控制(任意阶滑模控制)的主要缺点在于其控制量离散，抖振问题较为严重。为了克服此缺点，近年来学者们提出了第五代滑模控制(连续任意阶滑模控制)，其既可以实现对任意相对阶系统的有限时间收敛，又可以保障控制量连续，更具有实际应用价值。

4.6.1 高阶超螺旋算法

1. 标称高阶超螺旋算法

考虑如下 n^{th} 阶摄动积分系统：

$$\begin{cases} \dot{x}_1 = x_2 \\ \dot{x}_2 = x_3 \\ \quad\vdots \\ \dot{x}_n = u + d \end{cases} \tag{4-53}$$

式中，$x_1, x_2, \cdots, x_n$ 是状态量；d 是利普希茨形式扰动，其满足条件 $|\dot{d}| \leqslant L_{\text{dL}}$，其中 L_{dL} 为利普希茨常数。经典超螺旋算法仅适用于一阶系统(标准超螺旋算法具有二阶收敛精度，也可称为二阶超螺旋算法)，为了将其扩展适用于高阶系统，给出如下 $(n+1)^{\text{th}}$ 阶超螺旋算法[53]：

$$\begin{cases} u = -k_1 \text{sig}^{1/2}(\phi_{n-1}) + x_{n+1} \\ \dot{x}_{n+1} = -k_{n+1} \operatorname{sgn}(\phi_{n-1}) \end{cases} \tag{4-54}$$

定义 ϕ_{n-1} 如下：

$$\phi_{n-1} = s_{n-1,n} \tag{4-55}$$

式中，$s_{i,n}$ 的表达式如下所示：

$$\begin{cases} s_{0,n} = x_1 \\ s_{1,n} = x_2 + k_2 R_{1,n} \operatorname{sgn}(s_{0,n}) \\ \quad\vdots \\ s_{i,n} = x_{i+1} + k_{i+1} R_{i,n} \operatorname{sgn}(s_{i-1,n}) \end{cases}, \quad i = 2,3,\cdots,n-1 \tag{4-56}$$

$R_{i,n}$ 定义为

$$\begin{cases} R_{1,n} = |x_1|^{n/(n+1)} \\ \quad\vdots \\ R_{i,n} = \left| |x_1|^{r_1} + |x_2|^{r_2} + \cdots + |x_i|^{r_i} \right|^{1/q_i} \end{cases}, \quad i = 2,3,\cdots,n-1 \tag{4-57}$$

式中，幂次项系数 $r_1, r_2, \cdots, r_i$ 和 q_i 依据系统齐次权重选择。下面以 $n=3$ 为例，推导

四阶超螺旋算法中 r_1、r_2 和 q_2 的确定方式。

根据系统齐次度定义 $f_i\left(\varepsilon^{w_1}x_1,\varepsilon^{w_2}x_2,\cdots,\varepsilon^{w_n}x_n\right)=\varepsilon^{k+w_i}f_i(x),i=1,2,\cdots,n$，则其应满足如下条件：

$$\begin{cases}\varepsilon^{w_2}x_2=\varepsilon^{k+w_1}x_2\\ \varepsilon^{w_3}x_3=\varepsilon^{k+w_2}x_3\\ -k_1\left|\overline{\phi}_2\right|^{\frac{1}{2}}\operatorname{sgn}\left(\overline{\phi}_2\right)+\varepsilon^{w_4}x_4=\varepsilon^{k+w_3}\left[-k_1\left|\phi_2\right|^{\frac{1}{2}}\operatorname{sgn}\left(\phi_2\right)+x_4\right]\\ -k_4\operatorname{sgn}\left(\overline{\phi}_2\right)=\varepsilon^{k+w_4}\left[-k_4\operatorname{sgn}\left(\phi_2\right)\right]\end{cases} \tag{4-58}$$

式中，

$$\begin{cases}\overline{\phi}_2=\varepsilon^{w_3}x_3+k_3\left(\left|\varepsilon^{w_1}x_1\right|^{r_1}+\left|\varepsilon^{w_2}x_2\right|^{r_2}\right)^{1/q}\operatorname{sgn}\left[\varepsilon^{w_2}x_2+k_2\left|\varepsilon^{w_1}x_1\right|^{3/4}\operatorname{sgn}\left(\varepsilon^{w_1}x_1\right)\right]\\ \phi_2=x_3+k_3\left(\left|x_1\right|^{r_1}+\left|x_2\right|^{r_2}\right)^{1/q}\operatorname{sgn}\left[x_2+k_2\left|x_1\right|^{3/4}\operatorname{sgn}\left(x_1\right)\right]\end{cases} \tag{4-59}$$

由于 r_1、r_2 和 q_2 的数值完全依赖于状态量 x_3 的权重分配 r_3，不失一般性，假设 x_3 的齐次权重 $w_3=2$，则根据式(4-58)可得如下等式条件：

$$\begin{cases}w_2=k+w_1,\quad k+w_2=2,\quad w_4=k+2,\quad k+2=1\\ w_1r_1=w_2r_2,\quad w_1r_1/q_2=2,\quad w_2=3w_1/4,\quad k+w_4=0\end{cases} \tag{4-60}$$

由式(4-60)可以确定 $w_1=4$，$w_2=3$，$w_3=2$，$w_4=1$，$k=-1$，r_1、r_2 和 q_2 满足：

$$4r_1=3r_2,\quad 4r_1/q_2=2 \tag{4-61}$$

可见，r_1、r_2 和 q_2 的设计不唯一，其中最简单的选择方式为 $r_1=3$、$r_2=4$ 和 $q_2=6$，此时系统齐次，且齐次度为负[53]。

因此，在高阶超螺旋算法(4-54)作用下，系统(4-53)的状态量 x_1 及其 n^{th} 阶导数均可在有限时间内收敛至原点[118,124]，且 x_1 具有 $(n+1)^{\text{th}}$ 阶滑模收敛精度[119,125]。

下面将高阶超螺旋算法分别应用于一阶、二阶、三阶系统并给出控制器设计实例。

针对一阶系统，设计具有二阶收敛精度的高阶超螺旋算法(2-STA)，则系统动力学可写作：

$$\begin{cases}\dot{x}_1=-k_1\left|x_1\right|^{\frac{1}{2}}\operatorname{sgn}\left(x_1\right)+x_2\\ \dot{x}_2=-k_2\operatorname{sgn}\left(x_1\right)+\dot{d}\end{cases} \tag{4-62}$$

式中，$\dot{d}$ 为扰动的导数，满足 $\left|\dot{d}\right|\leqslant L_{\text{dL}}$；$x_2$ 为扩展状态量。控制器等价于超螺旋

滑模控制表达式(4-41)。

针对二阶系统，设计具有三阶收敛精度的高阶超螺旋算法(3-STA)，则系统动力学可写作：

$$\begin{cases}\dot{x}_1 = x_2 \\ \dot{x}_2 = -k_1 |\phi_1|^{\frac{1}{2}} \operatorname{sgn}(\phi_1) + x_3 \\ \dot{x}_3 = -k_3 \operatorname{sgn}(\phi_1) + \dot{d}\end{cases} \tag{4-63}$$

式中，$\phi_1 = x_2 + k_2 |x_1|^{2/3} \operatorname{sgn}(x_1)$。控制器可设计为

$$u_3 = -k_1 |\phi_1|^{\frac{1}{2}} \operatorname{sgn}(\phi_1) + \int_0^t -k_3 \operatorname{sgn}(\phi_1) \mathrm{d}\tau \tag{4-64}$$

式中，控制参数典型值可取为 $k_1 = 6$，$k_2 = 4$，$k_3 = 4$。

针对三阶系统，设计具有四阶收敛精度的高阶超螺旋算法(4-STA)，则系统动力学可写作：

$$\begin{cases}\dot{x}_1 = x_2 \\ \dot{x}_2 = x_3 \\ \dot{x}_3 = -k_1 |\phi_2|^{\frac{1}{2}} \operatorname{sgn}(\phi_2) + x_4 \\ \dot{x}_4 = -k_4 \operatorname{sgn}(\phi_2) + \dot{d}\end{cases} \tag{4-65}$$

式中，$\phi_2 = x_3 + k_3 \left(|x_1|^3 + |x_2|^4\right)^{1/6} \operatorname{sgn}\left[x_2 + k_2 |x_1|^{3/4} \operatorname{sgn}(x_1)\right]$。控制器可设计为

$$u_4 = -k_1 |\phi_2|^{\frac{1}{2}} \operatorname{sgn}(\phi_2) + \int_0^t -k_4 \operatorname{sgn}(\phi_2) \mathrm{d}\tau \tag{4-66}$$

式中，控制参数典型值可取为 $k_1 = 5$，$k_2 = 1$，$k_3 = 2$，$k_4 = 4$。

2. n 阶连续嵌套式高阶滑模算法

文献[125]对标称高阶超螺旋算法进行简化，设计了 n 阶连续嵌套式高阶滑模算法。

下面将 n 阶连续嵌套式高阶滑模算法分别应用于一阶、二阶、三阶系统并给出控制器设计示例。

针对一阶系统，设计具有二阶收敛精度的连续嵌套式高阶滑模算法，系统动力学可写作：

$$\begin{cases}\dot{x}_1 = -k_1 |x_1|^{\frac{1}{2}} \operatorname{sgn}(x_1) + x_2 \\ \dot{x}_2 = -k_2 \operatorname{sgn}(x_1) + \dot{d}\end{cases} \tag{4-67}$$

注意，此时系统动力学与二阶标称高阶超螺旋算法的动力学(4-62)相同，也与超螺旋算法的动力学相同。

针对二阶系统，设计具有三阶收敛精度的连续嵌套式高阶滑模算法，系统动力学可写作：

$$\begin{cases} \dot{x}_1 = x_2 \\ \dot{x}_2 = -k_1 |\phi_1|^{\frac{1}{2}} \operatorname{sgn}(\phi_1) + x_3 \\ \dot{x}_3 = -k_3 \operatorname{sgn}(x_1) + \dot{d} \end{cases} \tag{4-68}$$

式中，$\phi_1 = x_2 + k_2 |x_1|^{2/3} \operatorname{sgn}(x_1)$。控制器可设计为

$$u_3 = -k_1 |\phi_1|^{\frac{1}{2}} \operatorname{sgn}(\phi_1) + \int_0^t -k_3 \operatorname{sgn}(x_1) \mathrm{d}\tau \tag{4-69}$$

式中，控制参数典型值可取为$k_1 = 6$，$k_2 = 5$，$k_3 = 5$。

针对三阶系统，设计具有四阶收敛精度的连续嵌套式高阶滑模算法，系统动力学可写作：

$$\begin{cases} \dot{x}_1 = x_2 \\ \dot{x}_2 = x_3 \\ \dot{x}_3 = -k_1 |\phi_2|^{\frac{1}{2}} \operatorname{sgn}(\phi_2) + x_4 \\ \dot{x}_4 = -k_4 \operatorname{sgn}(x_1) + \dot{d} \end{cases} \tag{4-70}$$

式中，$\phi_2 = x_3 + k_3 \left(|x_1|^3 + |x_2|^4\right)^{1/6} \operatorname{sgn}\left[x_2 + k_2 |x_1|^{3/4} \operatorname{sgn}(x_1)\right]$。控制器可设计为

$$u_4 = -k_1 |\phi_2|^{\frac{1}{2}} \operatorname{sgn}(\phi_2) + \int_0^t -k_4 \operatorname{sgn}(x_1) \mathrm{d}\tau \tag{4-71}$$

式中，控制参数典型值可取为$k_1 = 5$，$k_2 = 1$，$k_3 = 2$，$k_4 = 4$。

4.6.2 连续螺旋算法

1. 标称连续螺旋算法

对于如下二阶系统：

$$\begin{cases} \dot{x}_1 = x_2 \\ \dot{x}_2 = u + d \end{cases} \tag{4-72}$$

式中，不确定性扰动d满足条件$|\dot{d}| \leqslant L_{\mathrm{dL}}$。

连续螺旋算法基本公式为

$$\begin{cases} u = -k_1 |x_1|^{1/3} \operatorname{sgn}(x_1) - k_2 |x_2|^{1/2} \operatorname{sgn}(x_2) + \eta \\ \dot{\eta} = -k_3 \operatorname{sgn}(x_1) - k_4 \operatorname{sgn}(x_2) \end{cases} \tag{4-73}$$

式中，η 为扩张状态量。

假定 $x_3 \triangleq \eta + d$，将其代入式(4-73)可得

$$\begin{cases} \dot{x}_1 = x_2 \\ \dot{x}_2 = -k_1 |x_1|^{1/3} \operatorname{sgn}(x_1) - k_2 |x_2|^{1/2} \operatorname{sgn}(x_2) + x_3 \\ \dot{x}_3 = -k_3 \operatorname{sgn}(x_1) - k_4 \operatorname{sgn}(x_2) + d \end{cases} \tag{4-74}$$

对于没有扰动的标称形式，控制参数典型值可取为

$$k_1 = 0.96746,\quad k_2 = 1.40724,\quad k_3 = 0.00844,\quad k_4 = 0.004601 \tag{4-75}$$

对于有扰动情况，对控制器(4-73)引入一个正常数 L，可得

$$\begin{cases} u = -L^{2/3} k_1 |x_1|^{1/3} \operatorname{sgn}(x_1) - L^{1/2} k_2 |x_2|^{1/2} \operatorname{sgn}(x_2) + \eta \\ \dot{\eta} = -L\left[k_3 \operatorname{sgn}(x_1) + k_4 \operatorname{sgn}(x_2)\right] \end{cases} \tag{4-76}$$

如果控制器(4-73)中 k_1 到 k_4 参数的选择能够保证扰动利普希茨常数为 L_{dL} 的系统(4-72)是有限时间稳定的，那么控制器(4-76)对于扰动利普希茨常数达到 L_{dL} 的系统，也可保证其有限时间稳定。

2. 自适应连续螺旋算法

由于实际中扰动尺度未知，控制器(4-76)中的参数 L 难以设计，因此可以针对其设计自适应律，根据实时系统状态调节参数 L 的增益。

文献[126]提出了一种自适应连续螺旋算法：

$$\begin{cases} u = -L^{2/3}(t) k_1 |x_1|^{1/3} \operatorname{sgn}(x_1) - L^{1/2}(t) k_2 |x_2|^{1/2} \operatorname{sgn}(x_2) + \eta \\ \dot{\eta} = -L(t)\left[k_3 \operatorname{sgn}(x_1) + k_4 \operatorname{sgn}(x_2)\right] \end{cases} \tag{4-77}$$

式中，$L(t)$ 为自适应律：

$$\dot{L}(t) = \begin{cases} l, & T_e(t) \neq 0 \text{或} \|x\| \neq 0 \\ 0, & T_e(t) = 0 \text{且} \|x\| = 0 \end{cases} \tag{4-78}$$

式中，l 为正常数；$T_e(t)$ 为定时器：

$$T_e(t) = \begin{cases} t_i + \tau - t, & t_i \leqslant t \leqslant t_i + \tau \\ 0, & t > t_i + \tau \end{cases},\quad i = 0,\quad t_0 = 0 \tag{4-79}$$

式中，τ 是常数停留时间；t_i 是 x 的范数从零变到非零的瞬间。

4.6.3　连续终端滑模算法

连续终端滑模算法是一种典型第五代滑模控制理论，其由文献[124]提出。考

虑二阶系统：

$$\begin{cases}\dot{x}_1 = x_2 \\ \dot{x}_2 = u + d\end{cases} \tag{4-80}$$

式中，d 为系统扰动，满足 $\left|\dot{d}\right| \leqslant L_{\mathrm{dL}}$。

连续终端滑模算法表达式为

$$\begin{cases}u = -k_1 L^{2/3} \left|\phi_L\right|^{1/3} \operatorname{sgn}(\phi_L) + \eta \\ \dot{\eta} = -k_2 L \operatorname{sgn}(\phi_L)\end{cases} \tag{4-81}$$

式中，

$$\phi_L = x_1 + \frac{\alpha}{L^{-1/2}} \left|x_2\right|^{3/2} \operatorname{sgn}(x_2) \tag{4-82}$$

定义 $x_3 \triangleq z + \mu$，将式(4-81)代入式(4-80)，可得三阶微分方程：

$$\begin{cases}\dot{x}_1 = x_2 \\ \dot{x}_2 = -k_1 L^{2/3} \left|\phi_L\right|^{1/3} \operatorname{sgn}(\phi_L) + x_3 \\ \dot{x}_3 = -k_2 L \operatorname{sgn}(\phi_L) + \dot{\mu}\end{cases} \tag{4-83}$$

式中，参数 $L \geqslant L_{\mathrm{dL}}$。

当 $L_{\mathrm{dL}} = 1$ 时，连续终端滑模算法典型控制参数可按照表 4-1 中给出的四种方案选取。

表 4-1　连续终端滑模算法典型控制参数

参数	方案一	方案二	方案三	方案四
k_1	4.4	4.5	7.5	16
k_2	2.5	2	2	7
α	20	28.7	7.7	1

4.7　终端滑模控制

本节介绍终端滑模面，以及其衍生的快速终端滑模面、非奇异终端滑模面、非奇异快速终端滑模面。

4.7.1　终端滑模面

定义 4-1　对 $\boldsymbol{x} \in \mathbb{R}^n$ 定义如下：

$$\mathrm{sig}^a(\boldsymbol{x}) = |\boldsymbol{x}|^a \mathrm{sgn}(\boldsymbol{x}) \tag{4-84}$$

式中，$a \in \mathbb{R}$；$\mathrm{sgn}(\cdot)$为符号函数。

引理 4-1　对任意$\boldsymbol{x} \in \mathbb{R}^n$，$a \in \mathbb{R}$，有如下运算成立[115]：

$$\begin{cases} \dfrac{\mathrm{d}|\boldsymbol{x}|^{a+1}}{\mathrm{d}t} = (a+1)\mathrm{diag}\left[\mathrm{sig}^a(\boldsymbol{x})\right]\dot{\boldsymbol{x}} \\ \dfrac{\mathrm{dsig}^{a+1}(\boldsymbol{x})}{\mathrm{d}t} = (a+1)\mathrm{diag}\left(|\boldsymbol{x}|^a\right)\dot{\boldsymbol{x}} \end{cases} \tag{4-85}$$

终端滑模面是在滑模超平面设计中引入非线性函数，使得跟踪误差在滑模面上能够于有限时间内收敛至0。

终端滑模面设计如下：

$$s = \dot{x}_2 + \beta \mathrm{sig}^p(x_1) \tag{4-86}$$

式中，β为正常数；$p \in (0,1)$。

当系统状态在滑模面上运动时($s=0$)，给定任意初始状态$x_1(0) \neq 0$，状态在有限时间t_s内收敛到$x_1(0)=0$，t_s表达式可写作：

$$t_s = \frac{1}{\beta(1-q)}\left|x_{1(s)}\right|^{1-p} \tag{4-87}$$

式中，若滑模面初始值不为 0($s(0) \neq 0$)，$x_{1(s)}$为系统状态到达终端滑模面(4-86)时($s=0$)的值；否则，$x_{1(s)} = x_1(0)$。

4.7.2　快速终端滑模面

虽然终端滑模面(4-86)在接近原点时具有快速收敛能力，但是当系统状态远离原点时，终端滑模面的收敛速率低于线性滑模面。为了克服这个缺点，文献[127]引入线性项，设计了快速终端滑模面：

$$s = \dot{x}_1 + \alpha x_1 + \beta \mathrm{sig}^p(x_1) \tag{4-88}$$

式中，$\alpha > 0$；$\beta > 0$；$p \in (0,1)$。

对快速终端滑模面(4-88)进行分析。当系统状态到达滑模面后，有$s=0$，即

$$\dot{x}_1 + \alpha x_1 + \beta \mathrm{sig}^p(x_1) = 0 \tag{4-89}$$

令$y = |x_1|^{1-p}$，则式(4-89)可写作：

$$\dot{y} + (1-p)\alpha y = -(1-p)\beta \tag{4-90}$$

求解一阶微分方程(4-90)，可得快速终端滑模控制收敛时间：

$$t_s = \frac{1}{\alpha(1-p)} \ln\left[\left(\alpha\left|x_{1(s)}\right|^{1-p} + \beta\right)\Big/\beta\right] \tag{4-91}$$

下面将快速终端滑模面与等速趋近律、反馈线性化方法结合，给出一种控制器设计方法的示例。考虑如下系统：

$$\begin{cases} \dot{x}_1 = x_2 \\ \dot{x}_2 = f_2(\boldsymbol{x}) + g_2(\boldsymbol{x})u + d \end{cases} \tag{4-92}$$

式中，$\boldsymbol{x} = [x_1, x_2]^{\mathrm{T}}$；$f_2(\boldsymbol{x})$ 与 $g_2(\boldsymbol{x})$ 为已知函数；d 为未知扰动。设计快速终端滑模面(4-88)，并对其求导可得

$$\dot{s} = \dot{x}_2 + \alpha x_2 + \beta p \operatorname{sig}^{p-1}(x_1) x_2 \tag{4-93}$$

取等速趋近律：

$$d_s = -(L+\eta)\operatorname{sgn}(s) \tag{4-94}$$

式中，$L > 0$；$\eta \geqslant |d|$。
可得

$$\dot{s} = f_2(\boldsymbol{x}) + g_2(\boldsymbol{x})u + d + \alpha x_2 + \beta p \operatorname{sig}^{p-1}(x_1) x_2 \tag{4-95}$$

设计控制器：

$$u = -\frac{1}{g_2}\left[f_2 + \alpha x_2 + \beta p \operatorname{sig}^{p-1}(x_1) x_2 + (L+\eta)\operatorname{sgn}(s)\right] \tag{4-96}$$

将式(4-96)代入式(4-95)可以得到

$$\dot{s} = d - (L+\eta)\operatorname{sgn}(s) \tag{4-97}$$

选取 Lyapunov 函数：

$$V = \frac{1}{2}s^2 \tag{4-98}$$

对 Lyapunov 函数(4-98)求导，可得

$$\dot{V} = s\dot{s} \tag{4-99}$$

将式(4-97)代入式(4-99)，可得

$$\dot{V} = s\dot{s} = s\left[d - (L+\eta)\operatorname{sgn}(s)\right] \leqslant -L|s| = -2LV^{\frac{1}{2}} \tag{4-100}$$

由 Lyapunov 稳定性理论可知，快速终端滑模控制器(4-96)能够使滑模变量实现有限时间收敛。

4.7.3 非奇异终端滑模面

在快速终端滑模控制器(4-96)的设计中，滑模面参数满足条件 $p \in (0,1)$，因此

控制器(4-96)中存在奇异项$\beta p \text{sig}^{p-1}(x_1)x_2$。当状态量$x_1=0$时，控制量中$\text{sig}^{p-1}(x_1)$将等于无穷大，产生奇异性问题。为解决该奇异性问题，文献[128]提出非奇异终端滑模面。

非奇异终端滑模面可设计为

$$s = x_1 + \beta \text{sig}^{g}(\dot{x}_1) \tag{4-101}$$

式中，$\beta > 0$；$g \in (1,2)$。

滑模面收敛时间为

$$t_s = \frac{g\left|x_{1(s)}\right|^{1-1/g}}{\beta^{g}(g-1)} \tag{4-102}$$

下面将非奇异终端滑模面与等速趋近律、反馈线性化方法结合，给出一种控制器设计方法的示例。考虑如下系统：

$$\begin{cases} \dot{x}_1 = x_2 \\ \dot{x}_2 = f_2(\boldsymbol{x}) + g_2(\boldsymbol{x})u + d \end{cases} \tag{4-103}$$

设计非奇异终端滑模面(4-101)。

对滑模面(4-101)求导，可得

$$\dot{s} = \dot{x}_1 + \beta g \text{sig}^{g-1}(\dot{x}_1)\dot{x}_2 \tag{4-104}$$

取等速趋近律：

$$d_s = -(L+\eta)\text{sgn}(s) \tag{4-105}$$

式中，$L > 0$；$\eta \geqslant |d|$。

将式(4-103)代入式(4-104)可得

$$\dot{s} = x_2 + \beta g \text{sig}^{g-1}(\dot{x}_1)(f_2 + g_2 u + d) \tag{4-106}$$

设计控制器为

$$u = -\frac{1}{g_2}\left[f_2 + \frac{1}{\beta g}\text{sig}^{2-g}(\dot{x}_1) + (L+\eta)\text{sgn}(s)\right] \tag{4-107}$$

注意，由于$g \in (1,2)$，$2-g>0$，相比快速终端滑模面，非奇异终端滑模面克服了奇异性问题。

将控制器(4-107)代入式(4-106)，可得

$$\dot{s} = \beta g \text{sig}^{g-1}(x_2)\left[d - (L+\eta)\text{sgn}(s)\right] \tag{4-108}$$

选取 Lyapunov 函数：

$$V=\frac{1}{2}s^2 \tag{4-109}$$

对 Lyapunov 函数求导，并将式(4-108)代入式(4-109)，可得

$$\begin{aligned}\dot{V}&=s\dot{s}=s\beta g\mathrm{sig}^{g-1}(x_2)\left[d-(L+\eta)\mathrm{sgn}(s)\right]\\&\leqslant -L\beta g\mathrm{sig}^{g-1}(x_2)|s|=-2L\beta g\mathrm{sig}^{g-1}(x_2)V^{\frac{1}{2}}\end{aligned} \tag{4-110}$$

由 Lyapunov 稳定性理论可知，非奇异终端滑模控制器(4-107)能够使滑模变量实现有限时间收敛。需要注意的是，相比快速终端滑模控制器(4-96)，非奇异终端滑模控制器为了避免奇异性问题引入 $\beta g\mathrm{sig}^{g-1}(x_2)$ 项，最终导致式(4-110)中滑模变量的 Lyapunov 函数的收敛系数与 x_2 相关，不再是常数。

4.7.4 非奇异快速终端滑模面

为了进一步提高非奇异终端滑模面的收敛速率，文献[129]设计了非奇异快速终端滑模面，如下所示：

$$s=x_1+\alpha\mathrm{sig}^{h_1}(\dot{x}_1)+\beta\mathrm{sig}^{h_2}(x_1) \tag{4-111}$$

式中，$h_1\in(1,2),h_2>h_1$；$\alpha,\beta>0$。

非奇异快速终端滑模面收敛时间为

$$t_s=\frac{h_1\alpha^{1/h_1}}{h_1-1}\left|x_{1(s)}\right|^{1-\frac{1}{h_1}}\bar{F}\left[\frac{1}{h_1},\frac{h_1-1}{h_1(h_2-1)},\frac{h_1h_2-1}{h_1(h_2-1)},-\beta\left|x_{1(s)}\right|^{h_2-1}\right] \tag{4-112}$$

式中，$\bar{F}(\cdot)$ 为高斯超几何函数。

下面将非奇异快速终端滑模面与等速趋近律、反馈线性化方法结合，给出一种控制器设计方法的示例。考虑如下系统：

$$\begin{cases}\dot{x}_1=x_2\\\dot{x}_2=f_2(\boldsymbol{x})+g_2(\boldsymbol{x})u+d\end{cases} \tag{4-113}$$

设计非奇异快速终端滑模面(4-111)。

对滑模面(4-111)求导，可得

$$\dot{s}=\dot{x}_1+\alpha h_1\mathrm{sig}^{h_1-1}(\dot{x}_1)\dot{x}_2+\beta h_2\mathrm{sig}^{h_2-1}(x_1)x_2 \tag{4-114}$$

取等速趋近律：

$$d_s=-(L+\eta)\mathrm{sgn}(s) \tag{4-115}$$

式中，$L>0$；$\eta\geqslant|d|$。

将式(4-113)代入式(4-114)中，可得

$$\dot{s}=x_2+\alpha h_1\mathrm{sig}^{h_1-1}\left(\dot{x}_1\right)\left(f_2+g_2u+d\right)+\beta h_2\mathrm{sig}^{h_2-1}\left(x_1\right)x_2 \tag{4-116}$$

设计控制器：

$$u=-\frac{1}{g_2}\left\{f_2+\left(L+\eta\right)\mathrm{sgn}\left(s\right)+\frac{1}{\alpha h_1}\mathrm{sig}^{2-h_1}\left(\dot{x}_1\right)\left[1+\beta h_2\mathrm{sig}^{h_2-1}\left(x_1\right)\right]\right\} \tag{4-117}$$

将式(4-117)代入式(4-116)可以得到：

$$\dot{s}=\alpha h_1\mathrm{sig}^{h_1-1}\left(\dot{x}_1\right)\left[d-\left(L+\eta\right)\mathrm{sgn}\left(s\right)\right] \tag{4-118}$$

选取 Lyapunov 函数：

$$V=\frac{1}{2}s^2 \tag{4-119}$$

对 Lyapunov 函数求导，可得

$$\dot{V}=s\dot{s} \tag{4-120}$$

将式(4-118)代入式(4-120)，可得

$$\begin{aligned}\dot{V}&=s\dot{s}\\&=s\alpha h_1\mathrm{sig}^{h_1-1}\left(x_2\right)\left[d-\left(L+\eta\right)\mathrm{sgn}\left(s\right)\right]\\&\leqslant-\alpha h_1L\mathrm{sig}^{h_1-1}\left(x_2\right)\left|s\right|=-\alpha h_1L\mathrm{sig}^{h_1-1}\left(x_2\right)V^{\frac{1}{2}}\end{aligned} \tag{4-121}$$

由 Lyapunov 稳定性理论可知，非奇异快速终端滑模控制器能够使滑模变量实现有限时间收敛。同理，与非奇异终端滑模控制器相同，式(4-121)中 Lyapunov 函数的收敛系数与 x_2 相关，不再是常数。

另外需要注意的是，非奇异快速终端滑模面本质上已经不仅仅是一种有限时间收敛的终端滑模面，其同样能够实现状态量固定收敛。4.8 节将具体介绍固定时间滑模面的几种典型形式，并进行固定时间收敛特性分析。

4.8　固定时间滑模面与典型控制器设计

本节介绍固定时间滑模面的几种典型形式，并给出二阶系统的固定时间典型控制方法。

4.8.1　固定时间滑模面典型形式

1. 形式 1

固定时间滑模面[130]：

$$s = \dot{x}_1 + \text{sig}^{k_1}\left[\alpha_1 \text{sig}^{p_1}(x_1) + \beta_1 \text{sig}^{g_1}(x_1)\right] \tag{4-122}$$

式中，α_1，β_1，p_1，g_1，k_1为增益，且均为正数，满足关系：$p_1 k_1 \in (0,1)$，$g_1 k_1 > 1$。

对滑模面(4-122)进行分析。当系统状态到达滑模面时$s=0$，此时有

$$\dot{x}_1 = -\text{sig}^{k_1}\left[\alpha_1 \text{sig}^{p_1}(x_1) + \beta_1 \text{sig}^{g_1}(x_1)\right] \tag{4-123}$$

选择 Lyapunov 函数：

$$V = |x_1| \tag{4-124}$$

对 Lyapunov 函数求导，可得

$$\begin{aligned}\dot{V} &= \dot{x}_1 \,\text{sgn}(x_1) \\ &= -\left|\alpha_1 \text{sig}^{p_1}(x_1) + \beta_1 \text{sig}^{g_1}(x_1)\right|^{k_1} \\ &= -\left(\alpha_1 V^{p_1} + \beta_1 V^{g_1}\right)^{k_1}\end{aligned} \tag{4-125}$$

由定理 3-5 可知，系统状态x_1将在固定时间t_s内达到稳定状态。时间t_s满足条件：

$$t_s \leqslant \frac{1}{\alpha_1^{k_1}(1-p_1 k_1)} + \frac{1}{\beta_1^{k_1}(g_1 k_1 - 1)} \tag{4-126}$$

2. 形式 2

固定时间滑模面[131]：

$$s = \dot{x}_1 + \alpha_1 x_1^{\frac{1}{2}+\frac{m_1}{2n_1}+\left(\frac{m_1}{2n_1}-\frac{1}{2}\right)\text{sgn}(|x_1|-1)} + \beta_1 x_1^{\frac{p_1}{q_1}} \tag{4-127}$$

式中，增益$\alpha_1 > 0$, $\beta_1 > 0$；m_1, n_1, p_1, q_1都是正奇数，$m_1 > n_1, p_1 < q_1$。

系统状态到达滑模面时$s=0$，系统动力学方程如下：

$$\begin{cases}\dot{x}_1 = -\alpha_1 x_1^{\frac{m_1}{n_1}} - \beta_1 x_1^{\frac{p_1}{q_1}}, & |x_1| > 1 \\ \dot{x}_1 = -\alpha_1 x_1 - \beta_1 x_1^{\frac{p_1}{q_1}}, & |x_1| < 1\end{cases} \tag{4-128}$$

对滑模面(4-127)进行分析。定义新变量$z = x_1^{1-p_1/q_1}$，对系统动力学方程(4-128)进行改写。当$|x_1| > 1$时，表达式$\dot{x}_1 = -\alpha_1 x_1^{m_1/n_1} - \beta_1 x_1^{p_1/q_1}$可重新写作：

$$\dot{z} + \frac{q_1 - p_1}{q_1}\alpha_1 z^{\frac{m_1/n_1 - p_1/q_1}{1-p_1/q_1}} + \frac{q_1 - p_1}{q_1}\beta_1 = 0 \tag{4-129}$$

定义变量$\varepsilon = \left[(m_1 - n_1) q_1\right] / \left[n_1 (q_1 - p_1)\right]$，则

$$\dot{z}+\frac{q_1-p_1}{q_1}\alpha_1 z^{1+\varepsilon}+\frac{q_1-p_1}{q_1}\beta_1=0 \tag{4-130}$$

当$|x_1|<1$时，表达式$\dot{x}_1=-\alpha_1 x_1-\beta_1 x_1^{p_1/q_1}$可重新写作：

$$\dot{z}+\frac{q_1-p_1}{q_1}\alpha_1 z+\frac{q_1-p_1}{q_1}\beta_1=0 \tag{4-131}$$

由式(4-130)、式(4-131)可得，系统状态x_1将在固定时间t_s内达到稳定状态。时间t_s满足条件：

$$t_s\leqslant\frac{1}{\alpha_1}\frac{n_1}{m_1-n_1}+\frac{q_1}{q_1-p_1}\frac{1}{\alpha_1}\ln\left(1+\frac{\alpha_1}{\beta_1}\right) \tag{4-132}$$

3. 形式 3

固定时间滑模面[132]：

$$s=x_1+\left(\frac{1}{\alpha_1 x_1^{\frac{m_1}{n_1}-\frac{p_1}{q_1}}+\beta_1}\dot{x}_1\right)^{\frac{q_1}{p_1}} \tag{4-133}$$

式中，增益$m_1>n_1$；$p_1<q_1<2p_1$；$\alpha_1>0$；$\beta_1>0$。

对滑模面(4-133)进行分析。当系统状态到达滑模面时$s=0$，此时有

$$\dot{x}_1=-\left(\alpha_1 x_1^{\frac{m_1}{n_1}}+\beta_1 x_1^{\frac{p_1}{q_1}}\right) \tag{4-134}$$

对比形式 1 的固定时间滑模面(4-122)，可以发现，二者具有相似的表达式，因此，形式 3 的固定时间滑模面(4-133)收敛时间t_s满足条件：

$$t_s\leqslant\frac{n_1}{\alpha_1(m_1-n_1)}+\frac{q_1}{\beta_1(q_1-p_1)} \tag{4-135}$$

4. 形式 4

固定时间滑模面[133]：

$$s=\dot{x}_1^{\frac{m_1}{n_1}}+\alpha_1 x_1^{\frac{m_2}{n_2}}+\beta_1 x_1^{\frac{m_3}{n_3}} \tag{4-136}$$

式中，m_i,n_i均为正奇数，$1<m_2/n_2<m_1/n_1<m_3/n_3$，$m_1/n_1<2$。

对滑模面(4-136)进行分析。当系统状态到达滑模面后$s=0$，此时有

$$\dot{x}_1=-\left(\alpha_1 x_1^{\frac{m_2}{n_2}}+\beta_1 x_1^{\frac{m_3}{n_3}}\right)^{\frac{n_1}{m_1}} \tag{4-137}$$

定义 Lyapunov 函数：

$$V=\left|x_1\right| \tag{4-138}$$

对 Lyapunov 函数求导，可得

$$\dot{V}=\dot{x}_1\operatorname{sgn}\left(x_1\right)\leqslant-\left(\alpha_1V^{\frac{m_2}{n_2}}+\beta_1V^{\frac{m_3}{n_3}}\right)^{\frac{n_1}{m_1}} \tag{4-139}$$

由定理 3-5 可知，系统状态 x_1 将在固定时间 t_s 内达到稳定状态。时间 t_s 满足条件：

$$t_s\leqslant\frac{n_2m_1}{\alpha_1^{n_1/m_1}\left(n_2m_1-m_2n_1\right)}+\frac{n_3m_1}{\beta_1^{n_1/m_1}\left(n_1m_3-m_1n_3\right)} \tag{4-140}$$

上述 4 种典型固定时间滑模面在实际使用时，可以与 4.2.3 小节中所述的各种趋近律相结合，但需要注意的是，其中形式 1 和形式 2 两种固定时间滑模面在结合趋近律应用于二阶系统控制时会发生奇异性问题(奇异原因与 4.7.1 小节的终端滑模面相同)，形式 3 和形式 4 两种固定时间滑模面在结合趋近律应用于二阶系统控制时不会发生奇异性问题。

4.8.2 二阶系统固定时间典型控制器设计

针对二阶系统：

$$\ddot{s}=h\left(\boldsymbol{x}\right)+l\left(\boldsymbol{x}\right)u \tag{4-141}$$

式中，$0<K_m\leqslant l\left(\boldsymbol{x}\right)\leqslant K_M$；$\left|h\left(\boldsymbol{x}\right)\right|\leqslant C$。

如果 $K_m=K_M=1$，则典型二阶系统固定时间控制器可设计为[112]

$$\begin{cases}u=-\dfrac{\alpha_1+3\beta_1s^2+2C}{2}\operatorname{sgn}\left(z\right)-\left[\alpha_2\operatorname{sig}^2\left(z\right)+\beta_2\operatorname{sig}^4\left(z\right)\right]^{\frac{1}{3}}\\ z=\dot{s}+\operatorname{sig}^{\frac{1}{2}}\left[\operatorname{sig}^2\left(\dot{s}\right)+\alpha_1s+\beta_1\operatorname{sig}^3\left(s\right)\right]\end{cases} \tag{4-142}$$

式中，$\alpha_1,\beta_1,\alpha_2,\beta_2$ 为控制增益，且均大于 0。

4.9 滑模控制理论扩展应用

4.9.1 精确鲁棒微分器

1. 概念介绍

高阶滑模控制律的实现需要实时获取滑模变量 s 的高阶导数项。然而，实时微分是一个古老的问题，其主要困难在于微分对输入噪声敏感。现在流行的高增益微分器，当其增益取值无穷大时，理论上可以得到精确的微分信号[134]，但它对高频噪声的敏感度也会无限增大。当增益为有限值时，高增益微分器的带宽也有限，跟踪精度与速度难以满足需求。在文献[135]中，Levant 基于超螺旋算法，提出了一阶微分器，一阶微分精度达 $O\left(\varepsilon^{1/2}\right)$，其中 ε 为最大测量噪声的量值。若连续运用一阶超螺旋微分器求 n 阶微分，则 n 阶微分精度为 $O\left(\varepsilon^{2^{-n}}\right)$，可见微分精度随阶数 n 的增长急剧下降。因此，Levant 提出了任意阶精确鲁棒微分器[136]。任意阶精确鲁棒微分器需要解决的问题如下所述。

设输入信号 $f(t)$ 是定义在 $[0,\infty)$ 上的函数，它由未知的有界龙贝格可测噪声和未知基准信号 $f_0(t)$ 组成，假设 $f_0(t)$ 的 n 阶导数的利普希茨常数 L 已知，需要实现对 $\dot{f}_0(t),\ddot{f}_0(t),\cdots,f_0^{(n)}(t)$ 的精确鲁棒估计。

下面具体介绍任意阶精确鲁棒微分器的递归与非递归两种形式。

2. 递归形式

n 阶精确鲁棒微分器的递归形式为

$$
\begin{cases}
\dot{z}_0 = v_0 \\
v_0 = -\lambda_n L^{\frac{1}{n+1}} \left|z_0 - f(t)\right|^{\frac{n}{n+1}} \operatorname{sgn}\left[z_0 - f(t)\right] + z_1 \\
\dot{z}_1 = v_1 \\
v_1 = -\lambda_{n-1} L^{\frac{1}{n}} \left|z_1 - v_0\right|^{\frac{n-1}{n}} \operatorname{sgn}\left(z_1 - v_0\right) + z_2 \\
\quad \vdots \\
\dot{z}_{n-1} = v_{n-1} \\
v_{n-1} = -\lambda_1 L^{\frac{1}{2}} \left|z_{n-1} - v_{n-2}\right|^{\frac{1}{2}} \operatorname{sgn}\left(z_{n-1} - v_{n-2}\right) + z_n \\
\dot{z}_n = -\lambda_0 L \operatorname{sgn}\left(z_n - v_{n-1}\right)
\end{cases}
\tag{4-143}
$$

定理 4-1　若精确鲁棒微分器中的参数选择适当，则在没有测量噪声的情况下，经历有限时间的瞬态过程，下列不等式成立[136]：

$$
z_0 = f_0(t), \quad z_1 = \dot{f}_0(t), \quad z_i = v_{i-1} = f_0^{(i)}(t), \quad i = 1,2,\cdots,n \tag{4-144}
$$

定理 4-2　若测量噪声满足不等式 $\left|f(t) - f_0(t)\right| \leqslant \varepsilon$，经历有限时间后，有下列不等式成立[136]：

$$\begin{cases}\left|z_i - f_0^{(i)}(t)\right| \leqslant \mu_i \varepsilon^{(n-i+1)/(n+1)}, & i=1,2,\cdots,n \\ \left|v_i - f_0^{(i+1)}(t)\right| \leqslant v_i \varepsilon^{(n-i)/(n+1)}, & i=1,2,\cdots,n-1\end{cases} \tag{4-145}$$

式中，μ_i，v_i 均为正常数，它们的值唯一取决于精确鲁棒微分器中的设计参数。

利用 n 阶精确鲁棒微分器，便可求得输入信号 f 的 n 阶导数，即 z_n 趋近于 $f^{(n)}$。

精确鲁棒微分器常数 L 为微分器输出量 $f^{(n)}$ 的利普希茨常数。当 n 不大于 5 时，精确鲁棒微分器参数 λ_m 可选择如下值：

$$\lambda_0 = 1.1,\quad \lambda_1 = 1.5,\quad \lambda_2 = 3,\quad \lambda_3 = 5,\quad \lambda_4 = 8,\quad \lambda_5 = 12 \tag{4-146}$$

或者

$$\lambda_0 = 1.1,\quad \lambda_1 = 1.5,\quad \lambda_2 = 2,\quad \lambda_3 = 3,\quad \lambda_4 = 5,\quad \lambda_5 = 8 \tag{4-147}$$

3. 非递归形式

n 阶精确鲁棒微分器的非递归形式为

$$\begin{cases}\dot{z}_0 = -\tilde{\lambda}_n L^{\frac{1}{n+1}} \left|z_0 - f(t)\right|^{\frac{n}{n+1}} \operatorname{sgn}\left[z_0 - f(t)\right] + z_1 \\ \dot{z}_1 = -\tilde{\lambda}_{n-1} L^{\frac{2}{n+1}} \left|z_0 - f(t)\right|^{\frac{n-1}{n+1}} \operatorname{sgn}\left[z_0 - f(t)\right] + z_2 \\ \quad\vdots \\ \dot{z}_{n-1} = -\tilde{\lambda}_1 L^{\frac{n}{n+1}} \left|z_0 - f(t)\right|^{\frac{1}{n+1}} \operatorname{sgn}\left[z_0 - f(t)\right] + z_n \\ \dot{z}_n = -\tilde{\lambda}_0 L \operatorname{sgn}\left[z_0 - f(t)\right]\end{cases} \tag{4-148}$$

式中，参数满足关系：

$$\tilde{\lambda}_n = \lambda_n,\quad \tilde{\lambda}_i = \lambda_i \tilde{\lambda}_{i+1}^{\frac{i}{i+1}},\quad i = n-1, n-2, \cdots, 0 \tag{4-149}$$

可选取如下典型参数值：

当 $n=1$ 时，$\tilde{\lambda}_0 = 1.1, \tilde{\lambda}_1 = 1.5$。

当 $n=2$ 时，$\tilde{\lambda}_0 = 1.1, \tilde{\lambda}_1 = 2.12, \tilde{\lambda}_2 = 2.0$。

当 $n=3$ 时，$\tilde{\lambda}_0 = 1.1, \tilde{\lambda}_1 = 3.06, \tilde{\lambda}_2 = 4.16, \tilde{\lambda}_3 = 3.0$。

当 $n=4$ 时，$\tilde{\lambda}_0 = 1.1, \tilde{\lambda}_1 = 4.57, \tilde{\lambda}_2 = 9.3, \tilde{\lambda}_3 = 10.03, \tilde{\lambda}_4 = 5.0$。

当 $n=5$ 时，$\tilde{\lambda}_0 = 1.1, \tilde{\lambda}_1 = 6.93, \tilde{\lambda}_2 = 21.4, \tilde{\lambda}_3 = 34.9, \tilde{\lambda}_4 = 26.4, \tilde{\lambda}_5 = 8.0$。

注意到这些参数可以圆整为两位有效数字，不会损失收敛性。

参数 λ_n 的选择依据是使得下列矩阵 $\boldsymbol{A}$ 为 Hurwitz 矩阵：

$$\boldsymbol{A}=\begin{bmatrix} -\lambda_n & 1 & 0 & \cdots & 0 \\ -\lambda_{n-1} & 0 & 1 & \cdots & 0 \\ \vdots & \vdots & \vdots & & \vdots \\ -\lambda_1 & 0 & 0 & \cdots & 1 \\ -\lambda_0 & 0 & 0 & \cdots & 0 \end{bmatrix} \tag{4-150}$$

4.9.2　迭代固定时间观测器

文献[137]基于滑模控制理论提出了一种能够在固定时间内收敛的迭代固定时间观测器。

考虑如下系统：

$$\begin{cases} \dot{x}_1(t)=f\left[x_1(t)\right]+g_\Delta(t) \\ y(t)=x_1(t) \end{cases} \tag{4-151}$$

式中，$x_1(t)\in\mathbb{R}$，为系统状态；$g_\Delta(t)\in\mathbb{R}$，为外部干扰；$f\left[x_1(t)\right]\in\mathbb{R}$，为已知函数；$y(t)\in\mathbb{R}$，为输出值。采用三阶迭代固定时间观测器对系统(4-151)中的未知扰动$g_\Delta(t)$进行精确估计：

$$\begin{cases} \dot{\hat{x}}_1=-\kappa_{R1}L_R^{1/4}\mathrm{sig}^{3/4}(\hat{x}_1-y)-k_{R1}M_R^{1/4}\mathrm{sig}^{\beta_{R1}}(\hat{x}_1-y)+\hat{x}_2+f(x_1) \\ \dot{\hat{x}}_2=-\kappa_{R2}L_R^{1/3}\mathrm{sig}^{2/3}\left(\hat{x}_2-\dot{\hat{x}}_1\right)-k_{R2}M_R^{1/3}\mathrm{sig}^{\beta_{R2}}(\hat{x}_1-y)+\hat{x}_3 \\ \dot{\hat{x}}_3=-\kappa_{R3}L_R^{1/2}\mathrm{sig}^{1/2}\left(\hat{x}_3-\dot{\hat{x}}_2\right)-k_{R3}M_R^{1/2}\mathrm{sig}^{\beta_{R3}}(\hat{x}_1-y)+\hat{x}_4 \\ \dot{\hat{x}}_4=-\kappa_{R4}L_R\,\mathrm{sgn}\left(\hat{x}_4-\dot{\hat{x}}_3\right)-k_{R4}M_R\mathrm{sig}^{\beta_{R4}}(\hat{x}_1-y) \end{cases} \tag{4-152}$$

式中，L_R与M_R是正设计参数；参数κ_{Ri}与k_{Ri}选择如下[49]：

$$\begin{cases} \kappa_{R1}=3, & \kappa_{R2}=2, & \kappa_{R3}=1.5, & \kappa_{R4}=1.1 \\ k_{R1}=3, & k_{R2}=4.16, & k_{R3}=3.06, & k_{R4}=1.1 \end{cases} \tag{4-153}$$

系数β_{Ri}满足循环关系：$\beta_{Ri}=i\beta_{R\varepsilon}-(i-1)$，$i=1,2,3,4$。其中$\beta_{R\varepsilon}$属于区间$(1,1+\varepsilon_R)$，$\varepsilon_R$为充分小的正常数。

迭代固定时间观测器中的高幂次项用于使估计误差$\hat{x}_1-y$快速收敛进较小的固定区间，且收敛时间独立于初始条件。分数幂次项的作用是使估计误差从固定区间内有限时间收敛至 0。因此，估计误差$\hat{x}_1-y$的高精度收敛可在固定时间内得以实现。

定义迭代固定时间观测器的收敛时间为T_O，则下述关系可在T_O之后得到满足：$\hat{x}_1=y$，$\hat{x}_2=g_\Delta$。此外，$\hat{x}_2$不仅连续且光滑，可有效避免抖振问题。

4.9.3 鲁棒一致收敛观测器

文献[138]基于滑模控制理论提出了一种能够在固定时间内收敛的鲁棒一致收敛观测器。

考虑如下系统：

$$\begin{cases} \dot{x}_1(t) = f\left[x_1(t)\right] + g_\Delta(t) \\ y(t) = x_1(t) \end{cases} \tag{4-154}$$

式中，$x_1(t) \in \mathbb{R}$，为系统状态；$g_\Delta(t) \in \mathbb{R}$，为外部干扰；$f\left[x_1(t)\right] \in \mathbb{R}$，为已知函数；$y(t) \in \mathbb{R}$，为输出值。利用三阶鲁棒一致收敛观测器，对系统(4-154)中的未知量$g_\Delta(t)$进行精确估计：

$$\begin{cases} \dot{\hat{x}}_1 = -\kappa_{A1} L_A^{1/4} \theta_A \mathrm{sig}^{3/4}(\hat{x}_1 - y) - k_{A1}(1-\theta_A)\mathrm{sig}^{(4+\alpha_A)/4}(\hat{x}_1 - y) + \hat{x}_2 + f(x_1) \\ \dot{\hat{x}}_2 = -\kappa_{A2} L_A^{2/4} \theta_A \mathrm{sig}^{2/4}(\hat{x}_1 - y) - k_{A2}(1-\theta_A)\mathrm{sig}^{(4+2\alpha_A)/4}(\hat{x}_1 - y) + \hat{x}_3 \\ \dot{\hat{x}}_3 = -\kappa_{A3} L_A^{3/4} \theta_A \mathrm{sig}^{1/4}(\hat{x}_1 - y) - k_{A3}(1-\theta_A)\mathrm{sig}^{(4+3\alpha_A)/4}(\hat{x}_1 - y) + \hat{x}_4 \\ \dot{\hat{x}}_4 = -\kappa_{A4} L_A \theta_A \,\mathrm{sgn}(\hat{x}_1 - y) - k_{A4}(1-\theta_A)\mathrm{sig}^{1+\alpha_A}(\hat{x}_1 - y) \end{cases} \tag{4-155}$$

式中，$L_A > 0$；参数k_{Ai}需要保证公式$s^4 + k_{A1}s^3 + k_{A2}s^2 + k_{A3}s + k_{A4}$满足 Hurwitz 条件，其特征值的实部越小，则观测器的收敛速度越快；κ_{Ai}可取

$$\kappa_{A1} = 3,\quad \kappa_{A2} = 4.16,\quad \kappa_{A3} = 3.06,\quad \kappa_{A4} = 1.1 \tag{4-156}$$

α_A是一个足够小的正数；定义参数θ_A为

$$\theta_A = \begin{cases} 0, & t \leqslant T_A \\ 1, & \text{其他} \end{cases} \tag{4-157}$$

式中，设计参数$T_A > 0$，表示切换时间。当$t \leqslant T_A$时，鲁棒一致收敛观测器的估计误差将呈指数形式收敛；当$t > T_A$时，鲁棒一致收敛观测器将切换为滑模精确鲁棒微分器，进而可以保证估计误差在有限时间内收敛。

定义观测器误差：

$$\tilde{x}_1 = \hat{x}_1 - y,\quad \tilde{x}_2 = \hat{x}_2 - g_\Delta,\quad \tilde{x}_3 = \hat{x}_3 - \dot{g}_\Delta,\quad \tilde{x}_4 = \hat{x}_4 - \ddot{g}_\Delta \tag{4-158}$$

则由式(4-155)可得观测器观测误差：

$$\begin{cases} \dot{\tilde{x}}_1 = -\kappa_{A1} L_A^{1/4} \theta_A \mathrm{sig}^{3/4}\tilde{x}_1 - k_{A1}(1-\theta_A)\mathrm{sig}^{(4+\alpha_A)/4}\tilde{x}_1 + \tilde{x}_2 \\ \dot{\tilde{x}}_2 = -\kappa_{A2} L_A^{2/4} \theta_A \mathrm{sig}^{2/4}\tilde{x}_1 - k_{A2}(1-\theta_A)\mathrm{sig}^{(4+2\alpha_A)/4}\tilde{x}_1 + \tilde{x}_3 \\ \dot{\tilde{x}}_3 = -\kappa_{A3} L_A^{3/4} \theta_A \mathrm{sig}^{1/4}\tilde{x}_1 - k_{A3}(1-\theta_A)\mathrm{sig}^{(4+3\alpha_A)/4}\tilde{x}_1 + \tilde{x}_4 \\ \dot{\tilde{x}}_4 = -\kappa_{A4} L_A \theta_A \,\mathrm{sgn}\,\tilde{x}_1 - k_{A4}(1-\theta_A)\mathrm{sig}^{1+\alpha_A}\tilde{x}_1 - \ddot{g}_\Delta \end{cases} \tag{4-159}$$

当满足条件 $L_A \geqslant |\ddot{g}_\Delta|$ 时，式(4-159)中的观测误差可以在固定时间内实现精确收敛，即在固定时间之后，鲁棒一致收敛观测器输出满足以下关系：

$$\hat{x}_1 = y, \quad \hat{x}_2 = g_\Delta, \quad \hat{x}_3 = \dot{g}_\Delta \tag{4-160}$$

4.9.4 广义超螺旋观测器

广义超螺旋算法(generalized super-twisting algorithm，GSTA)[139]是超螺旋算法(super-twisting algorithm)的广义形式，可用于观测器设计。

对于如下系统：

$$\begin{cases} \dot{x}_1 = f_1(x_1,u) + x_2 + \delta_1(t,\boldsymbol{x},u) \\ \dot{x}_2 = f_2(x_1,x_2,u) + \delta_2(t,\boldsymbol{x},u,w) \\ y = x_1 \end{cases} \tag{4-161}$$

式中，$x_1 \in \mathbb{R}$，$x_2 \in \mathbb{R}$，均为系统状态；$u \in \mathbb{R}$，为已知输入量；$w \in \mathbb{R}$，为未知输入量；$y \in \mathbb{R}$，为系统输出；$f_1(x_1,u)$ 为已知连续函数；$f_2(x_1,x_2,u)$ 为已知的非连续或多值函数；$\delta_1(t,\boldsymbol{x},u)$ 与 $\delta_2(t,\boldsymbol{x},u,w)$ 为系统不确定项。

定义观测误差 $e_1 = \hat{x}_1 - x_1$，$e_2 = \hat{x}_2 - x_2$，则广义超螺旋观测器如下：

$$\begin{cases} \dot{\hat{x}}_1 = -l_1\gamma\phi_1(e_1) + f_1(\hat{x}_1,u) + \hat{x}_2 \\ \dot{\hat{x}}_2 = -l_2\gamma^2\phi_2(e_1) + f_2(\hat{x}_1,\hat{x}_2,u) \end{cases} \tag{4-162}$$

式中，参数 $l_1 > 0$，$l_2 > 0$，$\gamma > 0$ 为观测器增益，需要选择足够大值来保证观测器的收敛性；$\phi_1(e_1)$ 与 $\phi_2(e_1)$ 的表达式如下所示：

$$\begin{cases} \phi_1(e_1) = \mu_1|e_1|^{\frac{1}{2}}\operatorname{sgn}(e_1) + \mu_2|e_1|^q\operatorname{sgn}(e_1) \\ \phi_2(e_1) = \dfrac{\mu_1^2}{2}\operatorname{sgn}(e_1) + \mu_1\mu_2\left(q+\dfrac{1}{2}\right)|e_1|^{q-\frac{1}{2}}\operatorname{sgn}(e_1) + \mu_2^2|e_1|^{2q-1}\operatorname{sgn}(e_1) \end{cases} \tag{4-163}$$

式中，μ_1 与 μ_2 均为非负常数。

将观测器(4-162)引入系统(4-161)可得观测器误差状态方程：

$$\begin{cases} \dot{e}_1 = -l_1\gamma\phi_1(e_1) + e_2 + \rho_1(t,\boldsymbol{e},\boldsymbol{x},u) \\ \dot{e}_2 = -l_2\gamma^2\phi_2(e_1) + \rho_2(t,\boldsymbol{e},\boldsymbol{x},u,w) \end{cases} \tag{4-164}$$

式中，

$$\begin{cases} \rho_1(t,\boldsymbol{e},\boldsymbol{x},u) = f_1(x_1+e_1,u) - f_1(x_1,u) - \delta_1(t,\boldsymbol{x},u) \\ \rho_2(t,\boldsymbol{e},\boldsymbol{x},u,w) = f_2(x_1+e_1,x_2+e_2,u) - f_2(x_1,x_2,u) - \delta_2(t,\boldsymbol{x},u,w) \end{cases} \tag{4-165}$$

广义超螺旋观测器本质上是一类观测器的集合，可通过调整或选择不同参数得到不同种类的观测器。基于广义超螺旋算法设计的观测器能够明显减小抖振对观测系统的影响，提供更高的估计精度和更快的收敛速度。

下面介绍几种广义超螺旋观测器涵盖的典型观测器类型。

1. 高增益观测器

高增益观测器又叫作线性观测器。当式(4-163)中参数 $\mu_1=0$ ，$\mu_2=1$ ，$q=1$ 时，可得

$$\begin{cases}\phi_1(e_1)=e_1\\ \phi_2(e_1)=e_1\end{cases} \tag{4-166}$$

高增益观测器表达式如下：

$$\begin{cases}\dot{\hat{x}}_1=-l_1\gamma e_1+f_1(\hat{x}_1,u)+\hat{x}_2\\ \dot{\hat{x}}_2=-l_2\gamma^2 e_1+f_2(\hat{x}_1,\hat{x}_2,u)\end{cases} \tag{4-167}$$

将式(4-166)代入式(4-164)中，可得高增益观测器的误差状态方程：

$$\begin{cases}\dot{e}_1=-l_1\gamma e_1+e_2+\rho_1(t,\boldsymbol{e},\boldsymbol{x},u)\\ \dot{e}_2=-l_2\gamma^2 e_1+\rho_2(t,\boldsymbol{e},\boldsymbol{x},u,w)\end{cases} \tag{4-168}$$

式中，

$$\begin{cases}\rho_1(t,\boldsymbol{e},\boldsymbol{x},u)=f_1(x_1+e_1,u)-f_1(x_1,u)-\delta_1(t,\boldsymbol{x},u)\\ \rho_2(t,\boldsymbol{e},\boldsymbol{x},u,w)=f_2(x_1+e_1,x_2+e_2,u)-f_2(x_1,x_2,u)-\delta_2(t,\boldsymbol{x},u,w)\end{cases} \tag{4-169}$$

此时，由于高增益观测器误差状态方程(4-168)的特征根是负数，所以误差动力学方程稳定。

对于高增益观测器，参数 γ 越大，在初始瞬态响应下产生的尖峰效应越大。同时，在有测量噪声存在的时候，较大的 γ 会放大噪声在估计误差中的影响。

2. 超螺旋观测器

当式(4-163)中参数 $\mu_1=1,\ \mu_2=0$ ，可得

$$\begin{cases}\phi_1(e_1)=|e_1|^{\frac{1}{2}}\operatorname{sgn}(e_1)\\ \phi_2(e_1)=\dfrac{1}{2}\operatorname{sgn}(e_1)\end{cases} \tag{4-170}$$

超螺旋观测器形式如下：

$$\begin{cases}\dot{\hat{x}}_1=-l_1\gamma|e_1|^{\frac{1}{2}}\operatorname{sgn}(e_1)+f_1(\hat{x}_1,u)+\hat{x}_2\\ \dot{\hat{x}}_2=-\dfrac{1}{2}l_2\gamma^2\operatorname{sgn}(e_1)+f_2(\hat{x}_1,\hat{x}_2,u)\end{cases} \tag{4-171}$$

由于$\phi_2(e_1)$的不连续性，当存在未知输入w时，超螺旋观测器仍能保持有限时间内的零误差收敛特性。

3. 齐次观测器

当式(4-163)中参数$q \geqslant 1/2$，且非线性函数$\phi_1(e_1)$与$\phi_2(e_1)$满足：

$$\begin{cases}\phi_1(e_1)=|e_1|^q \operatorname{sgn}(e_1)\\ \phi_2(e_1)=q|e_1|^{2q-1}\operatorname{sgn}(e_1)\end{cases} \tag{4-172}$$

齐次观测器表达式如下：

$$\begin{cases}\dot{\hat{x}}_1=-l_1\gamma|e_1|^q \operatorname{sgn}(e_1)+f_1(\hat{x}_1,u)+\hat{x}_2\\ \dot{\hat{x}}_2=-l_2\gamma^2 q|e_1|^{2q-1}\operatorname{sgn}(e_1)+f_2(\hat{x}_1,\hat{x}_2,u)\end{cases} \tag{4-173}$$

4. 一致观测器

当式(4-163)中参数$q=3/2$，可得

$$\begin{cases}\phi_1(e_1)=\mu_1|e_1|^{\frac{1}{2}}\operatorname{sgn}(e_1)+\mu_2|e_1|^{3/2}\operatorname{sgn}(e_1)\\ \phi_2(e_1)=\dfrac{\mu_1^2}{2}\operatorname{sgn}(e_1)+2\mu_1\mu_2 e_1+\mu_2^2|e_1|^2\operatorname{sgn}(e_1)\\ \mu_1,\mu_2 \geqslant 0\end{cases} \tag{4-174}$$

将式(4-174)代入式(4-164)中，可得一致观测器误差状态方程：

$$\begin{cases}\dot{\hat{x}}_1=-l_1\gamma\left[\mu_1|e_1|^{\frac{1}{2}}\operatorname{sgn}(e_1)+\mu_2|e_1|^{3/2}\operatorname{sgn}(e_1)\right]+f_1(\hat{x}_1,u)+\hat{x}_2\\ \dot{\hat{x}}_2=-l_2\gamma^2\left[\dfrac{\mu_1^2}{2}\operatorname{sgn}(e_1)+2\mu_1\mu_2 e_1+\mu_2^2|e_1|^2\operatorname{sgn}(e_1)\right]+f_2(\hat{x}_1,\hat{x}_2,u)\end{cases} \tag{4-175}$$

4.10　本 章 小 结

本章首先介绍了五代滑模控制的典型方案及其优缺点与适用范围。其次介绍了终端滑模面与其典型控制器设计方法、固定时间滑模面与其典型控制器设计方法。最后介绍了精确鲁棒微分器、迭代固定时间观测器、鲁棒一致收敛观测器、广义超螺旋观测器等滑模控制理论的扩展应用。

第5章　基于自适应增益高阶超螺旋算法的控制方法

5.1　引　　言

吸气式临近空间高速飞行器具有诸多控制难点：强非线性，静不稳定，气推耦合，易受外界阵风、湍流等扰动，气动热与气动弹性问题会产生参数摄动影响。传统 PID 控制器在剧烈外界扰动与参数摄动的影响下难以实现较高的控制品质，无法满足临近空间高速飞行器快速响应、强鲁棒性与高精度的控制需求。由于滑模控制理论对匹配扰动具有极强鲁棒性，且能保证状态变量有限时间收敛，因此能够满足临近空间高速飞行器的任务需求。考虑到传统滑模控制器抖振问题严重，本章基于第五代滑模控制中的标称高阶超螺旋算法设计自适应增益高阶超螺旋控制器，相比于传统滑模控制器，其能够提升状态量的收敛精度、有效削弱抖振影响。同时，相比于标称高阶超螺旋算法，本章设计的自适应增益高阶超螺旋控制器通过自适应调节控制增益，可自主增强系统鲁棒性与响应速度，避免参数过度估计。

5.2　问题描述

为了能够对临近空间高速飞行器模型进行反馈线性化处理，Parker 等[38]通过忽略阻力 D 中的弱升降舵耦合项 $C_D^{\delta_e^2}\delta_e{}^2$ 、$C_D^{\delta_e}\delta_e$ 、$C_D^{\delta_c^2}\delta_c{}^2$ 与 $C_D^{\delta_c}\delta_c$ ，将飞行器曲线拟合模型(2-45)转化为如下控制导向模型：

$$\begin{cases}\dot{V}=\left(T\cos\alpha-\bar{D}\right)/m-g\sin\gamma\\ \dot{h}=V\sin\gamma\\ \dot{\gamma}=\left(L+T\sin\alpha\right)/\left(mV\right)-g/V\cos\gamma\\ \dot{\alpha}=Q-\dot{\gamma}\\ \dot{Q}=f_Q+g_Q\delta_e+\bar{d}_{\mathrm{a}}\end{cases}\tag{5-1}$$

式中，

$$\begin{cases}\bar{D}=\bar{q}S\left(C_D^{\alpha^2}\alpha^2+C_D^{\alpha}\alpha+C_D^0\right)\\ f_Q=z_TT+\bar{q}S\bar{c}\left(C_{M,\alpha}^{\alpha^2}\alpha^2+C_{M,\alpha}^{\alpha}\alpha+C_{M,\alpha}^0\right)\\ g_Q=\bar{q}S\bar{c}c_e\\ \bar{d}_{\mathrm{a}}=\bar{q}S\bar{c}c_ed_{\mathrm{a}2}\end{cases}\tag{5-2}$$

式中，参数 d_{a2} 表示作用于升降舵偏转角的外部扰动。

为了进行反馈线性化处理，系统需要具有全相对向量阶，因此对燃油当量比 Φ 进行二阶动态扩展。燃油当量比的二阶执行机构模型如下：

$$\ddot{\Phi} = -2\zeta\omega\dot{\Phi} - \omega^2\Phi + \omega^2\left(\Phi_c + d_{a1}\right) \tag{5-3}$$

式中，ζ 和 ω 分别表示执行机构阻尼比和自然频率，$\zeta = 0.7$，$\omega = 20\,\text{rad/s}$；采用指令值 Φ_c 代替 Φ 作为新的控制输入；参数 d_{a1} 表示作用于 Φ_c 的外部扰动[140]。

选取控制输入向量和控制输出向量分别为 $\boldsymbol{u} = \left[\delta_e,\ \Phi_c\right]^{\mathrm{T}}$ 和 $\boldsymbol{y} = \left[V,\ \gamma\right]^{\mathrm{T}}$。定义高度跟踪误差 $e_h = h - h_{\mathrm{d}}$，则期望飞行路径角 γ_{d} 设计如下[43]：

$$\gamma_{\mathrm{d}} = \arcsin\left[\left(\dot{h}_{\mathrm{d}} - k_P e_h\right)/V\right] \tag{5-4}$$

式中，$k_P > 0$。如果 γ 受控等于 γ_{d}，则 e_h 对应的动力学满足：

$$\dot{e}_h + k_P e_h = 0 \tag{5-5}$$

可见，期望飞行路径角(5-4)可调节高度跟踪误差指数收敛至 0。

定义输出跟踪误差向量 $\boldsymbol{e} = \boldsymbol{y} - \boldsymbol{y}_{\mathrm{d}} = \left[e_V,\ e_\gamma\right]^{\mathrm{T}} = \left[V - V_{\mathrm{d}},\ \gamma - \gamma_{\mathrm{d}}\right]^{\mathrm{T}}$，则通过对 $\boldsymbol{e}$ 进行三次求导可以得到如下仿射非线性形式的输入输出动力学：

$$\begin{aligned}\dddot{\boldsymbol{e}} &= \dddot{\boldsymbol{y}} - \dddot{\boldsymbol{y}}_{\mathrm{d}} = \boldsymbol{F} + \boldsymbol{G}\boldsymbol{u} + \boldsymbol{G}\boldsymbol{d}_{\mathrm{a}} - \dddot{\boldsymbol{y}}_{\mathrm{d}} \\ &= \begin{bmatrix} \boldsymbol{f}_V \\ \boldsymbol{f}_\gamma \end{bmatrix} + \begin{bmatrix} g_{V_1} & g_{V_2} \\ g_{\gamma_1} & g_{\gamma_2} \end{bmatrix}\boldsymbol{u} + \begin{bmatrix} g_{V_1} & g_{V_2} \\ g_{\gamma_1} & g_{\gamma_2} \end{bmatrix}\begin{bmatrix} d_{\mathrm{a}2} \\ d_{\mathrm{a}1} \end{bmatrix} - \dddot{\boldsymbol{y}}_{\mathrm{d}}\end{aligned} \tag{5-6}$$

式中，

$$\begin{cases} \boldsymbol{F} = \left[\boldsymbol{f}_V\ \ \boldsymbol{f}_\gamma\right]^{\mathrm{T}} \\ \boldsymbol{G} = \begin{bmatrix} g_{V_1} & g_{V_2} \\ g_{\gamma_1} & g_{\gamma_2} \end{bmatrix} \\ \boldsymbol{d}_{\mathrm{a}} = \left[d_{\mathrm{a}2}\quad d_{\mathrm{a}1}\right]^{\mathrm{T}} \end{cases} \tag{5-7}$$

$$\boldsymbol{f}_V = \boldsymbol{\omega}_1\ddot{\boldsymbol{x}} + \dot{\boldsymbol{x}}^{\mathrm{T}}\boldsymbol{\Omega}_2\dot{\boldsymbol{x}} \tag{5-8}$$

$$g_{V_1} = g_Q\left(\partial T/\partial\alpha\cos\alpha - T\sin\alpha - \partial\bar{D}/\partial\alpha\right)/m \tag{5-9}$$

$$g_{V_2} = \omega^2\left(\partial T/\partial\Phi\cos\alpha\right)/m \tag{5-10}$$

$$\boldsymbol{f}_\gamma = \boldsymbol{\pi}_1\ddot{\boldsymbol{x}} + \dot{\boldsymbol{x}}^{\mathrm{T}}\boldsymbol{\Pi}_2\dot{\boldsymbol{x}} \tag{5-11}$$

$$g_{\gamma_1} = g_Q\left(\partial T/\partial\alpha\sin\alpha + T\cos\alpha + \partial L/\partial\alpha\right)/(mV) \tag{5-12}$$

$$g_{\gamma_2} = \omega^2 \left(\partial T / \partial \Phi \sin\alpha\right) / \left(mV\right) \tag{5-13}$$

$$\dot{\boldsymbol{x}} = \left[\dot{V},\ \dot{\alpha},\ \dot{\gamma},\ \dot{\Phi},\ \dot{h}\right]^{\mathrm{T}}$$

$$\ddot{\boldsymbol{x}} = \begin{bmatrix} \boldsymbol{\omega}_1 \dot{\boldsymbol{x}} \\ -\boldsymbol{\pi}_1 \dot{\boldsymbol{x}} + f_Q \\ \boldsymbol{\pi}_1 \dot{\boldsymbol{x}} \\ -2\zeta\omega\dot{\Phi} - \omega^2 \Phi \\ \dot{V}\sin\gamma + V\dot{\gamma}\cos\gamma \end{bmatrix} \tag{5-14}$$

符号$\boldsymbol{\omega}_1$、$\boldsymbol{\Omega}_2$、$\boldsymbol{\pi}_1$、$\boldsymbol{\Pi}_2$的定义如下[141-142]：

$$\boldsymbol{\omega}_1 = \frac{1}{m}\begin{bmatrix} -\partial\bar{D}/\partial V \\ \partial T/\partial\alpha\cos\alpha - T\sin\alpha - \partial\bar{D}/\partial\alpha \\ -mg\cos\gamma \\ \partial T/\partial\Phi\cos\alpha \\ -\partial\bar{D}/\partial h - \partial g/\partial h\, m\sin\gamma \end{bmatrix}^{\mathrm{T}} \tag{5-15}$$

$$\begin{cases} \boldsymbol{\Omega}_2 = \left[\boldsymbol{\omega}_{21},\ \boldsymbol{\omega}_{22},\ \boldsymbol{\omega}_{23},\ \boldsymbol{\omega}_{24},\ \boldsymbol{\omega}_{25}\right]/m \\ \boldsymbol{\omega}_{21} = \left[-\partial^2\bar{D}/\partial V^2,\ -\partial^2\bar{D}/\left(\partial\alpha\partial V\right),\ 0,\ 0,\ -\partial^2\bar{D}/\left(\partial V\partial h\right)\right]^{\mathrm{T}} \\ \boldsymbol{\omega}_{22} = \begin{bmatrix} -\partial^2\bar{D}/\left(\partial\alpha\partial V\right) \\ \left(\partial^2 T/\partial\alpha^2 - T\right)\cos\alpha - 2\partial T/\partial\alpha\sin\alpha - \partial^2\bar{D}/\partial\alpha^2 \\ 0 \\ \partial^2 T/\left(\partial\alpha\partial\Phi\right)\cos\alpha - \partial T/\partial\Phi\sin\alpha \\ -\partial^2\bar{D}/\left(\partial\alpha\partial V\right) \end{bmatrix} \\ \boldsymbol{\omega}_{23} = \left[0,\ 0,\ mg\sin\gamma,\ 0,\ -m\cos\gamma\,\partial g/\partial h\right]^{\mathrm{T}} \\ \boldsymbol{\omega}_{24} = \left[0,\ \partial^2 T/\left(\partial\alpha\partial\Phi\right)\cos\alpha - \partial T/\partial\Phi\sin\alpha,\ 0,\ 0,\ 0\right]^{\mathrm{T}} \\ \boldsymbol{\omega}_{25} = \left[-\partial^2\bar{D}/\left(\partial V\partial h\right),\ -\partial^2\bar{D}/\left(\partial\alpha\partial V\right),\ -m\cos\gamma\,\partial g/\partial h,\ 0,\ 0\right]^{\mathrm{T}} \end{cases} \tag{5-16}$$

$$\boldsymbol{\pi}_1 = \frac{1}{mV}\begin{bmatrix} \partial L/\partial V + \partial T/\partial V\sin\alpha - \left(L + T\sin\alpha\right)/V + mg\cos\gamma/V \\ \partial L/\partial\alpha + \partial T/\partial\alpha\sin\alpha + T\cos\alpha \\ mg\sin\gamma \\ \partial T/\partial\Phi\sin\alpha \\ \partial L/\partial h - m\cos\gamma\,\partial g/\partial h \end{bmatrix}^{\mathrm{T}} \tag{5-17}$$

$$
\left\{
\begin{aligned}
&\boldsymbol{\Pi}_2=\left[\boldsymbol{\pi}_{21},\ \boldsymbol{\pi}_{22},\ \boldsymbol{\pi}_{23},\ \boldsymbol{\pi}_{24},\boldsymbol{\pi}_{25}\ \right]\\
&\boldsymbol{\pi}_{21}=\frac{1}{mV^2}\begin{bmatrix}V\partial^2L/\partial V^2-2\partial L/\partial V+2(L+T\sin\alpha)/V-2mg\cos\gamma/V\\ V\partial^2L/(\partial V\partial\alpha)-(\partial L/\partial\alpha+\partial T/\partial\alpha\sin\alpha+T\cos\alpha)\\ -mg\sin\gamma\\ -\partial T/\partial\Phi\sin\alpha\\ V\partial^2L/(\partial V\partial h)-\partial L/\partial h+\partial g/\partial h m\cos\gamma\end{bmatrix}\\
&\boldsymbol{\pi}_{22}=\begin{bmatrix}\partial^2L/(\partial V\partial\alpha)/(mV)-(\partial L/\partial\alpha+\partial T/\partial\alpha\sin\alpha+T\cos\alpha)/(mV^2)\\ \left[\partial^2L/\partial\alpha^2+\left(\partial^2T/\partial\alpha^2-T\right)\sin\alpha+2\partial T/\partial\alpha\cos\alpha\right]/(mV)\\ 0\\ \left[\partial^2T/(\partial\alpha\partial\Phi)\sin\alpha+\partial T/\partial\Phi\cos\alpha\right]/(mV)\\ \partial^2L/(\partial\alpha\partial h)/(mV)\end{bmatrix}\\
&\boldsymbol{\pi}_{23}=\left[-g\sin\gamma/V^2,\ 0,\ g\cos\gamma/V,\ 0,\ \partial g/\partial h\sin\gamma/V\right]^{\mathrm{T}}\\
&\boldsymbol{\pi}_{24}=\frac{\sin\alpha}{mV}\left[-\partial T/\partial\Phi/V,\ \left[\partial^2T/(\partial\alpha\partial\Phi)+\partial T/\partial\Phi\cot\alpha\right],\ 0,\ 0,\ 0\right]^{\mathrm{T}}\\
&\boldsymbol{\pi}_{25}=\begin{bmatrix}\partial^2L/(\partial V\partial h)/(mV)-\partial L/\partial h/(mV^2)+\partial g/\partial h\cos\gamma/V^2\\ \partial^2L/(\partial\alpha\partial h)/(mV)\\ \partial g/\partial h\sin\gamma/V\\ 0\\ \partial^2L/\partial h^2/(mV)-\partial^2g/\partial h^2\cos\gamma/V\end{bmatrix}
\end{aligned}
\right.
\tag{5-18}
$$

为了有效处理气动参数摄动问题引发的非匹配不确定性，引入精确鲁棒微分器实时估计获取跟踪误差向量 $\boldsymbol{e}$ 的导数信息[136]：

$$
\left\{
\begin{aligned}
&\dot{\boldsymbol{z}}_0=\boldsymbol{v}_0=-\boldsymbol{\lambda}_0\boldsymbol{L}_{\mathrm{d}}^{1/5}\mathrm{sig}^{4/5}(\boldsymbol{z}_0-\boldsymbol{e})+\boldsymbol{z}_1\\
&\dot{\boldsymbol{z}}_1=\boldsymbol{v}_1=-\boldsymbol{\lambda}_1\boldsymbol{L}_{\mathrm{d}}^{1/4}\mathrm{sig}^{3/4}(\boldsymbol{z}_1-\boldsymbol{v}_0)+\boldsymbol{z}_2\\
&\dot{\boldsymbol{z}}_2=\boldsymbol{v}_2=-\boldsymbol{\lambda}_2\boldsymbol{L}_{\mathrm{d}}^{1/3}\mathrm{sig}^{2/3}(\boldsymbol{z}_2-\boldsymbol{v}_1)+\boldsymbol{z}_3\\
&\dot{\boldsymbol{z}}_3=\boldsymbol{v}_3=-\boldsymbol{\lambda}_3\boldsymbol{L}_{\mathrm{d}}^{1/2}\mathrm{sig}^{1/2}(\boldsymbol{z}_3-\boldsymbol{v}_2)+\boldsymbol{z}_4\\
&\dot{\boldsymbol{z}}_4=-\boldsymbol{\lambda}_4\boldsymbol{L}_{\mathrm{d}}\,\mathrm{sgn}(\boldsymbol{z}_4-\boldsymbol{v}_3)
\end{aligned}
\right.
\tag{5-19}
$$

式中，$\boldsymbol{\lambda}_0=\mathrm{diag}(8,8)$；$\boldsymbol{\lambda}_1=\mathrm{diag}(5,5)$；$\boldsymbol{\lambda}_2=\mathrm{diag}(3,3)$；$\boldsymbol{\lambda}_3=\mathrm{diag}(1.5,1.5)$；$\boldsymbol{\lambda}_4=\mathrm{diag}(1.1,1.1)$；增益 $\boldsymbol{L}_{\mathrm{d}}\in\mathbb{R}^{2\times2}$，为正定对角矩阵。通过合理设计增益 $\boldsymbol{L}_{\mathrm{d}}$，精确鲁棒微分器的输出值 $\boldsymbol{z}_0$，$\boldsymbol{z}_1$，$\boldsymbol{z}_2$ 将分别在有限时间内等于跟踪误差向量及其导数：

$\boldsymbol{e}$，$\dot{\boldsymbol{e}}$，$\ddot{\boldsymbol{e}}$。

注释 5-1 在精确鲁棒微分器的估计误差收敛之前，$\boldsymbol{e}$ 的高阶导数通过使用式(5-14)近似求取：

$$\begin{cases}\dot{\boldsymbol{e}}=\dot{\boldsymbol{y}}-\dot{\boldsymbol{y}}_{\mathrm{d}}=\left[\dot{V},\ \dot{\gamma}\right]^{\mathrm{T}}-\dot{\boldsymbol{y}}_{\mathrm{d}}\\ \ddot{\boldsymbol{e}}=\ddot{\boldsymbol{y}}-\dot{\boldsymbol{y}}_{\mathrm{d}}=\left[\boldsymbol{\omega}_1\dot{\boldsymbol{x}},\ \boldsymbol{\pi}_1\dot{\boldsymbol{x}}\right]^{\mathrm{T}}-\ddot{\boldsymbol{y}}_{\mathrm{d}}\end{cases} \tag{5-20}$$

式中，期望信号的导数 $\dot{\boldsymbol{y}}_{\mathrm{d}}$ 和 $\ddot{\boldsymbol{y}}_{\mathrm{d}}$ 通过预滤波器(式(2-47)、式(2-48))精确求取。

假设 5-1 符号 $\dot{\Delta}_V$ 与 $\dot{\Delta}_\gamma$ 表示扰动 $g_{V_1}d_{\mathrm{a2}}+g_{V_2}d_{\mathrm{a1}}$ 与 $g_{\gamma_1}d_{\mathrm{a2}}+g_{\gamma_2}d_{\mathrm{a1}}$ 的导数，假定 $\dot{\Delta}_V$ 与 $\dot{\Delta}_\gamma$ 均存在且范数有界，则扰动具有未知的利普希茨常数 $L_{V\mathrm{L}}$ 与 $L_{\gamma\mathrm{L}}$，即扰动满足条件：$0<\left|\dot{\Delta}_V\right|\leqslant L_{V\mathrm{L}}$，$0<\left|\dot{\Delta}_\gamma\right|\leqslant L_{\gamma\mathrm{L}}$。

本章的控制目的是设计非线性控制器，使得临近空间高速飞行器输出向量 $\boldsymbol{y}$ 在有限时间内跟踪至期望值 $\boldsymbol{y}_{\mathrm{d}}$。同时，在机动过程中，状态量和控制输入始终处于表 2-4 给定的允许范围内。

5.3 自适应增益高阶超螺旋控制器设计

本节针对非线性临近空间高速飞行器设计自适应增益高阶超螺旋控制器。通过结合高阶超螺旋算法与新型自适应律，该控制器能够自主增强系统鲁棒性与响应速度，并避免参数过度估计，削弱抖振。

$(n+1)^{\mathrm{th}}$ 阶超螺旋算法与 n^{th} 阶嵌套式滑模控制器都适用于 n^{th} 阶摄动积分系统。由于扩张状态 x_{n+1} 的引入，$(n+1)^{\mathrm{th}}$ 阶超螺旋算法能够实现 $(n+1)^{\mathrm{th}}$ 阶滑模收敛精度，n^{th} 阶嵌套式滑模控制器仅能实现 n^{th} 阶滑模收敛精度。由于高阶超螺旋算法中离散的符号函数隐藏于积分号之下，抖振影响能够得到有效抑制。因此，相比 n^{th} 阶嵌套式滑模控制器，$(n+1)^{\mathrm{th}}$ 阶超螺旋算法能够以较弱的抖振获得较高的收敛精度。同时，相比 $(n+1)^{\mathrm{th}}$ 阶嵌套式滑模控制器，高阶超螺旋算法无须使用 $\dot{x}_n$ 信息，更便于实际工程使用。

为了改进标称高阶超螺旋算法，本节应用坐标膨胀理论，在四阶超螺旋算法中引入可调控制增益矩阵 $\boldsymbol{L}$，设计新型自适应增益高阶超螺旋控制器[126]。定义滑模向量为 $\boldsymbol{S}=\boldsymbol{e}=\left[S_1,\ S_2\right]^{\mathrm{T}}$，则控制律如下：

$$\begin{cases}\boldsymbol{u}=\boldsymbol{G}^{-1}\left[-\boldsymbol{F}+\ddot{\boldsymbol{y}}_{\mathrm{d}}-\boldsymbol{k}_1\boldsymbol{L}^{1/2}\mathrm{sig}^{1/2}\left(\boldsymbol{\sigma}_2\right)+\boldsymbol{w}\right]\\ \dot{\boldsymbol{w}}=-\boldsymbol{k}_4\boldsymbol{L}\,\mathrm{sgn}\left(\boldsymbol{\sigma}_2\right)\end{cases} \tag{5-21}$$

式中，变量 $\boldsymbol{\sigma}_2$ 设计为

$$\boldsymbol{\sigma}_2 = \ddot{\boldsymbol{S}} + \boldsymbol{k}_3\left(\boldsymbol{L}^3|\boldsymbol{S}|^3 + \boldsymbol{L}^2|\dot{\boldsymbol{S}}|^4\right)^{1/6}\operatorname{sgn}\left[\dot{\boldsymbol{S}} + \boldsymbol{k}_2\boldsymbol{L}^{1/4}\operatorname{sig}^{3/4}(\boldsymbol{S})\right] \tag{5-22}$$

变量 $\boldsymbol{k}_1, \boldsymbol{k}_2, \boldsymbol{k}_3, \boldsymbol{k}_4, \boldsymbol{L} \in \mathbb{R}^{2\times2}$ ，是正定对角矩阵。$\boldsymbol{L}$ 表示为

$$\boldsymbol{L} = \operatorname{diag}(L_V, L_\gamma) \tag{5-23}$$

注释 5-2　在表 2-4 给出的飞行包络内，文献[143]应用非线性优化方法验证了矩阵 $\boldsymbol{G}$ 的非奇异特性。

为了实现滑模向量 $\boldsymbol{S}$ 的有限时间收敛，控制增益矩阵 $\boldsymbol{L}$ 需要依据扰动上界 $L_{V\mathrm{L}}$ 和 $L_{\gamma\mathrm{L}}$ 进行选取。由于在实际飞行过程中无法获得 $L_{V\mathrm{L}}$ 和 $L_{\gamma\mathrm{L}}$ 的数值，高阶超螺旋算法的参数选择将变得极为困难。不合适的参数选择无法保证控制器鲁棒性，但是过度估计的参数又会引发较为严重的抖振问题。因此，需要提出一种新型自适应律根据滑模变量的幅值实时调节参数 $\boldsymbol{L}$ [144]：

$$\dot{L}_V = \begin{cases} \alpha_{V1}|S_1|^{1/2}, & |S_1| > \mu_V \\ -\alpha_{V2}L_V, & |S_1| \leqslant \mu_V \end{cases} \tag{5-24}$$

$$\dot{L}_\gamma = \begin{cases} \alpha_{\gamma1}|S_2|^{1/2}, & |S_2| > \mu_\gamma \\ -\alpha_{\gamma2}L_\gamma, & |S_2| \leqslant \mu_\gamma \end{cases} \tag{5-25}$$

式中，μ_V, μ_γ 为较小的正常数；$\alpha_{V1}, \alpha_{V2}, \alpha_{\gamma1}, \alpha_{\gamma2}$ 为正设计系数。在初始阶段，由于滑模向量数值较大，L_V 与 L_γ 增长，滑模向量 $\boldsymbol{S}$ 在有限时间内快速收敛。一旦滑模变量达到了期望收敛精度 $|S_1| \leqslant \mu_V$ ，$|S_2| \leqslant \mu_\gamma$ ，控制增益将会迅速衰减以抑制抖振问题，直到系统轨迹离开期望收敛区域。此时，控制增益将再次开始自适应增长，使滑模向量重新收敛至期望区域。

定理 5-1　对于任意初始条件下的滑模向量 $\boldsymbol{S}$ ，在控制律(5-21)和自适应律(5-24)、自适应律(5-25)作用下，一定存在有限时间 $t_{\mathrm{f}V}$ ，$t_{\mathrm{f}\gamma}$ 和正参数 $\mu_{SV} > \mu_V, \mu_{S\gamma} > \mu_\gamma$ 使滑模向量在有限时间内建立实际滑模状态：$|S_1| < \mu_{SV}, |S_2| < \mu_{S\gamma}$ 。

证明：结合误差动力学方程(5-6)与控制律(5-21)、控制律(5-22)，滑模向量动力学可表示如下：

$$\begin{cases} \dddot{\boldsymbol{S}} = -\boldsymbol{k}_1\boldsymbol{L}^{1/2}\operatorname{sig}^{1/2}(\boldsymbol{\sigma}_2) + \boldsymbol{v} \\ \dot{\boldsymbol{v}} = -\boldsymbol{k}_4\boldsymbol{L}\operatorname{sgn}(\boldsymbol{\sigma}_2) + \left[\dot{\varDelta}_V, \dot{\varDelta}_\gamma\right]^{\mathrm{T}} \\ \boldsymbol{\sigma}_2 = \ddot{\boldsymbol{S}} + \boldsymbol{k}_3\left(\boldsymbol{L}^3|\boldsymbol{S}|^3 + \boldsymbol{L}^2|\dot{\boldsymbol{S}}|^4\right)^{1/6}\operatorname{sgn}\left[\dot{\boldsymbol{S}} + \boldsymbol{k}_2\boldsymbol{L}^{1/4}\operatorname{sig}^{3/4}(\boldsymbol{S})\right] \end{cases} \tag{5-26}$$

将矢量动力学(式(5-26))拆分为两个子系统下的标量动力学：

$$\begin{cases} \dddot{S}_1 = -k_{11}{L_V}^{1/2}\mathrm{sig}^{1/2}\left(\sigma_{21}\right)+v_1 \\ \dot{v}_1 = -k_{41}L_V\,\mathrm{sgn}\left(\sigma_{21}\right)+\dot{\Delta}_V \\ \sigma_{21}=\ddot{S}_1+k_{31}\left({L_V}^3\left|S_1\right|^3+{L_V}^2\left|\dot{S}_1\right|^4\right)^{1/6}\mathrm{sgn}\left[\dot{S}_1+k_{21}{L_V}^{1/4}\mathrm{sig}^{3/4}\left(S_1\right)\right] \end{cases} \tag{5-27}$$

$$\begin{cases} \dddot{S}_2 = -k_{12}{L_\gamma}^{1/2}\mathrm{sig}^{1/2}\left(\sigma_{22}\right)+v_2 \\ \dot{v}_2 = -k_{42}L_\gamma\,\mathrm{sgn}\left(\sigma_{22}\right)+\dot{\Delta}_\gamma \\ \sigma_{22}=\ddot{S}_2+k_{32}\left({L_\gamma}^3\left|S_2\right|^3+{L_\gamma}^2\left|\dot{S}_2\right|^4\right)^{1/6}\mathrm{sgn}\left[\dot{S}_2+k_{22}{L_\gamma}^{1/4}\mathrm{sig}^{3/4}\left(S_2\right)\right] \end{cases} \tag{5-28}$$

以式(5-27)为例，将滑模变量和其导数进行如下坐标膨胀处理[126]：

$$\begin{cases} z_1 = S_1/L_V, & z_2=\dot{S}_1/L_V \\ z_3=\ddot{S}_1/L_V, & z_4=v_1/L_V \end{cases} \tag{5-29}$$

在新状态变量 z_1、z_2、z_3、z_4 下，式(5-27)可表示为

$$\begin{cases} \dot{z}_1=z_2 \\ \dot{z}_2=z_3 \\ \dot{z}_3=-k_{11}\mathrm{sig}^{1/2}\left(\bar{\sigma}_{21}\right)+z_4 \\ \dot{z}_4=-k_{41}\,\mathrm{sgn}\left(\bar{\sigma}_{21}\right)+\dot{\Delta}_V/L_V \\ \bar{\sigma}_{21}=z_3+k_{31}\left(\left|z_1\right|^3+\left|z_2\right|^4\right)^{1/6}\mathrm{sgn}\left[z_2+k_{21}\mathrm{sig}^{3/4}\left(z_1\right)\right] \end{cases} \tag{5-30}$$

式(5-27)与式(5-30)的稳定性是等价的。系统(5-30)相当于一个应用四阶超螺旋算法的四阶摄动积分系统。根据高阶超螺旋算法的特性可知，一定存在一个数值 L_{dL}，当满足条件 $\left|\dot{\Delta}_V/L_V\right|\leqslant L_{\mathrm{dL}}$ 时，系统(5-30)的状态变量 z_1，z_2，z_3，z_4 能够在合适的设计参数 k_{11}，k_{21}，k_{31}，k_{41} 下实现有限时间收敛，因此状态变量 z_1 具有四阶滑模收敛精度，系统(5-30)可构建起 4-STA。由假设 5-1 可知，系统收敛需要 L_V 满足如下条件：

$$L_V \geqslant L_{V\mathrm{L}}/L_{\mathrm{dL}} \tag{5-31}$$

当扰动的利普希茨常数 L_{dL} 等于 3 时，文献[53]针对四阶超螺旋算法给出一组典型可用参数：

$$k_{11}=5,\quad k_{21}=1,\quad k_{31}=2,\quad k_{41}=4 \tag{5-32}$$

因此，若参数 k_{11}，k_{21}，k_{31}，k_{41} 依据式(5-32)选取，系统(5-30)的收敛条件变成式(5-33)：

$$L_V \geqslant L_{V\mathrm{L}}/3 \tag{5-33}$$

考虑自适应律(5-24)，如果 $\left|S_1\right|>\mu_V$，可以得到 $\dot{L}_V>0$，因此 L_V 持续增长，直

至满足式(5-33)所示条件；如果$|S_1| \leqslant \mu_V$，选择 Lyapunov 函数为$V_{\mathrm{L}} = L_V^2$，其导数满足$\dot{V}_{\mathrm{L}} = 2L_V\dot{L}_V = -2\alpha_{V2}L_V^2 < 0$，故$L_V$将指数收敛至 0。当$L_V$无法满足式(5-33)所示条件时，系统(5-30)将会失去稳定性，导致滑模变量S_1发散，一旦发散至满足$|S_1| > \mu_V$，L_V将会再次开始增长。因此，一定存在一个有限时间$t_{\mathrm{f}V}$使S_1保持处于$|S_1| < \mu_{SV}$区域。其中，μ_{SV}是略大于μ_V的参数。综合上述分析，不论初始条件如何，系统都可在有限时间内建立起实际 4-STA 。

滑模变量S_2的收敛特性与S_1相同，即S_1与S_2都可在有限时间内收敛进区域$|S_1| < \mu_{SV}$，$|S_2| < \mu_{S\gamma}$，构建实际 4-STA [144-145]。至此，定理 5-1 得证。□

总结而言，自适应增益高阶超螺旋控制器结合了标称高阶超螺旋算法与新型自适应律。首先，应用坐标膨胀理论将控制增益矩阵$\boldsymbol{L}$引入高阶超螺旋算法中，将原本$\boldsymbol{k}_1$，$\boldsymbol{k}_2$，$\boldsymbol{k}_3$，$\boldsymbol{k}_4$参数的复杂调节过程转换为控制增益矩阵$\boldsymbol{L}$的设计。根据定理 5-1 的证明过程，较大数值的$\boldsymbol{L}$能够补偿利普希茨常数较大的扰动，并且抖振幅值正比于控制增益矩阵$\boldsymbol{L}$。因此，在自适应律的辅助下，自适应增益高阶超螺旋控制器除保留原本标称高阶超螺旋算法的优势外，还能够自主提升鲁棒性和响应速度，削弱抖振影响。

5.4　仿真与分析

本节将自适应增益高阶超螺旋控制器应用于临近空间高速飞行器非线性曲线拟合模型中，通过仿真验证控制器的有效性。5.4.1 小节给出了临近空间高速飞行器机体动力学的初始条件。5.4.2 小节以无扰动影响的临近空间高速飞行器为对象，通过对比本章所提自适应增益高阶超螺旋控制器与标称高阶超螺旋算法，验证自适应律的优势。5.4.3 小节在受到外部扰动与参数摄动影响的临近空间高速飞行器中，对比本章所提控制器与传统三阶准连续滑模控制器。

5.4.1　仿真参数设定

根据 2.2 节所述，本书以爬升段与巡航段为背景开展吸气式临近空间高速飞行器的控制问题研究。依据图 2-2 所示飞行任务剖面及表 2-4 中的状态量允许范围，在爬升段与巡航段剖面的飞行高度与速度范围，设定临近空间高速飞行器机体动力学的初始条件如表 5-1 所示[38]。

表 5-1　临近空间高速飞行器机体动力学的初始条件

参数	取值	参数	取值	参数	取值
h	25908m	γ	0°	$\dot{\varPhi}$	0
V	2347.60 m/s	Q	0(°)/s	δ_e	11.4635°
α	1.5153°	$\varPhi$	0.2514	—	—

式(5-4)中的参数 $k_P=0.3$，高阶超螺旋算法的设计参数选择[53]：$\boldsymbol{k}_1=5\boldsymbol{E}_2$，$\boldsymbol{k}_2=\boldsymbol{E}_2$，$\boldsymbol{k}_3=2\boldsymbol{E}_2$，$\boldsymbol{k}_4=4\boldsymbol{E}_2$，$\boldsymbol{E}_2\in\mathbb{R}^{2\times 2}$ 为单位矩阵。速度期望指令 V_c 与高度期望指令 h_c 分别为

$$V_c=2407.92\,\mathrm{m/s},\quad h_c=26212.8\,\mathrm{m} \tag{5-34}$$

5.4.2　临近空间高速飞行器仿真结果与分析

本小节包含两个场景，第一个场景(场景 A)应用本章提出的自适应增益高阶超螺旋控制器，第二个场景(场景 B)应用标称高阶超螺旋算法作为对比仿真。

场景 A：速度通道自适应律参数选择：$\mu_V=5\times10^{-4}$，$\alpha_{V1}=0.1$ 与 $\alpha_{V2}=0.8$。L_V 初始值取为 3。飞行路径角通道自适应律参数选择：$\mu_\gamma=5\times10^{-8}$，$\alpha_{\gamma1}=0.01$ 与 $\alpha_{\gamma2}=0.4$。L_γ 初始值取为 0.008。式(5-19)中精确鲁棒微分器的参数选择为 $\boldsymbol{L}_\mathrm{d}=\mathrm{diag}(50,\ 0.05)$，外部扰动设置为 0。

图 5-1～图 5-3 的仿真结果表明，本章设计的自适应增益高阶超螺旋控制器能够实现临近空间高速飞行器的高精度快速跟踪。速度和飞行路径角跟踪误差都能够在有限时间内收敛至原点邻域，高度则可以以指数收敛形式跟踪期望值。图 5-1 显示速度跟踪误差能够在 2s 内收敛，收敛精度为 $6\times10^{-4}\,\mathrm{m/s}$。图 5-2 显示高度跟踪误差为 $1.5\times10^{-4}\,\mathrm{m}$。图 5-3 显示飞行路径角跟踪误差能够在 2s 内收敛，收敛精度为 5×10^{-6}°。攻角、俯仰角速度、燃油当量比与升降舵偏转角在图 5-4 与图 5-5 中给出，可见在飞行器机动过程中，状态量与控制输入始终处于表 2-4 所列允许范围内。由图 5-6 和图 5-7 可见，在仿真初始阶段跟踪误差较大时，由于自适应增益 L_V 和 L_γ 的增长，系统能够实现较快的收敛速度；当滑模变量幅值较小，进入预定收敛区域后，L_V 和 L_γ 周期性增减，能够自主提升鲁棒性并抑制抖振影响。

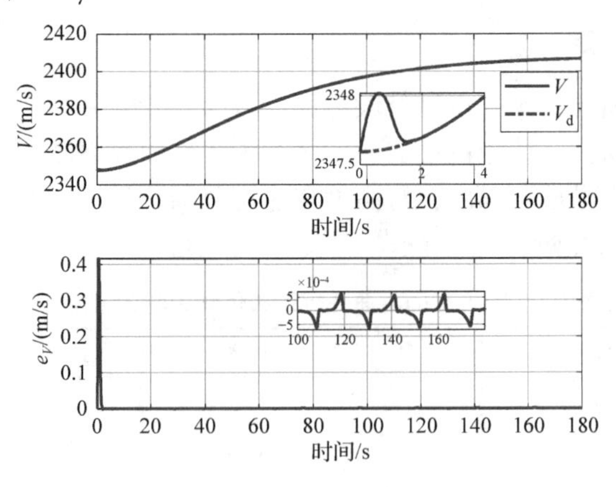

图 5-1　场景 A 中速度跟踪性能

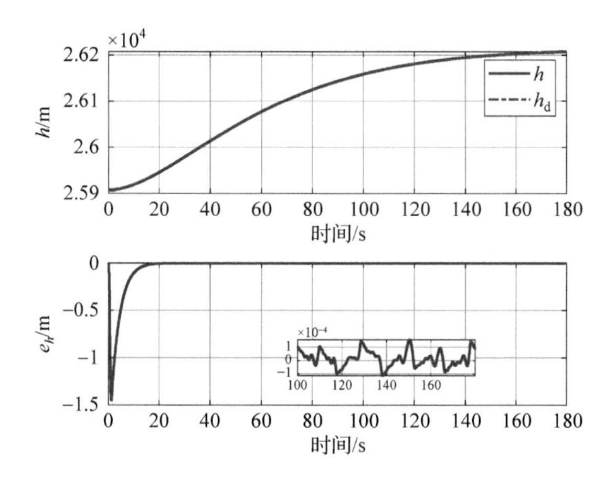

图 5-2　场景 A 中高度跟踪性能

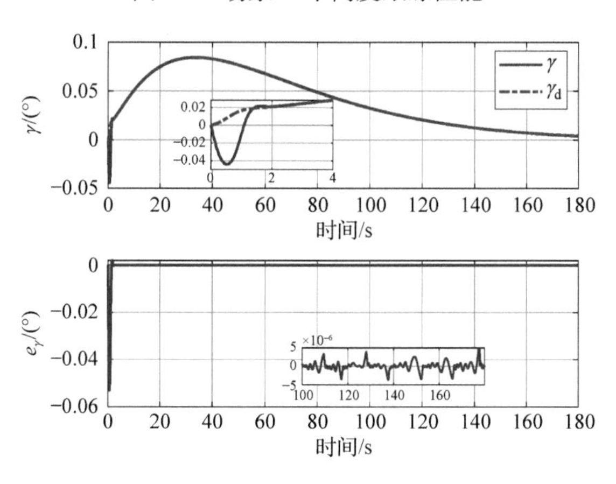

图 5-3　场景 A 中飞行路径角跟踪性能

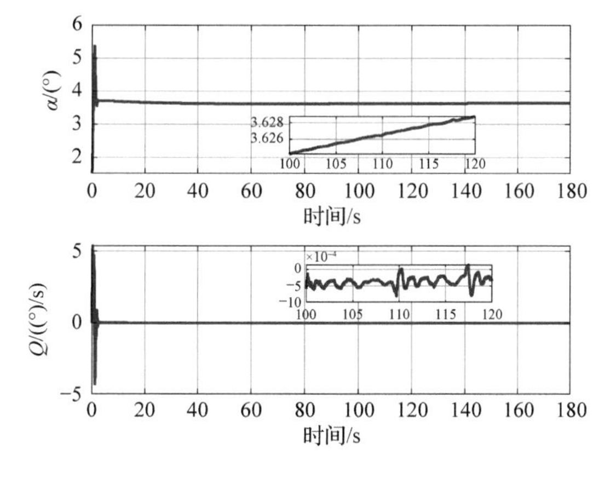

图 5-4　场景 A 中攻角与俯仰角速度

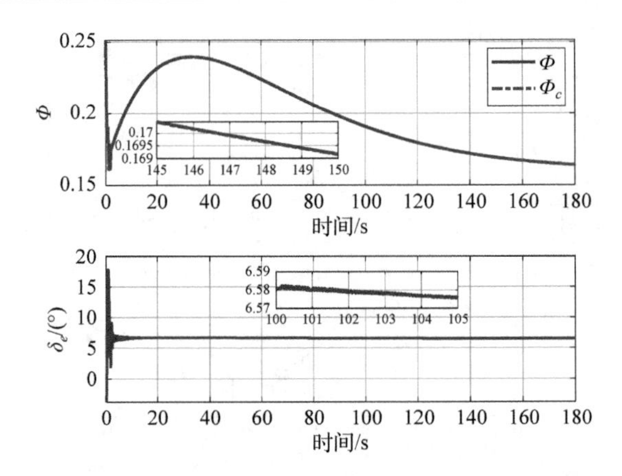

图 5-5　场景 A 中燃油当量比与升降舵偏转角

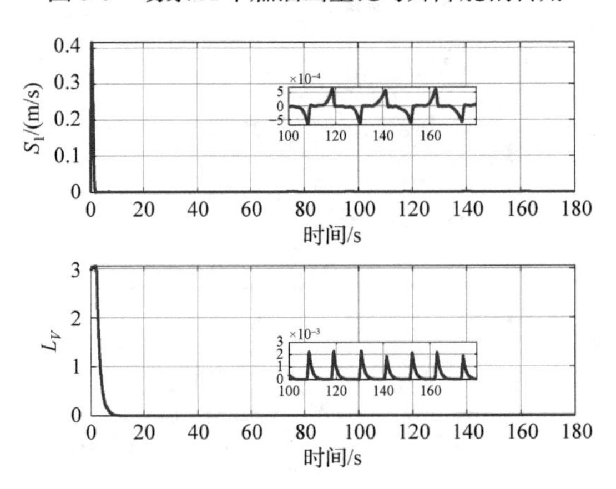

图 5-6　场景 A 中速度通道滑模变量与控制增益

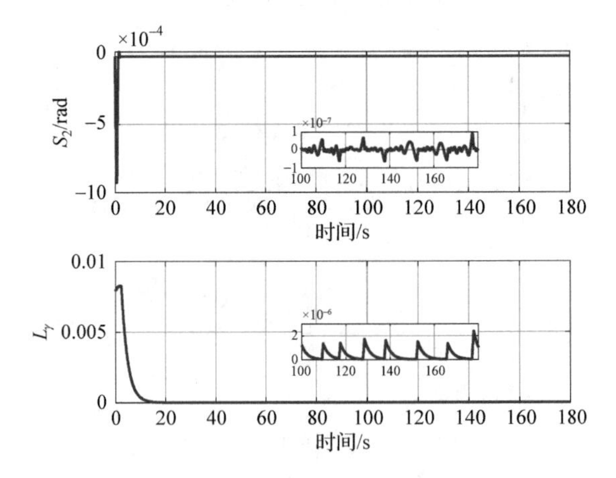

图 5-7　场景 A 中飞行路径角通道滑模变量与控制增益

场景 B：本场景应用标称四阶超螺旋算法，由于其参数调节较为复杂，因此采用不带有自适应律的式(5-21)作为代替，控制增益设定为常数。为了实现和场景 A 类似的响应速度，控制增益选择为 $\boldsymbol{L}=\operatorname{diag}\left(0.1,\ 3\times10^{-3}\right)$。

图 5-8～图 5-10 中的仿真结果表明，标称高阶超螺旋算法同样能够实现有效控制。速度跟踪误差收敛精度为 $2\times10^{-3}\,\text{m/s}$，飞行路径角跟踪误差收敛精度为 $1.6\times10^{-5}\,°$，高度跟踪误差为 0.0013m。对比图 5-1～图 5-3 和图 5-8～图 5-10 可见，由于自适应律的引入，本章设计控制器相比标称高阶超螺旋算法能够实现更高的收敛精度。这是因为标称高阶超螺旋算法为了提高响应速度而选取了较大的控制增益 $\boldsymbol{L}$，从而导致跟踪误差与控制输入中的抖振现象较为严重。对比图 5-4、图 5-5 与图 5-11、图 5-12 可见，自适应增益高阶超螺旋控制器能够实时根据系统跟踪误差自主调节控制器增益，有效抑制控制输入中的抖振问题。

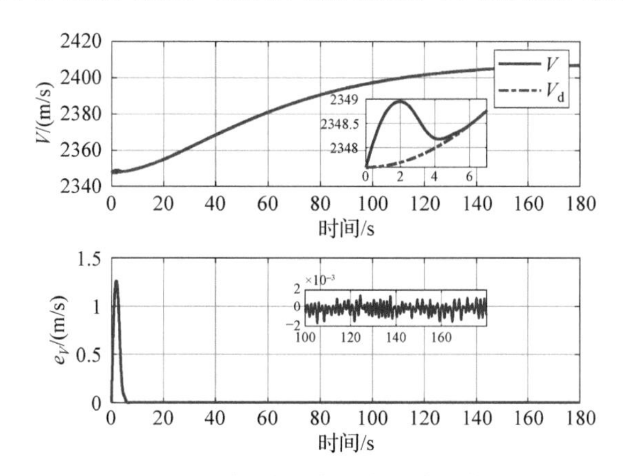

图 5-8　场景 B 中速度跟踪性能

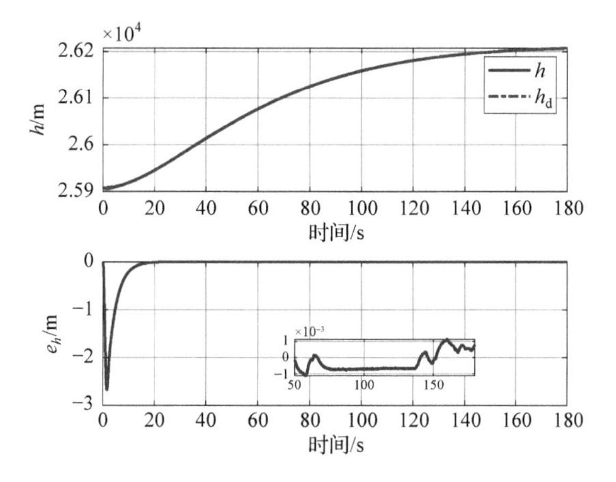

图 5-9　场景 B 中高度跟踪性能

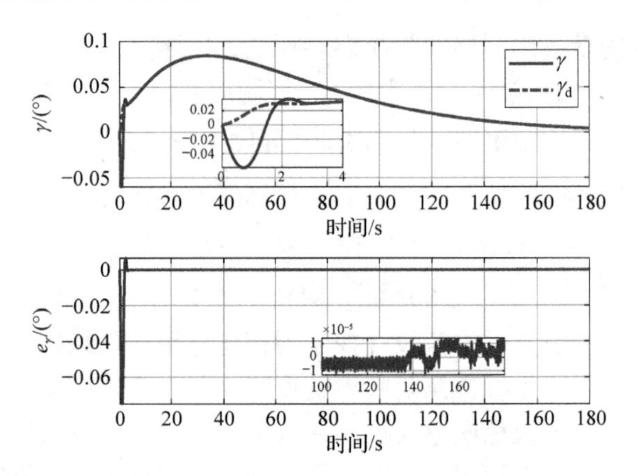

图 5-10　场景 B 中飞行路径角跟踪性能

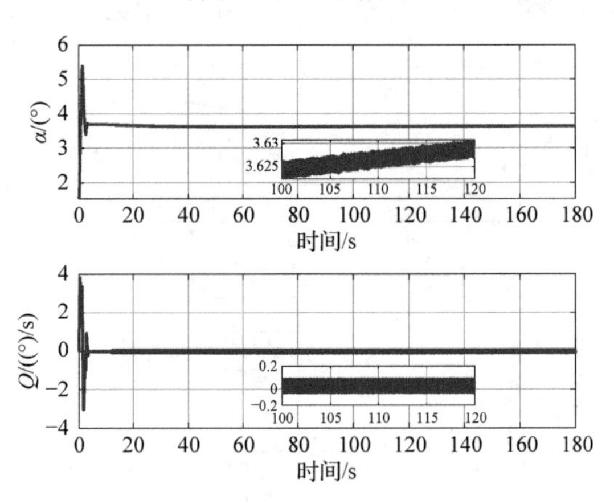

图 5-11　场景 B 中攻角与俯仰角速度

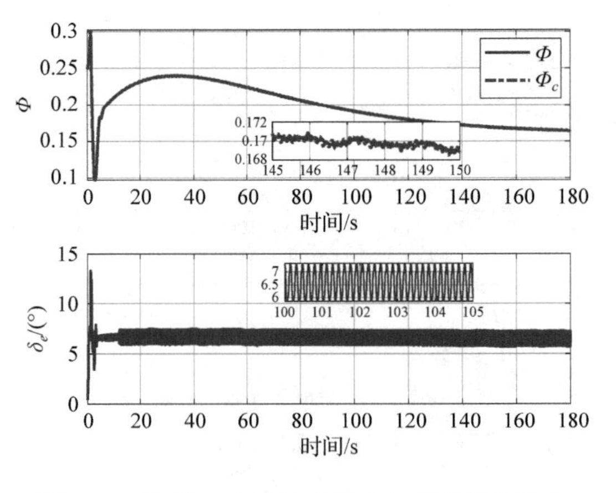

图 5-12　场景 B 中燃油当量比与升降舵偏转角

5.4.3 扰动影响下的临近空间高速飞行器仿真结果与分析

本小节以受外部扰动与参数摄动影响的临近空间高速飞行器为被控对象，同样包含两个场景：场景 C 应用自适应增益高阶超螺旋控制器，场景 D 采用准连续滑模控制器作为对比仿真方案。

定义 P_{r} 为实际结构参数：质量 m，转动惯量 I_{yy}，参考面积 S；P_0 为其标称值。定义符号 C_{r} 表示实际气动参数，C_0 为其标称值。参数摄动定义如下[146]：

$$P_{\mathrm{r}} = P_0\left[1 + A_{P_{\mathrm{r}}}\sin\left(0.1\pi\times t\right)\right],\quad C_{\mathrm{r}} = C_0\left[1 + A_{C_{\mathrm{r}}}\sin\left(0.1\pi\times t\right)\right] \tag{5-35}$$

式中，摄动拉偏幅值设定为 $A_{P_{\mathrm{r}}} = 20\%$，$A_{C_{\mathrm{r}}} = 10\%$。

假定临近空间高速飞行器在仿真开始 80s 受到外部环境扰动影响，扰动信号 $d_{\mathrm{a}1}$ 与 $d_{\mathrm{a}2}$ 设定如下[140]：

$$d_{\mathrm{a}1} = 0.003\times\sin\left(0.2t\right),\quad d_{\mathrm{a}2} = 0.07\times\cos\left(0.1t\right) \tag{5-36}$$

场景 C：速度通道自适应律参数选择：$\mu_V = 0.02$，$\alpha_{V1} = 0.5$ 与 $\alpha_{V2} = 0.03$，L_V 初始值取为 0.5。飞行路径角通道参数选择：$\mu_\gamma = 10^{-5}$，$\alpha_{\gamma1} = 5\times10^{-3}$ 与 $\alpha_{\gamma2} = 0.1$，L_γ 初始值取为 10^{-4}。精确鲁棒微分器的参数选择为 $\boldsymbol{L}_{\mathrm{d}} = \mathrm{diag}\left(10^5,\ 2.5\right)$。

外部扰动与参数摄动影响下的自适应增益高阶超螺旋控制器的仿真结果如图 5-13～图 5-19 所示。由图 5-13～图 5-15 可见，在扰动影响下，速度、高度和飞行路径角同样能够实现较高的跟踪性能。图 5-16 和图 5-17 表明，抖振现象得到了很好的抑制。图 5-18 和图 5-19 表明，控制增益 L_V、L_γ 能够根据滑模变量自动调节自身数值，以提升系统性能。仿真开始 80s 时加入的外部扰动导致扰动利普希茨常数 $L_{V\mathrm{L}}$ 与 $L_{\gamma\mathrm{L}}$ 的增长，根据式(5-33)中给出的收敛条件，系统稳定所需的最小控制增益将增大。如图 5-18 和图 5-19 所示，L_V 和 L_γ 的下界值在仿真开始

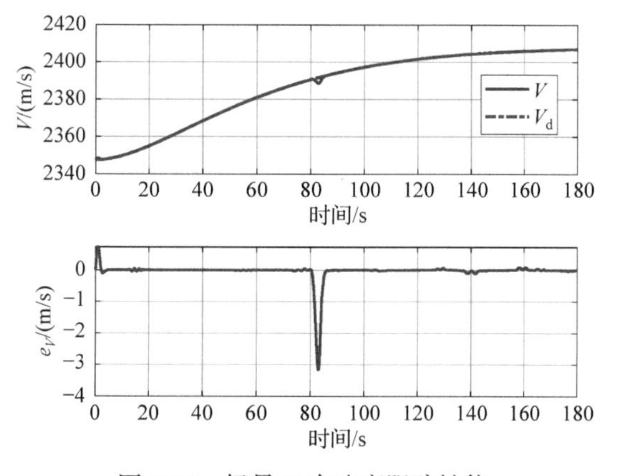

图 5-13　场景 C 中速度跟踪性能

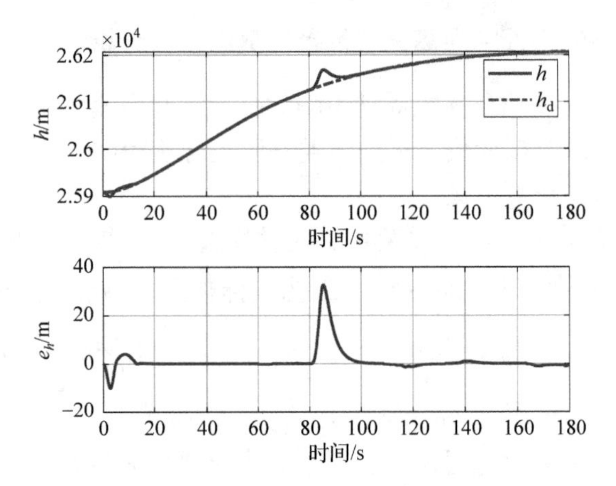

图 5-14　场景 C 中高度跟踪性能

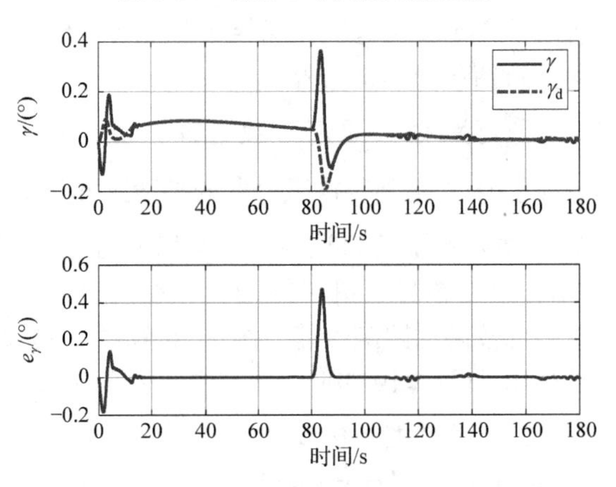

图 5-15　场景 C 中飞行路径角跟踪性能

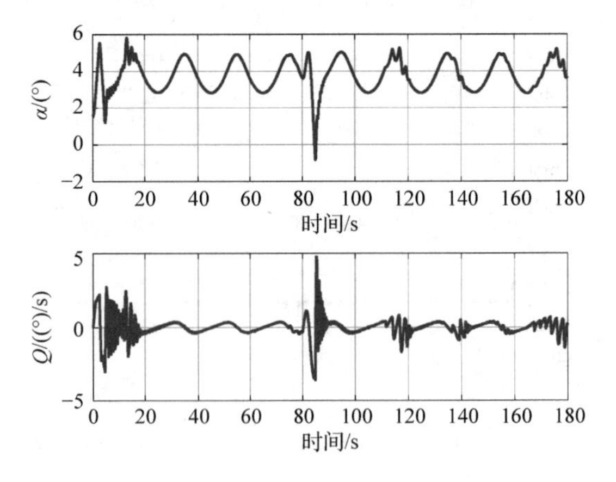

图 5-16　场景 C 中攻角与俯仰角速度

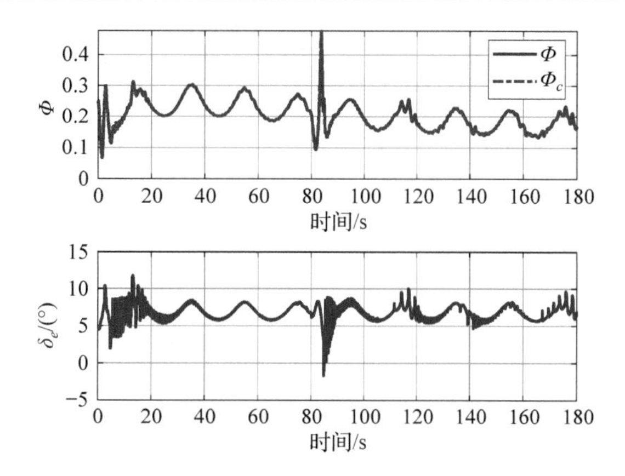

图 5-17　场景 C 中燃油当量比与升降舵偏转角

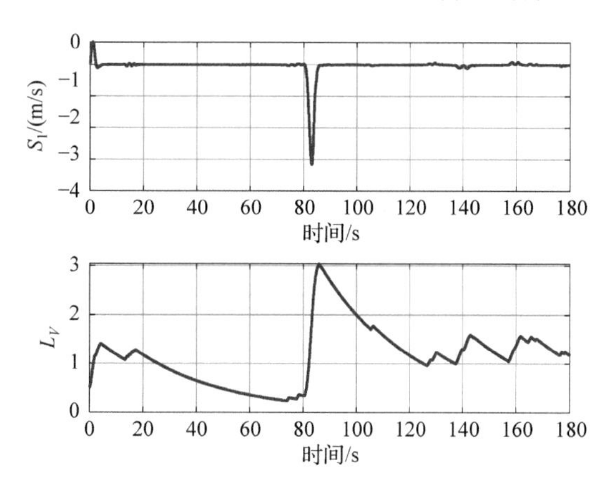

图 5-18　场景 C 中速度通道滑模变量与控制增益

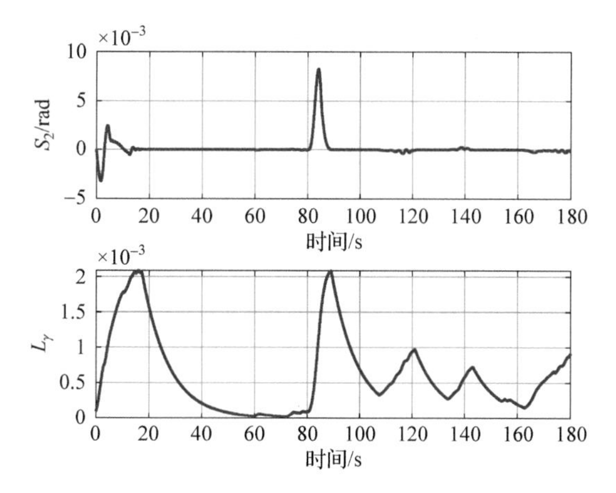

图 5-19　场景 C 中飞行路径角通道滑模变量与控制增益

80s 之后大于仿真开始 80s 之前。显然，场景 C 的仿真结果表明本章提出的自适应增益高阶超螺旋控制器在临近空间高速飞行器遭遇外部扰动与参数摄动影响时，同样能够实现有效控制。

场景 D：三阶准连续滑模控制器为

$$\boldsymbol{u}=\boldsymbol{G}^{-1}\left(-\boldsymbol{F}+\ddot{\boldsymbol{y}}_{\mathrm{d}}+\boldsymbol{u}_q\right) \tag{5-37}$$

式中，$\boldsymbol{u}_q=\left[u_{qV},u_{q\gamma}\right]^{\mathrm{T}}$，其表达式为

$$u_{qi}=-L_{qi}\frac{\ddot{e}_i+\beta_{2i}\left(\left|\dot{e}_i\right|+\beta_{1i}\left|e_i\right|^{2/3}\right)^{-1/2}\left[\dot{e}_i+\beta_{1i}\mathrm{sig}^{2/3}\left(e_i\right)\right]}{\left|\ddot{e}_i\right|+\beta_{2i}\left(\left|\dot{e}_i\right|+\beta_{1i}\left|e_i\right|^{2/3}\right)^{1/2}},\quad i=V,\gamma \tag{5-38}$$

控制器参数选择：$L_{qV}=50$，$\beta_{1V}=1$，$\beta_{2V}=2$，$L_{q\gamma}=0.02$，$\beta_{1\gamma}=0.1$，$\beta_{2\gamma}=0.05$。

图 5-20～图 5-24 给出了准连续滑模控制器作用下的控制效果。对比场景 C

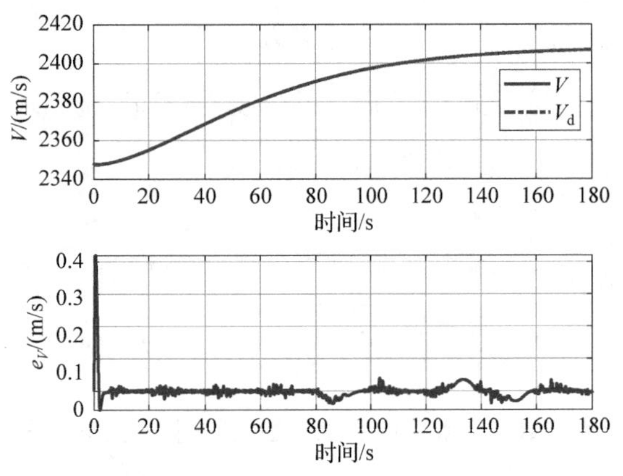

图 5-20　场景 D 中速度跟踪性能

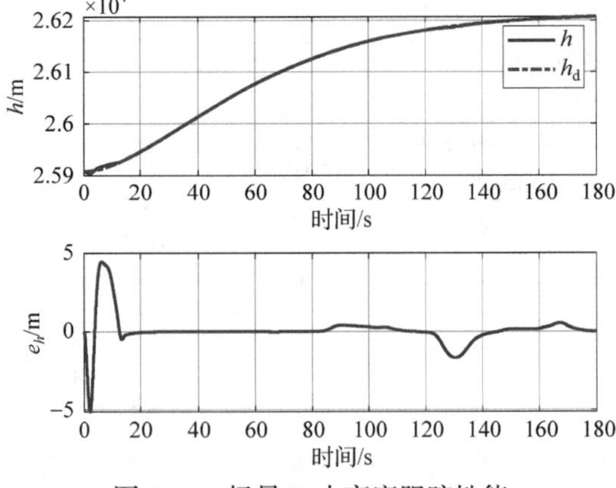

图 5-21　场景 D 中高度跟踪性能

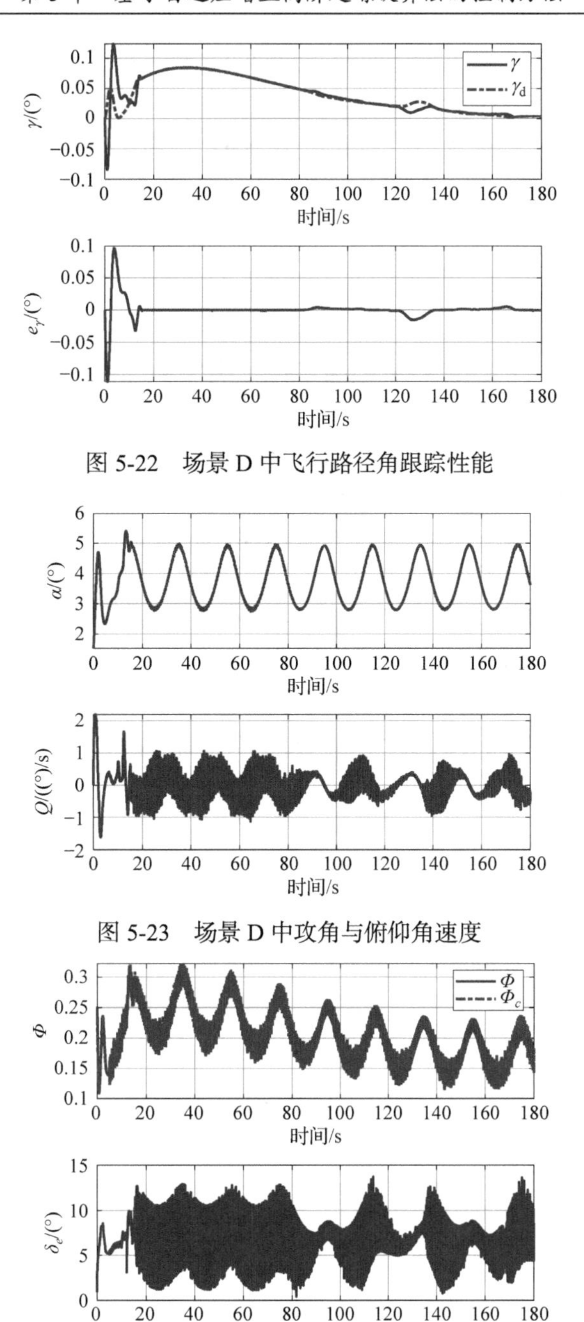

图 5-22　场景 D 中飞行路径角跟踪性能

图 5-23　场景 D 中攻角与俯仰角速度

图 5-24　场景 D 中燃油当量比与升降舵偏转角

可见，由于控制增益 L_{qV} 与 $L_{q\gamma}$ 的值较大，准连续滑模控制器的鲁棒性始终较强，即使突发性的外界扰动也并未在系统中产生大的跟踪误差。但是，准连续滑模控制器在滑模状态建立之后将变成离散控制器，其较大的控制增益会引发剧烈的抖振现象，因此无法应用于实际系统中。相比之下，本章设计的自适应增益高阶超螺旋控制器在突发性外界扰动影响下，尽管会产生较大的跟踪误差，但是随着自适应增益的增大，跟踪误差将再次快速收敛；同时，在误差收敛之后，自适应增益能够依据误差动态调整自身幅值，在保证系统鲁棒性的同时，尽量减小增益值，削弱抖振影响。

5.5 本章小结

本章针对受外部扰动与参数摄动影响的临近空间高速飞行器控制需求，设计了自适应增益高阶超螺旋控制器。首先基于坐标膨胀理论在标称高阶超螺旋算法中引入控制增益矩阵 $\boldsymbol{L}$，将原本复杂的参数调节问题转化为控制增益矩阵 $\boldsymbol{L}$ 的设计问题。然后，引入新型自适应律依据滑模变量的数值自主调节控制增益。仿真结果表明，自适应增益高阶超螺旋控制器能够在有限时间内建立速度和飞行路径角的实际 4-STA，同时无须提前已知扰动的上界信息。另外，除保留标称高阶超螺旋算法的优势外，本章设计控制器通过实时动态调节控制增益，不仅能够自主提升鲁棒性和响应速度，而且能够有效抑制抖振影响。

第 6 章　基于自适应固定时间补偿器的抗饱和有限时间控制方法

6.1　引　　言

临近空间高速飞行器经常运行于极端飞行条件下，未知气流，如阵风与湍流极易引发执行机构饱和。燃油当量比若不能保持在允许工作条件内，会引发热滞现象，导致冲压发动机熄火；升降舵饱和则会导致静不稳定的临近空间高速飞行器处于开环状态，系统极易失去稳定性，引发灾难性事故。因此，需要针对控制受限的临近空间高速飞行器研究饱和抑制控制算法。本章首先提出新型自适应固定时间抗饱和补偿器，抑制饱和影响；然后在高度子系统抗饱和反步控制器中引入微分器实时估计虚拟控制的导数，解决项目爆炸问题，实现状态量有限时间收敛。本章所提控制器相比传统抗饱和控制器能够有效缩短执行机构饱和时间，同时保证输入受限临近空间高速飞行器实现较快的响应速度与较高的收敛精度。

6.2　问 题 描 述

本章基于功能分解，将系统(2-45)拆分为两个子系统：速度子系统与高度子系统。两个子系统的期望值 V_{d} 与 h_{d} 同样通过式(2-47)与式(2-48)所示两个预滤波器光滑化处理获得。定义两个子系统的跟踪误差分别为 $e_V = V - V_{\mathrm{d}}$ 与 $e_\gamma = \gamma - \gamma_{\mathrm{d}}$，期望飞行路径角 γ_{d} 依据式(5-4)设计，则可推导出误差动力学如下[68]：

$$\dot{e}_V = F_V + G_V \Phi + d_{VT} - \dot{V}_{\mathrm{d}} \tag{6-1}$$

$$\begin{cases} \dot{e}_\gamma = F_\gamma + G_\gamma \alpha + d_{\gamma T} - \dot{\gamma}_{\mathrm{d}} \\ \dot{\alpha} = F_\alpha + G_\alpha Q \\ \dot{Q} = F_Q + G_Q \delta_e + d_{QT} \end{cases} \tag{6-2}$$

式中，

$$\begin{cases} F_V = \dfrac{\cos\alpha}{m}\left[\beta_2(h,\bar{q})\alpha^3 + \beta_4(h,\bar{q})\alpha^2 + \beta_6(h,\bar{q})\alpha + \beta_8(h,\bar{q})\right] \\ \qquad -\dfrac{D}{m} - g\sin\gamma \\ G_V = \dfrac{\cos\alpha}{m}\left[\beta_1(h,\bar{q})\alpha^3 + \beta_3(h,\bar{q})\alpha^2 + \beta_5(h,\bar{q})\alpha + \beta_7(h,\bar{q})\right] \end{cases} \tag{6-3}$$

$$\begin{cases} F_\gamma = \left(\bar{q}SC_L^0 + T\sin\alpha\right)/(mV) - g/V\cos\gamma \\ G_\gamma = \bar{q}SC_L^\alpha/(mV) \\ F_\alpha = -(L + T\sin\alpha)/(mV) + g/V\cos\gamma \\ G_\alpha = 1 \\ F_Q = \left[z_T T + \bar{q}S\bar{c}\left(C_{M,\alpha}^{\alpha^2}\alpha^2 + C_{M,\alpha}^\alpha\alpha + C_{M,\alpha}^0\right)\right]/I_{yy} \\ G_Q = \bar{q}S\bar{c}c_e/I_{yy} \end{cases} \tag{6-4}$$

$$\begin{cases} d_{VT} = d_{a1}\cos\alpha\left[\beta_1(h,\bar{q})\alpha^3 + \beta_3(h,\bar{q})\alpha^2 + \beta_5(h,\bar{q})\alpha \right. \\ \qquad \left. + \beta_7(h,\bar{q})\right]/m \\ d_{\gamma T} = \bar{q}SC_L^{\delta_e}d_{a2}/(mV) \\ d_{QT} = \bar{q}S\bar{c}c_e d_{a2}/I_{yy} \end{cases} \tag{6-5}$$

假定临近空间高速飞行器的气动参数和结构参数均受到如式(5-35)所示的参数摄动影响。在实际控制器设计中，仅有标称值 P_0 与 C_0 可以获得，因此利用标称值 P_0 、 C_0 替换式(6-3)与式(6-4)中的实际值 P_r 、 C_r 可以计算得到标称函数 F_{V0} 、 G_{V0} 、 $F_{\gamma 0}$ 、 $G_{\gamma 0}$ 、 $F_{\alpha 0}$ 、 $G_{\alpha 0}$ 、 F_{Q0} 、 G_{Q0} 。式(6-1)和式(6-2)所示误差动力学可以表示如下：

$$\dot{e}_V = F_{V0} + G_{V0}\Phi + \Delta_V - \dot{V}_\mathrm{d} \tag{6-6}$$

$$\begin{cases} \dot{e}_\gamma = F_{\gamma 0} + G_{\gamma 0}\alpha + \Delta_\gamma - \dot{\gamma}_\mathrm{d} \\ \dot{\alpha} = F_{\alpha 0} + G_{\alpha 0}Q + \Delta_\alpha \\ \dot{Q} = F_{Q0} + G_{Q0}\delta_e + \Delta_Q \end{cases} \tag{6-7}$$

式中， Δ_V 、 Δ_γ 、 Δ_α 与 Δ_Q 表示由外部扰动和参数摄动影响引发的集总扰动。

在临近空间高速飞行器实际飞行过程中，燃油当量比需要维持在特定范围内，用于保证超燃冲压发动机的持续工作[54, 147]，否则会引发热滞现象，进一步导致发动机停止工作，甚至引起灾难性事故[50]。升降舵偏转角的约束则由实际机械结构限制引发。执行机构饱和定义为[148]

$$\Phi = \begin{cases} \Phi_{\max}, & \Phi_c \geqslant \Phi_{\max} \\ \Phi_c, & \Phi_{\min} < \Phi_c < \Phi_{\max} \\ \Phi_{\min}, & \Phi_c \leqslant \Phi_{\min} \end{cases} \tag{6-8}$$

$$\delta_e = \begin{cases} \delta_{e\max}, & \delta_{ec} \geqslant \delta_{e\max} \\ \delta_{ec}, & \delta_{e\min} < \delta_{ec} < \delta_{e\max} \\ \delta_{e\min}, & \delta_{ec} \leqslant \delta_{e\min} \end{cases} \tag{6-9}$$

式中，Φ_c 与 δ_{ec} 是期望控制信号；参数 $\Phi_{\max}$ 和 $\Phi_{\min}$ 是燃油当量比的上界值和下界值；$\delta_{e\max}$、$\delta_{e\min}$ 分别是升降舵偏转角的上、下界值[149]。根据文献[97]中表 1 所示的执行机构允许变化范围可知：$\Phi_{\max}=1.5$，$\Phi_{\min}=0.05$，$\delta_{e\max}=20°$，$\delta_{e\min}=-20°$。图 6-1 为执行机构幅值饱和示意图。

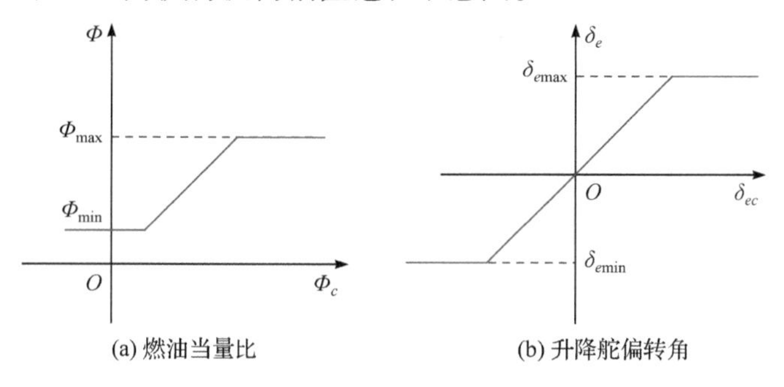

图 6-1　执行机构幅值饱和示意图

本章的控制目的是设计抗饱和控制器，保证临近空间高速飞行器在执行机构饱和影响下的稳定性，并驱使执行机构快速退出饱和区域。同时，在执行机构退出饱和后，控制器可以实现较高的跟踪精度和较快的响应速度。

6.3　自适应抗饱和有限时间控制器设计

本节针对执行机构受限的临近空间高速飞行器设计自适应抗饱和有限时间控制器。首先针对速度子系统提出抗饱和动态逆控制器，该控制器结合了迭代固定时间观测器与自适应固定时间抗饱和补偿器。然后，针对高度子系统提出基于微分器的抗饱和反步控制器，使用迭代固定时间微分器估计虚拟控制律的导数值，可以有效避免项目爆炸问题。同时，自适应固定时间抗饱和补偿器同样应用于高度子系统来抑制升降舵的饱和影响。

6.3.1　速度子系统抗饱和动态逆控制器

本小节针对速度子系统设计抗饱和动态逆控制器，共包含三部分设计内容。第一部分引入迭代固定时间观测器，用于补偿系统集总扰动。第二部分提出了自适应固定时间抗饱和补偿器。第三部分给出控制律形式，并证明系统稳定性，同时详细分析抗饱和补偿器中自适应方案的设计原理与优点。

1. 自适应固定时间抗饱和补偿器

首先，为了补偿扰动影响，引入 4.9.2 小节的迭代固定时间观测器精确估计速度子系统误差动力学(6-6)中的扰动 $\varDelta_V$：

$$
\begin{cases}
\dot{\hat{e}}_{V1} = -\kappa_{R1}L_{VR}^{1/4}\mathrm{sig}^{3/4}\left(\hat{e}_{V1}-e_V\right) - k_{R1}M_{VR}^{1/4}\mathrm{sig}^{\beta_{R1}}\left(\hat{e}_{V1}-e_V\right) + \hat{e}_{V2} \\
\qquad + F_{V0} + G_{V0}\varPhi - \dot{V}_\mathrm{d} \\
\dot{\hat{e}}_{V2} = -\kappa_{R2}L_{VR}^{1/3}\mathrm{sig}^{2/3}\left(\hat{e}_{V2}-\dot{\hat{e}}_{V1}\right) - k_{R2}M_{VR}^{1/3}\mathrm{sig}^{\beta_{R2}}\left(\hat{e}_{V1}-e_V\right) + \hat{e}_{V3} \\
\dot{\hat{e}}_{V3} = -\kappa_{R3}L_{VR}^{1/2}\mathrm{sig}^{1/2}\left(\hat{e}_{V3}-\dot{\hat{e}}_{V2}\right) - k_{R3}M_{VR}^{1/2}\mathrm{sig}^{\beta_{R3}}\left(\hat{e}_{V1}-e_V\right) + \hat{e}_{V4} \\
\dot{\hat{e}}_{V4} = -\kappa_{R4}L_{VR}\,\mathrm{sgn}\left(\hat{e}_{V4}-\dot{\hat{e}}_{V3}\right) - k_{R4}M_{VR}\mathrm{sig}^{\beta_{R4}}\left(\hat{e}_{V1}-e_V\right)
\end{cases}
\tag{6-10}
$$

式中，$L_{VR}>0$；$M_{VR}>0$。观测器输出满足关系：

$$
\hat{e}_{V1} = e_V, \quad \hat{e}_{V2} = \varDelta_V \tag{6-11}
$$

由于执行机构饱和可能导致临近空间高速飞行器系统发散，故引入附加补偿器抑制输入约束的影响。自适应固定时间抗饱和补偿器用于保证饱和系统的稳定性并使其快速退出饱和区域：

$$
\dot{\chi}_V = -k_{\chi V1}L_{\chi V}\mathrm{sig}^{a_{\chi V1}}\left(\chi_V\right) - k_{\chi V2}L_{\chi V}\mathrm{sig}^{a_{\chi V2}}\left(\chi_V\right) + G_{V0}\cdot\Delta\varPhi \tag{6-12}
$$

式中，$k_{\chi V1}>0$；$k_{\chi V2}>0$；$0<a_{\chi V1}<1$；$a_{\chi V2}>1$；$\Delta\varPhi=\varPhi-\varPhi_c$；$L_{\chi V}$ 是正自适应增益。为了缩短饱和时间并提升响应速度，$L_{\chi V}$ 的自适应方案设计如下：

$$
\dot{L}_{\chi V} = \begin{cases}
-k_{LV1}L_{\chi V} - k_{LV2}L_{\chi V}^{\frac{1}{2}} + k_{LV1}P_V^\mathrm{L}, & \Delta\varPhi \neq 0 \\
\mathrm{Proj}_{L_{\chi V}}\left(k_{LV3}L_{\chi V}^{a_{LV1}} + k_{LV4}L_{\chi V}^{-a_{LV2}} + c_{LV}\right), & \Delta\varPhi = 0
\end{cases}
\tag{6-13a}
$$

$$
\mathrm{Proj}_{L_{\chi V}}(\cdot) = \begin{cases}
0, & L_{\chi V} = P_V^\mathrm{U} \text{ 且 } \cdot \geqslant 0 \\
0, & L_{\chi V} = P_V^\mathrm{L} \text{ 且 } \cdot \leqslant 0 \\
\cdot, & \text{其他}
\end{cases}
\tag{6-13b}
$$

式中，k_{LV1}、k_{LV2}、k_{LV3}、k_{LV4}、a_{LV1}、a_{LV2} 为正设计系数；参数 P_V^L 与 P_V^U 分别为 $L_{\chi V}$ 的下界值与上界值[150-151]。

当执行机构发生饱和时，自适应方案使 $L_{\chi V}$ 减小，以缩短饱和周期；当执行机构不再饱和时，自适应方案令 $L_{\chi V}$ 增大，使系统跟踪误差 e_V 实现更快的响应速度。自适应固定时间抗饱和补偿器的效果与优点将在后续结合控制律部分进行详细分析。

2. 控制器设计

定义 $y_V = e_V - \chi_V$，则应用抗饱和动态逆控制器得到的期望控制律如下：

$$\Phi_c = \frac{1}{G_{V0}}\Big[\dot{V}_d - k_{V1}y_V - k_{V2}y_V^{a_V} - F_{V0} - \hat{e}_{V2} - k_{\chi V1}L_{\chi V}\mathrm{sig}^{a_{\chi V1}}(\chi_V)$$
$$-k_{\chi V2}L_{\chi V}\mathrm{sig}^{a_{\chi V2}}(\chi_V)\Big] \tag{6-14}$$

式中，$k_{V1}>0$；$k_{V2}>0$；$0<a_V<1$。

定理 6-1　在自适应固定时间抗饱和补偿器(6-12)与期望控制律(6-14)作用下，不论执行机构是否饱和，状态量 y_V 都可以在有限时间内精确收敛至 0。当执行机构离开饱和区域时，原本的跟踪误差 e_V 能够在有限时间内快速收敛至 0。

证明：证明过程分为两个步骤，第 1 步证明 y_V 收敛；第 2 步分析自适应固定时间抗饱和补偿器在抑制饱和方面的作用，并证明系统不饱和时 e_V 的收敛特性。

(1) 步骤 1。

将期望控制律(6-14)代入式(6-6)，可得 y_V 的动力学满足：

$$\begin{aligned}\dot{y}_V &= F_{V0} + G_{V0}\Delta\Phi + G_{V0}\Phi_c + \varDelta_V - \dot{V}_\mathrm{d} - \dot{\chi}_V\\ &= -k_{V1}y_V - k_{V2}y_V^{a_V} + \varDelta_V - \hat{e}_{V2} = -k_{V1}y_V - k_{V2}y_V^{a_V} + \tilde{\varDelta}_V\end{aligned} \tag{6-15}$$

式中，$\tilde{\varDelta}_V$ 定义为 $\varDelta_V - \hat{e}_{V2}$。为速度子系统误差动力学(6-6)选择李雅普诺夫函数 $V_V = y_V^2/2$。结合式(6-15)，V_V 的导数满足式(6-16)：

$$\begin{aligned}\dot{V}_V &= y_V\dot{y}_V = -k_{V1}y_V^2 - k_{V2}y_V^{1+a_V} + y_V\tilde{\varDelta}_V \leqslant -k_{V1}y_V^2 - k_{V2}y_V^{1+a_V} + \frac{y_V^2}{2} + \frac{\tilde{\varDelta}_V^2}{2}\\ &= -\left(k_{V1} - \frac{1}{2}\right)y_V^2 - k_{V2}y_V^{1+a_V} + \frac{\tilde{\varDelta}_V^2}{2}\\ &= -2\left(k_{V1} - \frac{1}{2}\right)V_V - k_{V2}2^{\frac{1+a_V}{2}}V_V^{\frac{1+a_V}{2}} + \frac{\tilde{\varDelta}_V^2}{2} = -\varPsi_V V_V - \varGamma_V V_V^{\frac{1+a_V}{2}} + \varOmega_V\end{aligned} \tag{6-16}$$

式中，

$$\varGamma_V = k_{V2}2^{\frac{1+a_V}{2}},\quad \varPsi_V = 2\left(k_{V1} - \frac{1}{2}\right),\quad \varOmega_V = \frac{\tilde{\varDelta}_V^2}{2} \tag{6-17}$$

由于观测器估计误差 $\tilde{\varDelta}_V$ 在 $t\in(0,\ T_{V0})$ 时有界，故 $\varOmega_V$ 有界。

当 $\varPsi_V V_V > \varOmega_V$ 时，可得 $\dot{V}_V \leqslant -\varGamma_V V_V^{(1+a_V)/2}$。因此，系统可以在有限时间内收敛至区域 $V_V < \varOmega_V/\varPsi_V$，收敛时间满足 $T_{VB} \leqslant T_{VB1} = 2V_{V0}^{(1-a_V)/2}\big/\left[\varGamma_V(1-a_V)\right]$，其中 V_{V0} 为 V_V 的初始值。当 $\varGamma_V V_V^{(1+a_V)/2} > \varOmega_V$ 时，可得 $\dot{V}_V \leqslant -\varPsi_V V_V$。因此，系统可以在有限时间内收敛至区域 $V_V < (\varOmega_V/\varGamma_V)^{2/(1+a_V)}$，收敛时间满足 $T_{VB} \leqslant T_{VB2} = \left[\ln V_{V0} - 2(\ln\varOmega_V - \ln\varGamma_V)/(1+a_V)\right]\big/\varPsi_V$。综合上述两种情况，如果参数 k_{V1} 设计满足 $k_{V1} > 1/2$，则 V_V 可以在有限时间内收敛进下述区域：

$$V_V \leqslant \min\left\{\frac{\Omega_V}{\Psi_V}, \left(\frac{\Omega_V}{\Gamma_V}\right)^{2/(1+a_V)}\right\} \tag{6-18}$$

收敛时间满足 $T_{VB} \leqslant \max(T_{VB1}, T_{VB2})$。

由于迭代固定时间观测器可以在固定时间内实现精确跟踪，因此估计误差 $\tilde{\Delta}_V$ 在 T_{V0} 之后将等于 0。V_V 满足：

$$\begin{aligned}\dot{V}_V &= -k_{V1}y_V^2 - k_{V2}y_V^{1+a_V} \\ &\leqslant -2k_{V1}V_V - k_{V2}2^{\frac{1+a_V}{2}}V_V^{\frac{1+a_V}{2}} \\ &= -2k_{V1}V_V - \Gamma_V V_V^{\frac{1+a_V}{2}}\end{aligned} \tag{6-19}$$

式(6-19)表明，在观测器收敛之后，y_V 可在有限时间内精确收敛至 0[115]。收敛时间满足：

$$T_{VA} \leqslant \frac{1}{k_{V1}(1-a_V)}\ln\frac{\Gamma_V + 2k_{V1}V_{V0}^{\frac{1-a_V}{2}}}{\Gamma_V} \tag{6-20}$$

根据上述分析可见，y_V 的收敛特性不会受到执行机构饱和的影响。

(2) 步骤 2。

在实际应用中，自适应固定时间抗饱和补偿器(6-12)的附加变量初始设定为 0。当执行机构发生饱和时，补偿器生成附加变量 χ_V，根据步骤 1 中的分析，y_V 可以在有限时间内实现收敛。如果执行机构离开了饱和区域，即 $\Delta\Phi = 0$，则式(6-12)变为

$$\dot{\chi}_V = -k_{\chi V1}L_{\chi V}\operatorname{sig}^{a_{\chi V1}}(\chi_V) - k_{\chi V2}L_{\chi V}\operatorname{sig}^{a_{\chi V2}}(\chi_V) \tag{6-21}$$

选择李雅普诺夫函数 $V_{V\chi} = \chi_V^2/2$，则其导数满足：

$$\begin{aligned}\dot{V}_{V\chi} &= \chi_V\dot{\chi}_V = -k_{\chi V1}L_{\chi V}|\chi_V|^{1+a_{\chi V1}} - k_{\chi V2}L_{\chi V}|\chi_V|^{1+a_{\chi V2}} \\ &= -k_{\chi V1}L_{\chi V}\left(\sqrt{2}\right)^{1+a_{\chi V1}}V_{V\chi}^{\frac{1+a_{\chi V1}}{2}} - k_{\chi V2}L_{\chi V}\left(\sqrt{2}\right)^{1+a_{\chi V2}}V_{V\chi}^{\frac{1+a_{\chi V2}}{2}}\end{aligned} \tag{6-22}$$

由于 $0<(1+a_{\chi V1})/2<1$，$(1+a_{\chi V2})/2>1$，根据定理 3-5，附加变量 χ_V 可以在固定时间内快速收敛至 0，收敛时间满足：

$$T_{V\chi} \leqslant \frac{1}{k_{\chi V1}L_{\chi V}\left(\sqrt{2}\right)^{a_{\chi V1}-1}(1-a_{\chi V1})} + \frac{1}{k_{\chi V2}L_{\chi V}\left(\sqrt{2}\right)^{a_{\chi V2}-1}(a_{\chi V2}-1)} \tag{6-23}$$

在 χ_V 收敛之后，y_V 等于 e_V，因此 e_V 的动力学满足：

$$\dot{e}_V = -k_{V1} e_V - k_{V2} e_V^{a_V} \tag{6-24}$$

式(6-24)表明，当系统离开饱和区域时，速度跟踪误差 e_V 可以在有限时间内收敛至 0[152]。至此，定理 6-1 得证。□

注释 6-1　考虑下述三个传统抗饱和补偿器[65-66,68]：

$$\dot{\chi}_{e1} = -k_{\chi e1} \tanh\left(\chi_{e1} / \varpi_{e1}\right) + G_V \cdot \Delta\Phi \tag{6-25}$$

$$\dot{\chi}_{e2} = -k_{\chi e2} \chi_{e2} + G_V \cdot \Delta\Phi \tag{6-26}$$

$$\dot{\chi}_{e3} = -k_{\chi e3}\, \chi_{e3} \Big/ \left(\left|\chi_{e3}\right| + \delta_{\chi e3}\right) + G_V \cdot \Delta\Phi \tag{6-27}$$

式中，$k_{\chi e1}$、$k_{\chi e2}$、$k_{\chi e3}$、ϖ_{e1}、$\delta_{\chi e3}$ 均为正设计参数。当执行机构离开饱和区域时，附加变量 χ_{e1}、χ_{e2} 与 χ_{e3} 可以有效收敛。因此，三个补偿器对应的误差动力学分别满足：

$$\dot{e}_{V1} = \dot{y}_V + \dot{\chi}_{e1} = -k_{V1} y_V - k_{V2} y_V^{a_V} - k_{\chi e1} \tanh\left(\chi_{e1} / \varpi_{e1}\right) \tag{6-28}$$

$$\dot{e}_{V2} = \dot{y}_V + \dot{\chi}_{e2} = -k_{V1} y_V - k_{V2} y_V^{a_V} - k_{\chi e2} \chi_{e2} \tag{6-29}$$

$$\dot{e}_{V3} = \dot{y}_V + \dot{\chi}_{e3} = -k_{V1} y_V - k_{V2} y_V^{a_V} - k_{\chi e3}\, \chi_{e3} \Big/ \left(\left|\chi_{e3}\right| + \delta_{\chi e3}\right) \tag{6-30}$$

由于 y_V 可在有限时间内精确收敛，故跟踪误差的收敛由附加动力学决定。这表明，由于补偿器的引入，原本系统丧失了其有限时间收敛特性，控制性能变差。与之相比，本章提出的自适应固定时间抗饱和补偿器能够在执行机构回归正常工作条件之后驱使附加变量固定时间精确收敛至 0，因此原本系统跟踪误差 e_V 的有限时间收敛特性可以得到恢复。这说明，相比于传统补偿器，本章设计的自适应固定时间抗饱和补偿器能够有效避免对原本系统跟踪性能的影响。

下面分析自适应固定时间抗饱和补偿器中增益 $L_{\chi V}$ 的作用。

首先讨论执行机构发生饱和的情况。不失一般性，假定 $\Phi < \Phi_c$，即 $\Delta\Phi < 0$。因此，式(6-12)中 $G_{V0} \cdot \Delta\Phi$ 为负数，χ_V 在动力学驱动下同样为负数。

根据定理 6-1 证明步骤 1 中的分析，y_V 的收敛不会受到执行机构饱和的影响。因此，期望控制律 Φ_c 中 χ_V 的影响仅体现在下述项中：

$$P_V = \frac{1}{G_{V0}} \left[-k_{\chi V1} L_{\chi V} \operatorname{sig}^{a_{\chi V1}}\left(\chi_V\right) - k_{\chi V2} L_{\chi V} \operatorname{sig}^{a_{\chi V2}}\left(\chi_V\right) \right] \tag{6-31}$$

由于 $\chi_V < 0$，故 P_V 为正数，且会随着 $L_{\chi V}$ 的增大而增大。因此，选取较大数值的 $L_{\chi V}$ 将会使得 Φ_c 与 $\left|\Delta\Phi\right|$ 更大。根据上述结论，为了缩短饱和时间，在执行机构饱和时，$L_{\chi V}$ 应该选取尽量小的数值。

然后分析执行机构离开饱和区域的情况。根据式(6-22)，当执行机构不饱和时，

χ_V 将在固定时间内收敛。χ_V 的快速收敛会减小其对原本标称系统的影响，使跟踪误差 e_V 实现更快的响应速度。因此，根据式(6-23)，在执行机构离开饱和区域后，$L_{\chi V}$ 应该选取尽量大的数值以使 χ_V 更快收敛。

基于上述原理分析，本章为抗饱和补偿器设计新型自适应方案(6-13)以提升控制性能。重写自适应方案如下：

$$\dot{L}_{\chi V}=\begin{cases}-k_{LV1}L_{\chi V}+k_{LV1}P_V^{\mathrm{L}}-k_{LV2}L_{\chi V}^{\frac{1}{2}}, & \Delta\Phi\neq 0\\ \mathrm{Proj}_{L_{\chi V}}\left(k_{LV3}L_{\chi V}^{a_{LV1}}+k_{LV4}L_{\chi V}^{-a_{LV2}}+c_{LV}\right), & \Delta\Phi=0\end{cases}\tag{6-32}$$

当 $\Delta\Phi\neq 0$ 时，$L_{\chi V}$ 取值应该尽量小以缩短饱和时间。式(6-32)中 $-k_{LV1}L_{\chi V}+k_{LV1}P_V^{\mathrm{L}}$ 项用于减小 $L_{\chi V}$ 直至设定的下界值 P_V^{L}；$-k_{LV2}L_{\chi V}^{1/2}$ 项则用于在 $L_{\chi V}$ 数值小于 1 时提升衰减速度。$L_{\chi V}$ 的衰减稳态值计算如下：

$$\overline{P}_V^{\mathrm{L}}=\left(\frac{\sqrt{k_{LV2}^2+4k_{LV1}^2P_V^{\mathrm{L}}}-k_{LV2}}{2k_{LV1}}\right)^2\tag{6-33}$$

式中，$\overline{P}_V^{\mathrm{L}}$ 为小于 P_V^{L} 的正常数。

当 $\Delta\Phi=0$ 时，$L_{\chi V}$ 应该取值尽量大以提升附加变量的收敛速度。式(6-32)中 c_{LV} 项是常数，用于保证 $L_{\chi V}$ 的基本增长速度；$k_{LV3}L_{\chi V}^{a_{LV1}}$ 项与 $k_{LV4}L_{\chi V}^{-a_{LV2}}$ 项则分别用于在 $L_{\chi V}$ 大于 1 和 $L_{\chi V}$ 小于 1 两种情况下保证其快速增长。投影算子 $\mathrm{Proj}_{L_{\chi V}}(\cdot)$ 用于调节 $L_{\chi V}$ 始终处于允许范围 $\left[P_V^{\mathrm{L}},P_V^{\mathrm{U}}\right]$，避免 $L_{\chi V}$ 无限增长。

注释 6-2　相比于不带有自适应方案的固定时间抗饱和补偿器，本章方案可以缩短饱和时间，并提升跟踪误差收敛速度。概括而言，本章提出的自适应固定时间抗饱和补偿器在抑制执行机构饱和方面更具优势。

6.3.2　高度子系统基于微分器的抗饱和反步控制器

本小节针对高度子系统设计反步控制器。为了避免项目爆炸问题，应用两个迭代固定时间微分器在固定时间内实时估计虚拟控制信号的导数。自适应固定时间抗饱和补偿器同样用于抑制升降舵饱和的影响。

基于微分器的抗饱和反步控制器设计步骤如下所述。

(1) 步骤 1。

考虑高度子系统误差动力学(6-7)中的飞行路径角误差动力学：

$$\dot{e}_\gamma=F_{\gamma 0}+G_{\gamma 0}\alpha+\varDelta_\gamma-\dot{\gamma}_{\mathrm{d}}\tag{6-34}$$

类似于速度子系统，引入迭代固定时间观测器用于补偿扰动 $\varDelta_\gamma$：

$$\begin{cases}\dot{\hat{e}}_{\gamma1}=-\kappa_{R1}L_{\gamma R}^{1/4}\mathrm{sig}^{3/4}\left(\hat{e}_{\gamma1}-e_{\gamma}\right)-k_{R1}M_{\gamma R}^{1/4}\mathrm{sig}^{\beta_{R1}}\left(\hat{e}_{\gamma1}-e_{\gamma}\right)+\hat{e}_{\gamma2}\\ \qquad +F_{\gamma0}+G_{\gamma0}\alpha-\dot{\gamma}_{\mathrm{d}}\\ \dot{\hat{e}}_{\gamma2}=-\kappa_{R2}L_{\gamma R}^{1/3}\mathrm{sig}^{2/3}\left(\hat{e}_{\gamma2}-\dot{\hat{e}}_{\gamma1}\right)-k_{R2}M_{\gamma R}^{1/3}\mathrm{sig}^{\beta_{R2}}\left(\hat{e}_{\gamma1}-e_{\gamma}\right)+\hat{e}_{\gamma3}\\ \dot{\hat{e}}_{\gamma3}=-\kappa_{R3}L_{\gamma R}^{1/2}\mathrm{sig}^{1/2}\left(\hat{e}_{\gamma3}-\dot{\hat{e}}_{\gamma2}\right)-k_{R3}M_{\gamma R}^{1/2}\mathrm{sig}^{\beta_{R3}}\left(\hat{e}_{\gamma1}-e_{\gamma}\right)+\hat{e}_{\gamma4}\\ \dot{\hat{e}}_{\gamma4}=-\kappa_{R4}L_{\gamma R}\,\mathrm{sgn}\left(\hat{e}_{\gamma4}-\dot{\hat{e}}_{\gamma3}\right)-k_{R4}M_{\gamma R}\mathrm{sig}^{\beta_{R4}}\left(\hat{e}_{\gamma1}-e_{\gamma}\right)\end{cases} \tag{6-35}$$

式中，$L_{\gamma R}$ 与 $M_{\gamma R}$ 为正设计参数。在固定收敛时间 $T_{\gamma0}$ 之后满足关系 $\hat{e}_{\gamma1}=e_{\gamma}$，$\hat{e}_{\gamma2}=\varDelta_{\gamma}$。因此，虚拟控制律 α_c 设计如下：

$$\alpha_c=\frac{1}{G_{\gamma0}}\left(-k_{\gamma1}e_{\gamma}-k_{\gamma2}e_{\gamma}^{a_p}-F_{\gamma0}-\hat{e}_{\gamma2}+\dot{\gamma}_{\mathrm{d}}\right) \tag{6-36}$$

式中，$k_{\gamma1}>0$；$k_{\gamma2}>0$；$0<a_p<1$。

(2) 步骤 2。

考虑高度子系统误差动力学(6-7)中的攻角误差动力学：

$$\dot{\alpha}=F_{\alpha0}+G_{\alpha0}Q+\varDelta_{\alpha} \tag{6-37}$$

同样地，应用迭代固定时间观测器精确补偿扰动 $\varDelta_{\alpha}$：

$$\begin{cases}\dot{\hat{e}}_{\alpha1}=-\kappa_{R1}L_{\alpha R}^{1/4}\mathrm{sig}^{3/4}\left(\hat{e}_{\alpha1}-\alpha\right)-k_{R1}M_{\alpha R}^{1/4}\mathrm{sig}^{\beta_{R1}}\left(\hat{e}_{\alpha1}-\alpha\right)+\hat{e}_{\alpha2}\\ \qquad +F_{\alpha0}+G_{\alpha0}Q\\ \dot{\hat{e}}_{\alpha2}=-\kappa_{R2}L_{\alpha R}^{1/3}\mathrm{sig}^{2/3}\left(\hat{e}_{\alpha2}-\dot{\hat{e}}_{\alpha1}\right)-k_{R2}M_{\alpha R}^{1/3}\mathrm{sig}^{\beta_{R2}}\left(\hat{e}_{\alpha1}-\alpha\right)+\hat{e}_{\alpha3}\\ \dot{\hat{e}}_{\alpha3}=-\kappa_{R3}L_{\alpha R}^{1/2}\mathrm{sig}^{1/2}\left(\hat{e}_{\alpha3}-\dot{\hat{e}}_{\alpha2}\right)-k_{R3}M_{\alpha R}^{1/2}\mathrm{sig}^{\beta_{R3}}\left(\hat{e}_{\alpha1}-\alpha\right)+\hat{e}_{\alpha4}\\ \dot{\hat{e}}_{\alpha4}=-\kappa_{R4}L_{\alpha R}\,\mathrm{sgn}\left(\hat{e}_{\alpha4}-\dot{\hat{e}}_{\alpha3}\right)-k_{R4}M_{\alpha R}\mathrm{sig}^{\beta_{R4}}\left(\hat{e}_{\alpha1}-\alpha\right)\end{cases} \tag{6-38}$$

式中，$L_{\alpha R}$ 与 $M_{\alpha R}$ 为正设计参数。在固定收敛时间 $T_{\alpha0}$ 之后满足关系 $\hat{e}_{\alpha1}=\alpha$，$\hat{e}_{\alpha2}=\varDelta_{\alpha}$。定义 $e_{\alpha}=\alpha-\alpha_c$，则虚拟控制律 Q_c 设计如下：

$$Q_c=\frac{1}{G_{\alpha0}}\left(-k_{\alpha1}e_{\alpha}-k_{\alpha2}e_{\alpha}^{a_p}-F_{\alpha0}-\hat{e}_{\alpha2}+\dot{\alpha}_c-G_{\gamma0}e_{\gamma}\right) \tag{6-39}$$

式中，$k_{\alpha1}>0$；$k_{\alpha2}>0$。考虑到 $\dot{\alpha}_c$ 的解析表达形式过于复杂，引入迭代固定时间微分器对 $\dot{\alpha}_c$ 进行固定时间精确估计：

$$\begin{cases}\dot{\hat{e}}_{D\alpha1}=-\kappa_{R1}L_{D\alpha}^{1/4}\mathrm{sig}^{3/4}\left(\hat{e}_{D\alpha1}-\alpha_c\right)-k_{R1}M_{D\alpha}^{1/4}\mathrm{sig}^{\beta_{R1}}\left(\hat{e}_{D\alpha1}-\alpha_c\right)+\hat{e}_{D\alpha2}\\ \dot{\hat{e}}_{D\alpha2}=-\kappa_{R2}L_{D\alpha}^{1/3}\mathrm{sig}^{2/3}\left(\hat{e}_{D\alpha2}-\dot{\hat{e}}_{D\alpha1}\right)-k_{R2}M_{D\alpha}^{1/3}\mathrm{sig}^{\beta_{R2}}\left(\hat{e}_{D\alpha1}-\alpha_c\right)+\hat{e}_{D\alpha3}\\ \dot{\hat{e}}_{D\alpha3}=-\kappa_{R3}L_{D\alpha}^{1/2}\mathrm{sig}^{1/2}\left(\hat{e}_{D\alpha3}-\dot{\hat{e}}_{D\alpha2}\right)-k_{R3}M_{D\alpha}^{1/2}\mathrm{sig}^{\beta_{R3}}\left(\hat{e}_{D\alpha1}-\alpha_c\right)+\hat{e}_{D\alpha4}\\ \dot{\hat{e}}_{D\alpha4}=-\kappa_{R4}L_{D\alpha}\,\mathrm{sgn}\left(\hat{e}_{D\alpha4}-\dot{\hat{e}}_{D\alpha3}\right)-k_{R4}M_{D\alpha}\mathrm{sig}^{\beta_{R4}}\left(\hat{e}_{D\alpha1}-\alpha_c\right)\end{cases} \tag{6-40}$$

式中，$L_{D\alpha}>0$；$M_{D\alpha}>0$。同样地，微分器估计值$\hat{e}_{D\alpha1}$与$\hat{e}_{D\alpha2}$可在固定时间$T_{D\alpha}$之后精确等于α_c与$\dot{\alpha}_c$。用$\hat{e}_{\mathrm{D}\alpha2}$替换式(6-39)中的$\dot{\alpha}_c$，则可以避免复杂解析计算，获得虚拟控制律$Q_c$。

(3) 步骤3。

考虑高度子系统误差动力学(6-7)中的俯仰角速度误差动力学：

$$\dot{Q}=F_{Q0}+G_{Q0}\delta_e+\varDelta_Q \tag{6-41}$$

同样地，应用迭代固定时间观测器精确补偿扰动$\varDelta_Q$：

$$\begin{cases}\dot{\hat{e}}_{Q1}=-\kappa_{R1}L_{QR}^{1/4}\mathrm{sig}^{3/4}\left(\hat{e}_{Q1}-Q\right)-k_{R1}M_{QR}^{1/4}\mathrm{sig}^{\beta_{R1}}\left(\hat{e}_{Q1}-Q\right)+\hat{e}_{Q2}\\ \qquad +F_{Q0}+G_{Q0}\delta_e\\ \dot{\hat{e}}_{Q2}=-\kappa_{R2}L_{QR}^{1/3}\mathrm{sig}^{2/3}\left(\hat{e}_{Q2}-\dot{\hat{e}}_{Q1}\right)-k_{R2}M_{QR}^{1/3}\mathrm{sig}^{\beta_{R2}}\left(\hat{e}_{Q1}-Q\right)+\hat{e}_{Q3}\\ \dot{\hat{e}}_{Q3}=-\kappa_{R3}L_{QR}^{1/2}\mathrm{sig}^{1/2}\left(\hat{e}_{Q3}-\dot{\hat{e}}_{Q2}\right)-k_{R3}M_{QR}^{1/2}\mathrm{sig}^{\beta_{R3}}\left(\hat{e}_{Q1}-Q\right)+\hat{e}_{Q4}\\ \dot{\hat{e}}_{Q4}=-\kappa_{R4}L_{QR}\,\mathrm{sgn}\left(\hat{e}_{Q4}-\dot{\hat{e}}_{Q3}\right)-k_{R4}M_{QR}\mathrm{sig}^{\beta_{R4}}\left(\hat{e}_{Q1}-Q\right)\end{cases} \tag{6-42}$$

式中，L_{QR}与M_{QR}为正设计参数。在固定收敛时间T_{Q0}之后满足关系$\hat{e}_{Q1}=Q$，$\hat{e}_{Q2}=\varDelta_Q$。

为了抑制升降舵饱和，设计高度子系统的自适应固定时间抗饱和补偿器：

$$\dot{\chi}_Q=-k_{\chi Q1}L_{\chi Q}\mathrm{sig}^{a_{\chi Q1}}\left(\chi_Q\right)-k_{\chi Q2}L_{\chi Q}\mathrm{sig}^{a_{\chi Q2}}\left(\chi_Q\right)+G_{Q0}\cdot\Delta\delta_e \tag{6-43}$$

式中，$k_{\chi Q1}>0$；$k_{\chi Q2}>0$；$0<a_{\chi Q1}<1$；$a_{\chi Q2}>1$；$\Delta\delta_e=\delta_e-\delta_{ec}$；自适应增益$L_{\chi Q}$的动力学如下：

$$\dot{L}_{\chi Q}=\begin{cases}-k_{LQ1}L_{\chi Q}-k_{LQ2}L_{\chi Q}^{\frac{1}{2}}+k_{LQ1}P_Q^{\mathrm{L}}, & \Delta\delta_e\neq 0\\ \mathrm{Proj}_{L_{\chi Q}}\left(k_{LQ3}L_{\chi Q}^{a_{LQ1}}+k_{LQ4}L_{\chi Q}^{-a_{LQ2}}+c_{LQ}\right), & \Delta\delta_e=0\end{cases} \tag{6-44a}$$

$$\mathrm{Proj}_{L_{\chi Q}}(\cdot)=\begin{cases}0, & L_{\chi Q}=P_Q^{\mathrm{U}}\ \text{且}\ \cdot\geqslant 0\\ 0, & L_{\chi Q}=P_Q^{\mathrm{L}}\ \text{且}\ \cdot\leqslant 0\\ \cdot, & \text{其他}\end{cases} \tag{6-44b}$$

式中，k_{LQ1}、k_{LQ2}、k_{LQ3}、k_{LQ4}、a_{LQ1}、a_{LQ2}为正设计系数；参数P_Q^{L}与P_Q^{U}分别为$L_{\chi Q}$的下界值与上界值。

定义俯仰角速度跟踪误差为$e_Q=Q-Q_c$，则期望控制律δ_{ec}设计如下：

$$\delta_{ec}=\frac{1}{G_{Q0}}\Big[\dot{Q}_c-k_{Q1}y_Q-k_{Q2}y_Q^{a_p}-F_{Q0}-\hat{e}_{Q2}-G_{\alpha0}e_\alpha \\ -k_{\chi Q1}L_{\chi Q}\mathrm{sig}^{a_{\chi Q1}}\left(\chi_Q\right)-k_{\chi Q2}L_{\chi Q}\mathrm{sig}^{a_{\chi Q2}}\left(\chi_Q\right)\Big] \tag{6-45}$$

式中，$k_{Q1}>0$；$k_{Q2}>0$；$y_Q=e_Q-\chi_Q$。为了在精确获得$\dot{Q}_c$的同时避免复杂的解析计算，同样引入迭代固定时间微分器：

$$\begin{cases}\dot{\hat{e}}_{DQ1}=-\kappa_{R1}L_{DQ}^{1/4}\mathrm{sig}^{3/4}\left(\hat{e}_{DQ1}-Q_c\right)-k_{R1}M_{DQ}^{1/4}\mathrm{sig}^{\beta_{R1}}\left(\hat{e}_{DQ1}-Q_c\right)+\hat{e}_{DQ2}\\ \dot{\hat{e}}_{DQ2}=-\kappa_{R2}L_{DQ}^{1/3}\mathrm{sig}^{2/3}\left(\hat{e}_{DQ2}-\dot{\hat{e}}_{DQ1}\right)-k_{R2}M_{DQ}^{1/3}\mathrm{sig}^{\beta_{R2}}\left(\hat{e}_{DQ1}-Q_c\right)+\hat{e}_{DQ3}\\ \dot{\hat{e}}_{DQ3}=-\kappa_{R3}L_{DQ}^{1/2}\mathrm{sig}^{1/2}\left(\hat{e}_{DQ3}-\dot{\hat{e}}_{DQ2}\right)-k_{R3}M_{DQ}^{1/2}\mathrm{sig}^{\beta_{R3}}\left(\hat{e}_{DQ1}-Q_c\right)+\hat{e}_{DQ4}\\ \dot{\hat{e}}_{DQ4}=-\kappa_{R4}L_{DQ}\,\mathrm{sgn}\left(\hat{e}_{DQ4}-\dot{\hat{e}}_{DQ3}\right)-k_{R4}M_{DQ}\mathrm{sig}^{\beta_{R4}}\left(\hat{e}_{DQ1}-Q_c\right)\end{cases}\tag{6-46}$$

式中，$L_{DQ}>0$；$M_{DQ}>0$。与式(6-40)相同，微分器估计值$\hat{e}_{DQ1}$与$\hat{e}_{DQ2}$可以在固定时间T_{DQ}之后精确等于Q_c与$\dot{Q}_c$。用$\hat{e}_{DQ2}$替换式(6-45)中的$\dot{Q}_c$，可避免复杂解析计算，获得最终的期望控制信号δ_{ec}。

定理 6-2　当升降舵饱和时，在期望控制律(6-45)与自适应固定时间抗饱和补偿器(6-43)作用下，跟踪误差e_γ、e_α与y_Q可以在有限时间内实现一致最终有界。当升降舵离开饱和区域后，高度子系统原始跟踪误差e_γ、e_α与e_Q可在有限时间内精确收敛至 0。

证明：类似于定理 6-1，定理 6-2 证明过程同样分为两个步骤。第 1 步证明e_γ、e_α与y_Q的有界性；第 2 步证明在系统离开饱和区域后，原始跟踪误差e_γ、e_α与e_Q的有限时间收敛特性。

(1) 步骤 1。

将式(6-36)代入式(6-34)，可以获得e_γ的动力学：

$$\begin{aligned}\dot{e}_\gamma&=F_{\gamma0}+G_{\gamma0}\alpha_c+G_{\gamma0}e_\alpha+\varDelta_\gamma-\dot{\gamma}_\mathrm{d}\\&=-k_{\gamma1}e_\gamma-k_{\gamma2}e_\gamma^{a_p}+\varDelta_\gamma-\hat{e}_{\gamma2}+G_{\gamma0}e_\alpha\\&=-k_{\gamma1}e_\gamma-k_{\gamma2}e_\gamma^{a_p}+\tilde{\varDelta}_\gamma+G_{\gamma0}e_\alpha\end{aligned}\tag{6-47}$$

式中，$\tilde{\varDelta}_\gamma=\varDelta_\gamma-\hat{e}_{\gamma2}$。

将式(6-39)代入式(6-37)，可以获得e_α的动力学：

$$\begin{aligned}\dot{e}_\alpha&=\dot{\alpha}-\dot{\alpha}_c=F_{\alpha0}+G_{\alpha0}e_Q+G_{\alpha0}Q_c+\varDelta_\alpha-\dot{\alpha}_c\\&=-k_{\alpha1}e_\alpha-k_{\alpha2}e_\alpha^{a_\alpha}+\varDelta_\alpha-\hat{e}_{\alpha2}+G_{\alpha0}e_Q-G_{\gamma0}e_\gamma+\hat{e}_{D\alpha2}-\dot{\alpha}_c\\&=-k_{\alpha1}e_\alpha-k_{\alpha2}e_\alpha^{a_\alpha}+\tilde{\varDelta}_\alpha+G_{\alpha0}e_Q-G_{\gamma0}e_\gamma+\tilde{\dot{\alpha}}_c\end{aligned}\tag{6-48}$$

式中，$\tilde{\varDelta}_\alpha=\varDelta_\alpha-\hat{e}_{\alpha2}>\tilde{\dot{\alpha}}_c=\hat{e}_{D\alpha2}-\dot{\alpha}_c$。

将式(6-45)代入式(6-41)，可以获得y_Q的动力学：

$$\begin{aligned}\dot{y}_Q&=\dot{e}_Q-\dot{\chi}_Q=\dot{Q}-\dot{Q}_c-\dot{\chi}_Q=F_{Q0}+G_{Q0}\Delta\delta_e+G_{Q0}\delta_{ec}+\varDelta_Q-\dot{Q}_c-\dot{\chi}_Q\\&=-k_{Q1}y_Q-k_{Q2}y_Q^{a_p}+\varDelta_Q-\hat{e}_{Q2}+\hat{e}_{DQ2}-\dot{Q}_c\\&\quad-G_{\alpha0}e_\alpha-k_{\chi Q1}L_{\chi Q}\operatorname{sig}^{a_{\chi Q1}}(\chi_Q)-k_{\chi Q2}L_{\chi Q}\operatorname{sig}^{a_{\chi Q2}}(\chi_Q)+G_{Q0}\Delta\delta_e-\dot{\chi}_Q\\&=-k_{Q1}y_Q-k_{Q2}y_Q^{a_p}+\varDelta_Q-\hat{e}_{Q2}-G_{\alpha0}e_\alpha+\hat{e}_{DQ2}-\dot{Q}_c\\&=-k_{Q1}y_Q-k_{Q2}y_Q^{a_p}+\tilde{\varDelta}_Q-G_{\alpha0}e_\alpha+\tilde{\dot{Q}}_c\end{aligned}\tag{6-49}$$

式中，$\tilde{\varDelta}_Q=\varDelta_Q-\hat{e}_{Q2}>\tilde{\dot{Q}}_c=\hat{e}_{DQ2}-\dot{Q}_c$。

为高度子系统(6-2)选择如下李雅普诺夫函数：

$$V_h=\frac{1}{2}e_\gamma^2+\frac{1}{2}e_\alpha^2+\frac{1}{2}y_Q^2\tag{6-50}$$

结合式(6-47)～式(6-49)，可以得到V_h的导数满足：

$$\begin{aligned}\dot{V}_h&=e_\gamma\dot{e}_\gamma+e_\alpha\dot{e}_\alpha+y_Q\dot{y}_Q\\&=-k_{\gamma1}e_\gamma^2-k_{\gamma2}e_\gamma^{1+a_p}+e_\gamma\tilde{\varDelta}_\gamma+G_{\gamma0}e_\gamma e_\alpha-k_{\alpha1}e_\alpha^2-k_{\alpha2}e_\alpha^{1+a_p}+e_\alpha\tilde{\varDelta}_\alpha+G_{\alpha0}e_\alpha e_Q\\&\quad-G_{\gamma0}e_\alpha e_\gamma+e_\alpha\tilde{\dot{\alpha}}_c-k_{Q1}y_Q^2-k_{Q2}y_Q^{1+a_p}+y_Q\tilde{\varDelta}_Q-G_{\alpha0}y_Qe_\alpha+y_Q\tilde{\dot{Q}}_c\\&=-k_{\gamma1}e_{\gamma1}^2-k_{\gamma2}e_{\gamma2}^{1+a_p}-k_{\alpha1}e_\alpha^2-k_{\alpha2}e_\alpha^{1+a_p}-k_{Q1}y_Q^2-k_{Q2}y_Q^{1+a_p}\\&\quad+e_\gamma\tilde{\varDelta}_\gamma+e_\alpha\tilde{\varDelta}_\alpha+y_Q\tilde{\varDelta}_Q+G_{\alpha0}e_\alpha\chi_Q+e_\alpha\tilde{\dot{\alpha}}_c+y_Q\tilde{\dot{Q}}_c\\&\leqslant-k_{\gamma1}e_\gamma^2-k_{\gamma2}e_\gamma^{1+a_p}-k_{\alpha1}e_\alpha^2-k_{\alpha2}e_\alpha^{1+a_p}-k_{Q1}y_Q^2-k_{Q2}y_Q^{1+a_p}\\&\quad+\frac{e_\gamma^2+\tilde{\varDelta}_\gamma^2}{2}+\frac{e_\alpha^2+\tilde{\varDelta}_\alpha^2}{2}+\frac{y_Q^2+\tilde{\varDelta}_Q^2}{2}+\frac{e_\alpha^2+\chi_Q^2}{2}+\frac{e_\alpha^2+\tilde{\dot{\alpha}}_c^2}{2}+\frac{y_Q^2+\tilde{\dot{Q}}_c^2}{2}\\&\leqslant-\left(k_{\gamma1}-\frac{1}{2}\right)e_\gamma^2-k_{\gamma2}e_\gamma^{1+a_p}-\left(k_{\alpha1}-\frac{3}{2}\right)e_\alpha^2-k_{\alpha2}e_\alpha^{1+a_p}\\&\quad-\left(k_{Q1}-1\right)y_Q^2-k_{Q2}y_Q^{1+a_p}+\frac{\tilde{\varDelta}_\gamma^2}{2}+\frac{\tilde{\varDelta}_\alpha^2}{2}+\frac{\tilde{\varDelta}_Q^2}{2}+\frac{\tilde{\dot{\alpha}}_c^2}{2}+\frac{\tilde{\dot{Q}}_c^2}{2}+\frac{\chi_Q^2}{2}\end{aligned}\tag{6-51}$$

考虑到$p\in(0,1)$时，不等式$\sum_{i=1}^{3}|x_i|^{1+p}\geqslant\left(\sum_{i=1}^{3}|x_i|^2\right)^{(1+p)/2}$恒成立，则可得如下关系：

$$\begin{aligned}\dot{V}_h&\leqslant-\left(k_{\gamma1}-\frac{1}{2}\right)e_\gamma^2-k_{\gamma2}e_\gamma^{1+a_p}-\left(k_{\alpha1}-\frac{3}{2}\right)e_\alpha^2-k_{\alpha2}e_\alpha^{1+a_p}\\&\quad-\left(k_{Q1}-1\right)y_Q^2-k_{Q2}y_Q^{1+a_p}+\frac{\tilde{\varDelta}_\gamma^2}{2}+\frac{\tilde{\varDelta}_\alpha^2}{2}+\frac{\tilde{\varDelta}_Q^2}{2}+\frac{\tilde{\dot{\alpha}}_c^2}{2}+\frac{\tilde{\dot{Q}}_c^2}{2}+\frac{\chi_Q^2}{2}\\&\leqslant-\varGamma_hV_h^{\frac{1+a_p}{2}}-\varPsi_hV_h+\varOmega_h\end{aligned}\tag{6-52}$$

式中，

$$
\begin{cases}
\Gamma_h = \left(\sqrt{2}\right)^{1+a_p} \min\left\{k_{\gamma 2},\ k_{\alpha 2},\ k_{Q2}\right\} \\
\Psi_h = 2\min\left\{k_{\gamma 1} - \dfrac{1}{2},\ k_{\alpha 1} - \dfrac{3}{2},\ k_{Q1} - 1\right\} \\
\Omega_h = \dfrac{\tilde{\Delta}_\gamma^2}{2} + \dfrac{\tilde{\Delta}_\alpha^2}{2} + \dfrac{\tilde{\Delta}_Q^2}{2} + \dfrac{\tilde{\dot{\alpha}}_c^2}{2} + \dfrac{\tilde{\dot{Q}}_c^2}{2} + \dfrac{\chi_Q^2}{2}
\end{cases}
\tag{6-53}
$$

定义 $T_{hO} = \max\left\{T_{\gamma O},\ T_{\alpha O},\ T_{QO},\ T_{D\alpha},\ T_{DQ}\right\}$，则观测器估计误差 $\tilde{\Delta}_\gamma$、$\tilde{\Delta}_\alpha$、$\tilde{\Delta}_Q$、$\tilde{\dot{\alpha}}_c$、$\tilde{\dot{Q}}_c$、χ_Q 在 $t \in (0,\ T_{hO})$ 时有界，因此 Ω_h 有界。

类似于定理 6-1 的证明过程，当 $\Psi_h V_h > \Omega_h$ 时，系统可以在有限时间内收敛至区域 $V_h < \Omega_h / \Psi_h$，收敛时间满足 $T_B \leqslant T_{B1} = 2V_{h0}^{(1-a_p)/2} \Big/ \left[\Gamma_h\left(1-a_p\right)\right]$，其中 V_{h0} 为 V_h 的初始值。当 $\Gamma_h V_h^{(1+a_p)/2} > \Omega_h$ 时，系统可以在有限时间内收敛至区域 $V_h < \left(\Omega_h / \Gamma_h\right)^{2/(1+a_p)}$，收敛时间满足 $T_B \leqslant T_{B2} = \left[\ln V_{h0} - 2\left(\ln \Omega_h - \ln \Gamma_h\right) / \left(1+a_p\right)\right] \Big/ \Psi_h$。综合上述两种情况，如果参数选择满足 $k_{\gamma 1} > 1/2$，$k_{\alpha 1} > 3/2$，$k_{Q1} > 1$，则 V_h 可在有限时间内收敛进下述区域：

$$
V_h \leqslant \min\left\{\frac{\Omega_h}{\Psi_h},\ \left(\frac{\Omega_h}{\Gamma_h}\right)^{2/(1+a_p)}\right\}
\tag{6-54}
$$

收敛时间满足 $T_B \leqslant \max\left(T_{B1},\ T_{B2}\right)$。

由于迭代固定时间观测器可在固定时间内实现精确跟踪，故估计误差 $\tilde{\Delta}_\gamma$、$\tilde{\Delta}_\alpha$、$\tilde{\Delta}_Q$、$\tilde{\dot{\alpha}}_c$、$\tilde{\dot{Q}}_c$ 都将在 T_{hO} 之后等于 0，区域 Ω_h 减小为 $\Omega_{hA} = \chi_Q^2 / 2$。因此，闭环系统一致最终有界，且 V_h 满足：

$$
V_h \leqslant \min\left\{\frac{\Omega_{hA}}{\Psi_h},\ \left(\frac{\Omega_{hA}}{\Gamma_h}\right)^{2/(1+a_p)}\right\}
\tag{6-55}
$$

收敛时间满足：

$$
T_{hA} \leqslant \max\left[\frac{2V_{h0}^{(1-a_p)/2}}{\Gamma_h\left(1-a_p\right)},\ \frac{\ln V_{h0} - 2\left(\ln \Omega_{hA} - \ln \Gamma_h\right) / \left(1+a_p\right)}{\Psi_h}\right]
\tag{6-56}
$$

因此，可以得出结论：受限于升降舵饱和的高度子系统误差动力学(6-7)在自适应固定时间抗饱和补偿器作用下能够在有限时间内实现一致最终有界。

(2) 步骤 2。

当执行机构饱和发生时，补偿器生成附加变量 χ_Q，根据定理 6-2 证明步骤 1 中的分析，e_γ、e_α 与 y_Q 可以实现一致最终有界。

如果执行机构离开了饱和区域，即 $\Delta\delta_e = 0$，则式(6-43)变为

$$\dot{\chi}_Q = -k_{\chi Q1} L_{\chi Q} \mathrm{sig}^{a_{\chi Q1}}\left(\chi_Q\right) - k_{\chi Q2} L_{\chi Q} \mathrm{sig}^{a_{\chi Q2}}\left(\chi_Q\right) \tag{6-57}$$

根据 3.3.3 小节中定义，附加变量 χ_Q 可在固定时间内收敛至 0，收敛时间满足：

$$T_{Q\chi} \leqslant \frac{1}{k_{\chi Q1} L_{\chi Q}\left(\sqrt{2}\right)^{a_{\chi Q1}-1}\left(1-a_{\chi Q1}\right)} + \frac{1}{k_{\chi Q2} L_{\chi Q}\left(\sqrt{2}\right)^{a_{\chi Q2}-1}\left(a_{\chi Q2}-1\right)} \tag{6-58}$$

在 χ_Q 收敛之后，y_Q 等于 e_Q，因此，V_h 变为 $e_\gamma^2/2 + e_\alpha^2/2 + e_Q^2/2$，其动力学满足：

$$\begin{aligned}
\dot{V}_h &= e_\gamma \dot{e}_\gamma + e_\alpha \dot{e}_\alpha + e_Q \dot{e}_Q \\
&= -k_{\gamma 1} e_\gamma^2 - k_{\gamma 2} e_\gamma^{1+a_p} - k_{\alpha 1} e_\alpha^2 - k_{\alpha 2} e_\alpha^{1+a_p} - k_{Q1} e_Q^2 - k_{Q2} e_Q^{1+a_p} \\
&\leqslant -\Gamma_h V_h^{\frac{1+a_p}{2}} - \Psi_{hE} V_h
\end{aligned} \tag{6-59}$$

式中，

$$\Psi_{hE} = 2\min\left\{k_{\gamma 1},\ k_{\alpha 1},\ k_{Q1}\right\} \tag{6-60}$$

收敛时间满足：

$$T_{hE} \leqslant \frac{2}{\Psi_{hE}\left(1-a_p\right)} \ln \frac{\Gamma_h + \Psi_{hE} V_{h0}^{\frac{1-a_p}{2}}}{\Gamma_h} \tag{6-61}$$

这表明，当系统离开饱和区域时，原始系统跟踪误差 e_γ、e_α 与 e_Q 可以在有限时间内精确收敛至 0。至此，定理 6-2 得证。□

注释 6-3　传统抗饱和补偿器仅能实现附加变量的渐近收敛或指数收敛。因此，当系统不再饱和后，χ_Q 与 Ω_{hA} 无法收敛至 0，系统跟踪误差 e_γ、e_α 与 e_Q 仅能实现一致最终有界。与之相比，自适应固定时间抗饱和补偿器能够实现 χ_Q 的固定时间精确收敛，故高度子系统误差动力学(6-7)原本的收敛特性可以得到恢复。根据定理 6-2 证明步骤 2，应用自适应固定时间抗饱和补偿器时，e_γ、e_α 与 e_Q 可以在有限时间内收敛至 0。显然，相比传统补偿器，本章设计的自适应固定时间抗饱和补偿器可以使系统跟踪误差实现更高的收敛精度与更快的响应速度。

6.4　仿真与分析

本节通过仿真验证本章所提出方法的有效性与优点。6.4.1 小节在一阶系统中单独验证补偿器的性能。6.4.2 小节在受到外部扰动、参数摄动、执行机构饱和影响的临近空间高速飞行器中应用本章所提自适应抗饱和有限时间控制器。

6.4.1　自适应固定时间抗饱和补偿器仿真结果与分析

场景 A： 对于一阶系统 $\dot{x}=u+\xi$，标称控制信号 u_c 依据超螺旋算法设计：

$$\begin{cases} u_c=-1.5L_{\mathrm{STA}}^{1/2}\mathrm{sig}(x)+w_{\mathrm{STA}} \\ \dot{w}_{\mathrm{STA}}=-1.1L_{\mathrm{STA}}\,\mathrm{sgn}(x) \end{cases} \tag{6-62}$$

时变扰动 ξ 定义如下：

$$\xi=\begin{cases} 2+2\sin(t), & t<5 \\ 2+6\sin(t), & 5\leqslant t<10 \\ 2+3\sin(t), & 10\leqslant t<12 \\ 4+1.8\sin(2t), & 12\leqslant t<15 \end{cases} \tag{6-63}$$

为了有效抑制扰动影响，L_{STA} 取值为 5。控制输入限定至如下范围：$-6\leqslant u\leqslant 2$。执行如表 6-1 所示五个子场景的对比仿真。

表 6-1　场景 A 中的参数设定

场景	输入限制	补偿器	参数及取值
A.1	无	无	无
A.2	有	无	无
A.3	有	传统补偿器[66]：$\dot{\chi}=-k_\chi\chi+\Delta u$	$k_\chi=2$
A.4	有	固定时间抗饱和补偿器（无自适应）：$\dot{\chi}=-k_{\chi1}\mathrm{sig}(\chi)^{a_{\chi1}}-k_{\chi2}\mathrm{sig}(\chi)^{a_{\chi2}}+\Delta u$	$k_{\chi1}=0.5$，$a_{\chi1}=0.9$，$k_{\chi2}=2$，$a_{\chi2}=1.1$
A.5	有	自适应固定时间抗饱和补偿器：$\dot{\chi}=-k_{\chi1}L_\chi\mathrm{sig}(\chi)^{a_{\chi1}}-k_{\chi2}L_\chi\mathrm{sig}(\chi)^{a_{\chi2}}+\Delta u$ $\dot{L}_\chi=\begin{cases}-k_{L1}L_\chi-k_{L2}L_\chi^{\frac{1}{2}}+k_{L1}P^{\mathrm{L}}, & \Delta u\neq 0\\ \mathrm{Proj}_{L_\chi}\left(k_{L3}L_{\chi V}^{a_{L1}}+k_{L4}L_{\chi V}^{-a_{L2}}+c_L\right), & \Delta u=0\end{cases}$	$k_{L1}=10$，$k_{L2}=0.5$，$k_{L3}=1$，$k_{L4}=0.1$，$a_{L1}=1.5$，$a_{L2}=0.5$，$P^{\mathrm{L}}=0.001$，$P^{\mathrm{U}}=50$，$c_L=1$，L_χ 初始值等于 1

在场景 A.1 的仿真中，控制信号不带有输入限制；场景 A.2 考虑了输入约束但并未应用抗饱和补偿器；在场景 A.3 与场景 A.4 中，文献[66]的传统补偿器与

不带有自适应律的固定时间抗饱和补偿器分别进行对比仿真；场景 A.5 使用本章设计的自适应固定时间抗饱和补偿器。

图 6-2 表明，在没有输入限制时，系统可以被超螺旋算法(6-62)有效控制。相比场景 A.1，由于输入约束的影响，场景 A.2 中的状态量 x 无法快速收敛，控制信号无法及时回到线性工作空间。图 6-3 表明，在使用抗饱和补偿器时，不论执行机构是否饱和，$x-\chi$ 的收敛性都可以得到保证。$x-\chi$ 的收敛曲线与图 6-2 场景 A.1 中 x 的收敛曲线完全相同。根据图 6-4 可知，当执行机构饱和时，自适应固定时间抗饱和补偿器可以使控制输入更快退出饱和区域；当执行机构不再饱和时，自适应固定时间抗饱和补偿器能够使场景 A.5 的附加变量实现比其他子场景更快的收敛速度。因此，如图 6-3 所示，场景 A.5 中的状态量 x 才能达到最快的收敛速度。场景 A.5 中的自适应增益变化曲线在图 6-5 中给出。为了提升抗饱和补偿器抑制饱和的能力，L_χ 在执行机构饱和时减小，在执行机构不饱和时增大。

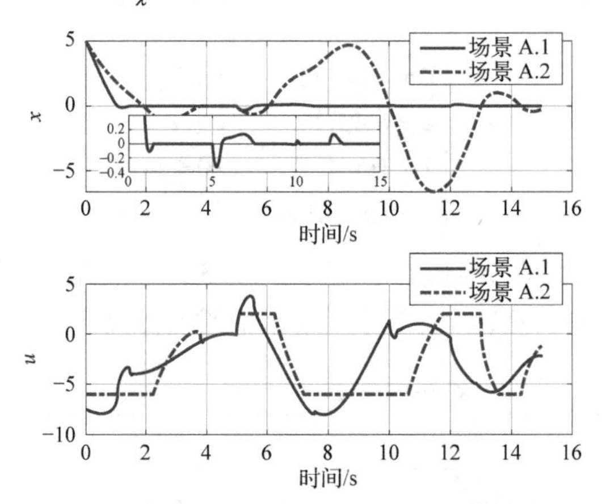

图 6-2　场景 A.1 与场景 A.2 中的系统响应

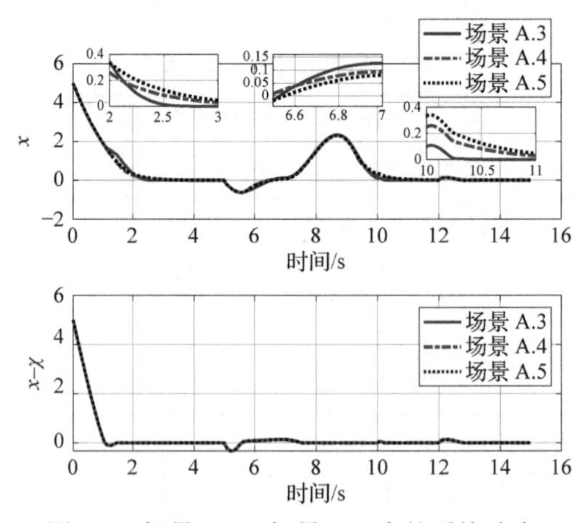

图 6-3　场景 A.3～场景 A.5 中的系统响应

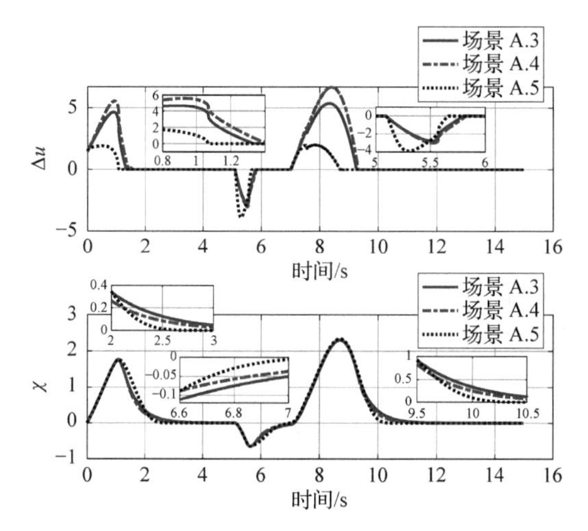

图 6-4 场景 A.3～场景 A.5 中的控制偏差与附加变量

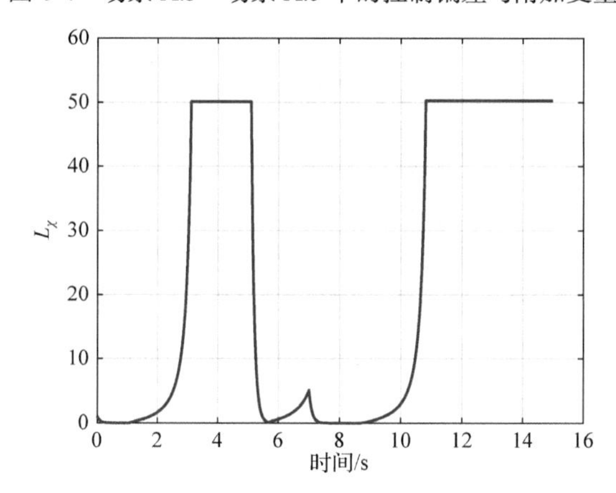

图 6-5 场景 A.5 中的自适应增益

可以看出，在整个仿真中共发生三次饱和，为了在三次饱和中直观分析和对比各个不同场景下的特性，将场景 A.3～场景 A.5 中的饱和时间与收敛精度在表 6-2 中列出。

表 6-2 场景 A.3～场景 A.5 中的饱和时间与收敛精度

饱和次序	指标	场景 A.3	场景 A.4	场景 A.5
第一次饱和	饱和时间/s	1.335	1.417	1.068
	χ 的收敛精度	6.925×10^{-4}	4.094×10^{-4}	9.571×10^{-20}
	x 的收敛精度	8.309×10^{-4}	4.922×10^{-4}	1.75×10^{-6}
第二次饱和	饱和时间/s	0.705	0.731	0.571
	χ 的收敛精度	4.999×10^{-2}	3.685×10^{-2}	5.478×10^{-3}

续表

饱和次序	指标	场景 A.3	场景 A.4	场景 A.5
第二次饱和	x 的收敛精度	—	—	—
第三次饱和	饱和时间/s	2.243	2.308	1.702
	χ 的收敛精度	1.515×10^{-5}	7.178×10^{-6}	9.9×10^{-20}
	x 的收敛精度	2.109×10^{-5}	1.306×10^{-5}	5.821×10^{-6}

由表 6-2 可见，在三次饱和中，场景 A.5 的自适应固定时间抗饱和补偿器都实现了最短的饱和时间。在同样的仿真时间内，场景 A.5 在三个仿真场景中可以达到最高的收敛精度，这表明自适应固定时间抗饱和补偿器能够实现附加变量 χ 和状态量 x 的最快收敛速度。场景 A 中的仿真结果验证了注释 6-1 与注释 6-2 中的阐述。

6.4.2　自适应抗饱和有限时间控制器仿真结果与分析

本小节将本章设计的自适应抗饱和有限时间控制器应用于临近空间高速飞行器中执行一次对比仿真。场景 B 对比了本章控制器与不带有自适应律的抗饱和有限时间控制器，以阐述抗饱和补偿器中自适应律的优势。

临近空间高速飞行器初始条件如表 5-1 所示。气动参数与结构参数的摄动拉偏幅值设定：$A_{C_r}=20\%$，$A_{P_r}=10\%$。假定临近空间高速飞行器在仿真开始 30s 遭遇外部阵风或湍流影响。将风干扰等效为外部扰动 d_{a1} 与 d_{a2}，则扰动信号设定如下[140]：

$$
\begin{cases} d_{a1}=0.18\sin(0.1t)+0.1\cos(0.15t)+0.1\sin(0.22t) \\ d_{a2}=-0.144\sin(0.2t)-0.08\cos(0.3t)-0.0232 \end{cases} \tag{6-64}
$$

速度期望指令 V_c 与高度期望指令 h_c 分别为

$$
V_c=2407.92\,\mathrm{m/s},\quad h_c=26212.8\,\mathrm{m} \tag{6-65}
$$

自适应抗饱和有限时间控制器的设计参数如表 6-3 所示。

表 6-3　自适应抗饱和有限时间控制器的设计参数

组成项	参数及取值
迭代固定时间观测器	$\beta_{R\varepsilon}=1.1$，$L_{VR}=10$，$M_{VR}=1$，$L_{\gamma R}=L_{\alpha R}=0.005$，$M_{\gamma R}=M_{\alpha R}=0.01$，$L_{QR}=1$，$M_{QR}=10$
迭代固定时间微分器	$L_{D\alpha}=0.001$，$M_{D\alpha}=1$，$L_{DQ}=0.001$，$M_{DQ}=20$

续表

组成项	参数及取值
自适应固定时间抗饱和补偿器	$k_{\chi V1}=k_{\chi Q1}=0.5$ ， $k_{\chi V2}=k_{\chi Q2}=0.5$ ， $a_{\chi V1}=a_{\chi Q1}=0.95$ ， $a_{\chi V2}=a_{\chi Q2}=1.1$ ， $k_{LV1}=k_{LQ1}=10$ ， $k_{LV2}=k_{LQ2}=0.1$ ， $k_{LV3}=k_{LQ3}=0.3$ ， $k_{LV4}=k_{LQ4}=0.01$ ， $a_{LV1}=a_{LQ1}=1.5$ ， $a_{LV2}=a_{LQ2}=0.5$ ， $c_{LV}=c_{LQ}=0.05$ ， $P_V^{\mathrm{L}}=P_Q^{\mathrm{L}}=0.05$ ， $P_V^{\mathrm{U}}=P_Q^{\mathrm{U}}=20$ ， $L_{\chi V}$ 与 $L_{\chi Q}$ 初始值等于 1
速度子系统控制器	$k_{V1}=5$ ， $k_{V2}=5$ ， $a_V=0.9$
高度子系统控制器	$k_p=0.3$ ， $k_{\gamma1}=k_{\alpha1}=2$ ， $k_{Q1}=5$ ， $k_{\gamma2}=k_{\alpha2}=k_{Q2}=0.01$ ， $a_P=0.9$

场景 B： 将自适应抗饱和有限时间控制器与对比仿真控制器应用于临近空间高速飞行器中。对比仿真采用不带有自适应律的抗饱和有限时间控制器，补偿器增益 $L_{\chi V}$ 与 $L_{\chi Q}$ 均设定恒等于 1，剩余参数选择与本章控制器相同。仿真曲线中，对比仿真表示为固定增益控制器（fixed-gain controller，FGC）。

图 6-6～图 6-8 表明受执行机构约束影响的临近空间高速飞行器在抗饱和补偿器作用下能够得到有效控制。仿真结果显示，本章提出的自适应抗饱和有限时间控制器相比 FGC 在速度、高度与飞行路径角方面都能够实现更快的响应速度。图 6-9 给出了本章控制器作用下的攻角、俯仰角速度曲线，曲线表明临近空间高速飞行器的状态量始终处于表 2-4 给出的允许范围内。图 6-10 对比了自适应抗饱和有限时间控制器与 FGC 的执行机构（燃油当量比与升降舵偏转角）饱和时间，其具体数据如表 6-4 所示。

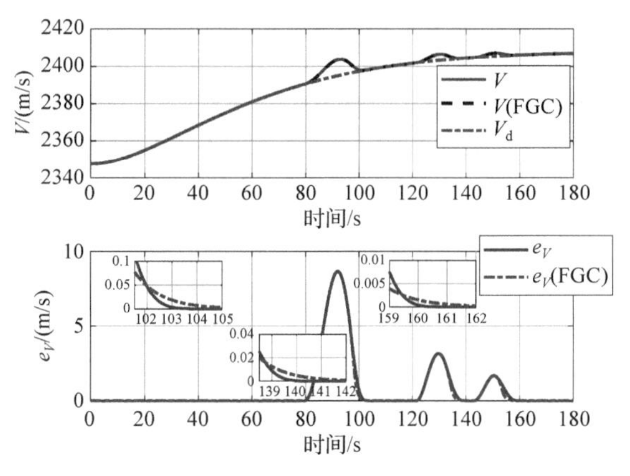

图 6-6　速度跟踪性能

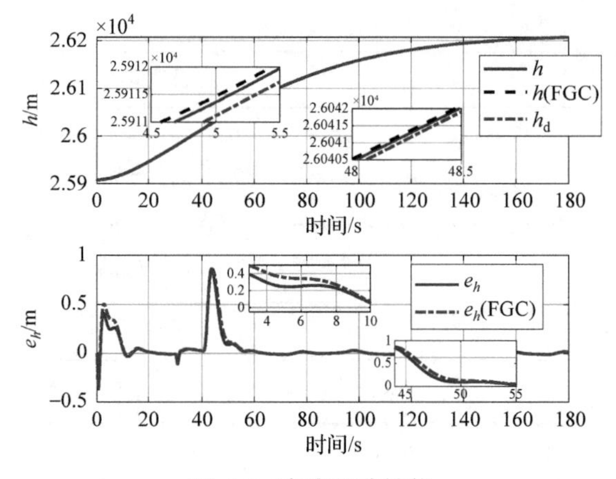

图 6-7　高度跟踪性能

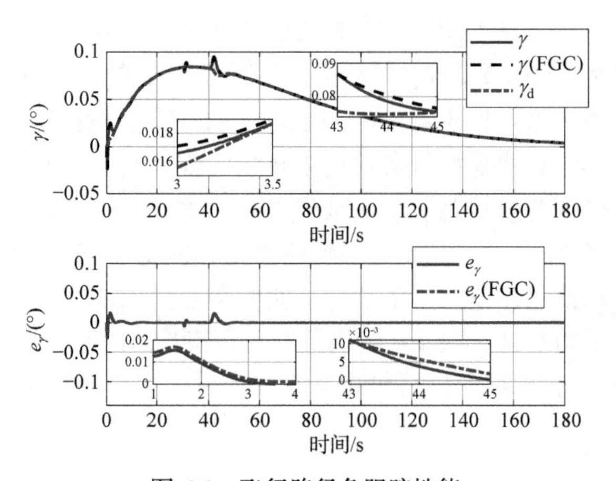

图 6-8　飞行路径角跟踪性能

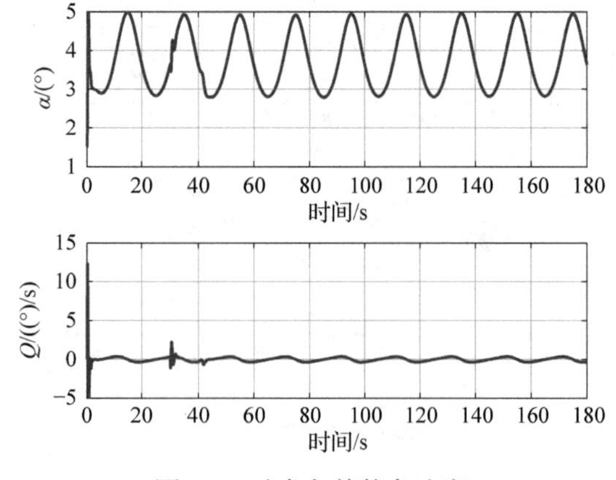

图 6-9　攻角与俯仰角速度

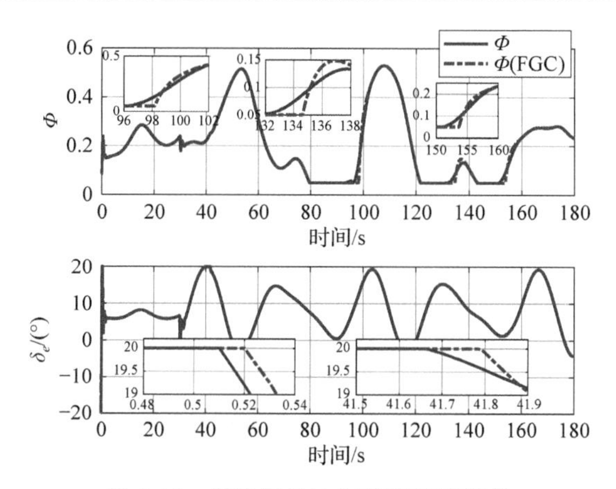

图 6-10　燃油当量比与升降舵偏转角

表 6-4　场景 B 中的饱和时间　(单位：s)

变量	饱和次序	自适应抗饱和有限时间控制器	FGC
Φ	第一次饱和	15.55	18.59
	第二次饱和	9.6	12.9
	第三次饱和	7.9	10.5
δ_e	第一次饱和	0.23	0.24
	第二次饱和	1.83	1.94

由表 6-4 可见，本章控制器能够使执行机构更快退出饱和区域，说明其具有更高效的抗饱和能力。在图 6-11 与图 6-12 中，为了提升抑制饱和的能力，自适应增益 $L_{\chi V}$ 与 $L_{\chi Q}$ 依据执行机构的饱和情况实时变化。图 6-13 与图 6-14 表明，不

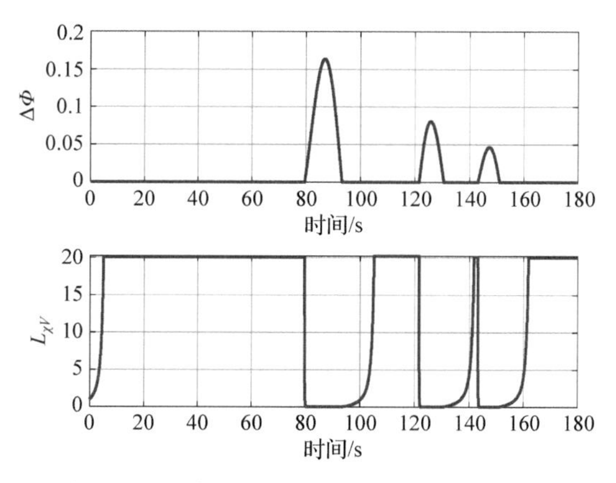

图 6-11　速度子系统控制偏差与自适应增益

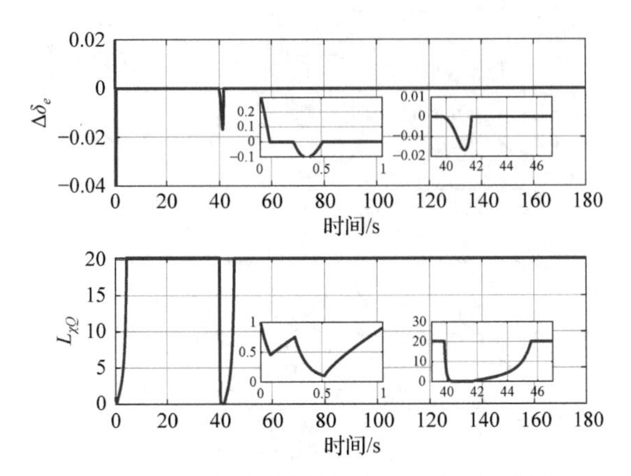

图 6-12　高度子系统控制偏差与自适应增益

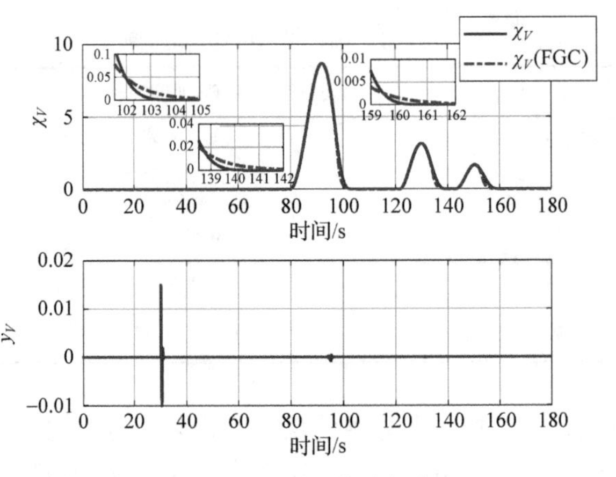

图 6-13　速度子系统附加变量

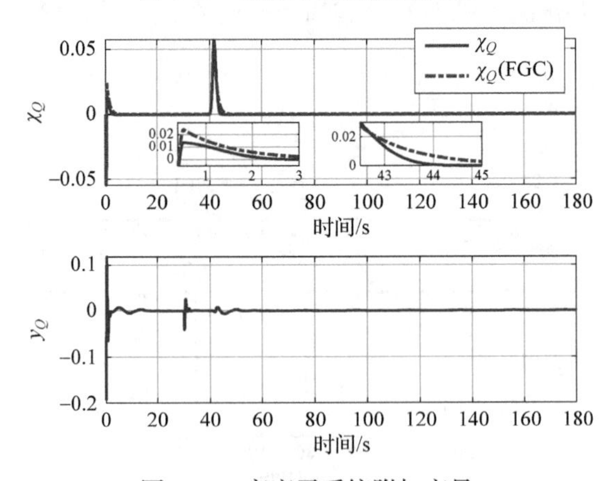

图 6-14　高度子系统附加变量

论执行机构饱和与否，y_V 与 y_Q 都能够实现收敛。相比 FGC，本章控制器的附加

变量 χ_V 和 χ_Q 能够在执行机构离开饱和区域后更快收敛。

因此，本章控制器跟踪误差 e_V 、e_h 和 e_γ 能够实现更快的收敛速度。由于采样步长的影响，控制器的跟踪误差无法精确收敛至 0，表 6-5 归纳列出了场景 B 仿真中变量 e_V 、 χ_V 、 e_γ 、 χ_Q 的收敛精度与收敛时间。

表 6-5 场景 B 仿真中变量的收敛精度与收敛时间

变量	指标	饱和次序	自适应抗饱和有限时间控制器	FGC
e_V	收敛精度	第一次饱和	3.15×10^{-6} m/s	2.48×10^{-4} m/s
		第二次饱和	2.18×10^{-7} m/s	
		第三次饱和	2.53×10^{-6} m/s	
	收敛时间	第一次饱和	104.3s	112.4s
		第二次饱和	141.4s	143.1s
		第三次饱和	160.9s	166.7s
χ_V	收敛精度	第一次饱和	1.186×10^{-26}	2.667×10^{-12}
		第二次饱和	1.074×10^{-26}	2.481×10^{-4}
		第三次饱和	9.693×10^{-27}	1.679×10^{-16}
	收敛时间	第一次饱和	106.2s	121.7s
		第二次饱和	142.7s	143.1s
		第三次饱和	163s	180s
e_γ	收敛精度	第一次饱和	1.343×10^{-4} °	1.367×10^{-4} °
		第二次饱和	3.152×10^{-4} °	—
	收敛时间	第一次饱和	16.59s	16.72s
		第二次饱和	52.35s	52.41s
χ_Q	收敛精度	第一次饱和	1.231×10^{-26}	1.510×10^{-26}
		第二次饱和	1.167×10^{-26}	4.275×10^{-26}
	收敛时间	第一次饱和	5.64s	27.78s
		第二次饱和	46.65s	69.80s

表 6-5 显示，由于抗饱和补偿器中自适应律的引入，本章控制器的附加变量和跟踪误差相比 FGC 均能实现更快的响应速度。

6.5 本章小结

本章针对受执行机构饱和约束的临近空间高速飞行器控制需求，设计了自适应抗饱和有限时间控制器。首先基于功能分解将临近空间高速飞行器拆分为速度子系统和高度子系统。其次针对执行机构饱和问题设计了自适应固定时间抗饱和补偿器。当执行机构饱和时，新型补偿器能够保证饱和系统稳定性并使其快速退出饱和区域；当执行机构不再饱和时，新型补偿器的附加变量能够在固定时间内精确收敛，避免对原本闭环系统的收敛特性产生影响。另外，新型补偿器中的自适应方案进一步缩短了执行机构的饱和时间并提升了跟踪误差的收敛精度。最后为高度子系统设计了基于微分器的反步控制器。通过引入迭代固定时间微分器实时估计虚拟控制的导数，新型控制器不仅解决了项目爆炸问题，而且实现了跟踪误差的高精度有限时间收敛。对比传统临近空间高速飞行器抗饱和控制方法，本章设计的自适应抗饱和有限时间控制器能够缩短执行机构饱和时间，并实现更快的响应速度与更高的收敛精度。

第 7 章　考虑弹性频率辨识与自适应抑制的反步控制方法

7.1　引　　言

临近空间高速飞行器细长体外形与轻质结构机身设计使得机体弹性振动频率降低，与控制系统发生耦合，这种耦合会影响控制精度，甚至导致飞行器闭环不稳定，乃至折断飞行器结构，因此需要设计陷波器对弹性振动进行稳定控制。同时，临近空间高速飞行器具有飞行空域广、飞行时间长和飞行速度快等特点，严酷的飞行环境和复杂多变的飞行工况使得弹性振动模态参数表现出强时变性和强不确定性，基于此，对弹性振动频率进行在线辨识及自适应抑制显得尤为重要[153]。针对吸气式弹性临近空间高速飞行器机体弹性振动问题，现有控制方案多将弹性振动视为系统不确定性扰动的一部分，通过扰动观测器进行滤除，或采用自适应控制对弹性扰动进行近似跟踪并滤除，但这些方法并未主动控制弹性振动。本章首先采用 Hilbert-Huang 变换方法对临近空间高速飞行器输出量进行预处理，得到临近空间高速飞行器弹性振动的瞬时频率信息。其次利用串行自适应陷波器进行快速辨识。为了保证串行自适应陷波器实现快速有效的辨识，本章利用三层径向基函数(radial basis function，RBF)神经网络构建临近空间高速飞行器弹性频率辨识在线监督机制。最后结合本章设计的弹性频率智能快速辨识器、反步控制方法与鲁棒一致收敛观测器构建控制器对本章方法的有效性进行数值仿真验证。

7.2　问 题 描 述

临近空间高速飞行器的弹性振动将导致机身弯曲，产生前体和后体变形角 $\Delta\tau_1$、$\Delta\tau_2$。实际的气动攻角是刚体飞行攻角与前体变形角 $\Delta\tau_1$ 之和，实际升降舵偏转角是刚体舵偏转角与机体弹性变形诱发的后体变形角 $\Delta\tau_2$ 之和。临近空间高速飞行器弹性变形如图 7-1 所示。

表 7-1 为临近空间高速飞行器在不同燃油水平下的弹性振动频率。

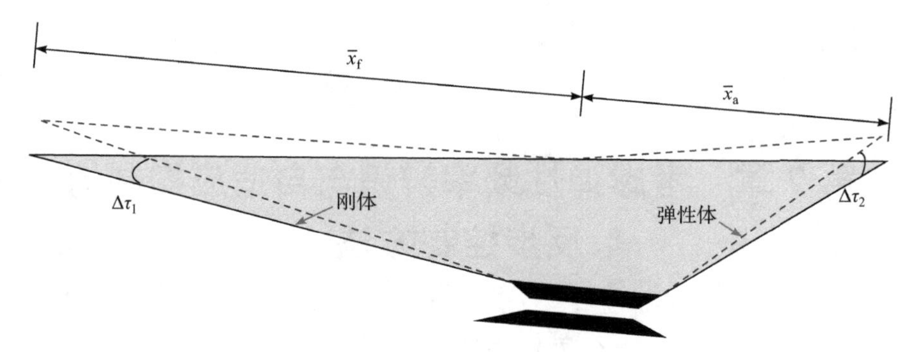

图 7-1　临近空间高速飞行器弹性变形示意图

表 7-1　临近空间高速飞行器在不同燃油水平下的弹性振动频率 ω

燃油水平/%	ω_1 / (rad/s)	ω_2 / (rad/s)	ω_3 / (rad/s)
0	22.78	68.97	140.0
50	21.17	53.92	109.1
100	20.17	48.40	95.6

文献[109]将飞行器简化为弹性梁结构，在飞行器纵平面内建立弯曲振动方程，进而获得考虑弹性模态的纵向平面运动方程，该方程包括 5 个刚体状态和 6 个弹性状态，刚体状态为速度 V 、高度 h 、飞行路径角 γ 、攻角 α 、俯仰角速度 Q，3 个弹性模态由广义模态 η_i 表示，其中 $i=1,2,3$ ，如式(7-1)所示：

$$\begin{cases}\dot{V}=\left(T\cos\alpha-D\right)/m-g\sin\gamma\\ \dot{h}=V\sin\gamma\\ \dot{\gamma}=\left(L+T\sin\alpha\right)/\left(mV\right)-g/V\cos\gamma\\ \dot{\alpha}=Q-\dot{\gamma}\\ \dot{Q}=M/I_{yy}\\ \ddot{\eta}_i=-2\zeta_i\omega_i\dot{\eta}_i-\omega_i^2\eta_i+N_i,\quad i=1,2,3\end{cases}\tag{7-1}$$

式中，ζ_i 表示弹性模态的阻尼比；ω_i 表示弹性频率；$N_i\,(i=1,2,3)$表示广义力。考虑弹性振动影响的推力、阻力、升力、俯仰力矩、广义力的曲线拟合近似表达式如下：

$$\begin{cases}T\approx C_T\left(\alpha,\Phi,\Delta\tau_1\right)\\ D\approx\bar{q}SC_D\left(\alpha,\delta_e,\delta_c,\Delta\tau_1,\Delta\tau_2\right)\\ L\approx\bar{q}SC_L\left(\alpha,\delta_e,\delta_c,\Delta\tau_1,\Delta\tau_2\right)\\ M\approx z_TT+\overline{qc}SC_M\left(\alpha,\Phi,\delta_e,\delta_c,\Delta\tau_1,\Delta\tau_2\right)\\ N_i\approx\bar{q}SC_{N_i}\left(\alpha,\delta_e,\delta_c,\Delta\tau_1,\Delta\tau_2\right)\end{cases}\tag{7-2}$$

式中，C_M、C_L、C_D、C_{N_i}、C_T 的具体表达式为

$$\begin{cases} C_M = C_{M,\alpha}^{\alpha^2}\alpha^2 + C_{M,\alpha}^{\alpha}\alpha + c_e\delta_e + C_M^{\delta_c}\delta_c + C_{M,\alpha}^0 + C_M^{\Delta\tau_1}\Delta\tau_1 + C_M^{\Delta\tau_2}\Delta\tau_2 \\ C_L = C_L^{\alpha}\alpha + C_L^{\delta_e}\delta_e + C_L^{\delta_c}\delta_c + C_L^0 + C_L^{\Delta\tau_1}\Delta\tau_1 + C_L^{\Delta\tau_2}\Delta\tau_2 \\ C_D = C_D^{\alpha^2}\alpha^2 + C_D^{\alpha}\alpha + C_D^{\delta_e^2}\delta_e{}^2 + C_D^{\delta_e}\delta_e + C_D^{\delta_c^2}\delta_c{}^2 + C_D^{\delta_c}\delta_c + C_D^0 \\ \quad + C_D^{\alpha\Delta\tau_1}\alpha\Delta\tau_1 + C_D^{\alpha\Delta\tau_2}\alpha\Delta\tau_2 \\ C_{N_i} = C_{N_i}^{\alpha}\alpha + C_{N_i}^{\delta_e}\delta_e + C_{N_i}^{\delta_c}\delta_c + C_{N_i}^{\Delta\tau_1}\Delta\tau_1 + C_{N_i}^{\Delta\tau_2}\Delta\tau_2 + C_{N_i}^0 \\ C_T = C_T^{\alpha^3}\alpha^3 + C_T^{\alpha^2}\alpha^2 + C_T^{\alpha}\alpha + C_T^0 + C_T^{\alpha\Delta\tau_1}\alpha\Delta\tau_1 + C_T^{\Phi\Delta\tau_1}\Phi\Delta\tau_1 + C_T^{\Delta\tau_1^2}\Delta\tau_1^2 \\ \quad + C_T^{\alpha^2\Delta\tau_1}\alpha^2\Delta\tau_1 + C_T^{\alpha^3\Delta\tau_1}\alpha^3\Delta\tau_1 + C_T^{\alpha\Delta\tau_1^2}\alpha\Delta\tau_1^2 + C_T^{\alpha\Delta\tau_1^3}\alpha\Delta\tau_1^3 \\ C_T^{\alpha^3} = \beta_1(h,\bar{q})\Phi + \beta_2(h,\bar{q}) \\ C_T^{\alpha^2} = \beta_3(h,\bar{q})\Phi + \beta_4(h,\bar{q}) \\ C_T^{\alpha} = \beta_5(h,\bar{q})\Phi + \beta_6(h,\bar{q}) \\ C_T^0 = \beta_7(h,\bar{q})\Phi + \beta_8(h,\bar{q}) \end{cases} \tag{7-3}$$

假设机体变形角较小[154]，考虑多个弹性模态叠加，则由机身弹性振动产生的前体变形角可近似表示为

$$\Delta\tau_1 = \sum_{i=1}^{n} \left.\frac{\mathrm{d}\varphi_i(x)}{\mathrm{d}x}\right|_{x=0} \eta_i(t) \tag{7-4}$$

后体变形角为

$$\Delta\tau_2 = \sum_{i=1}^{n} \left.\frac{\mathrm{d}\varphi_i(x)}{\mathrm{d}x}\right|_{x=L} \eta_i(t) \tag{7-5}$$

式中，$\varphi_i(x)$ 为振型模态；$\eta_i(t)$ 为弹性状态。根据文献[154]，吸气式弹性临近空间高速飞行器的前体与后体变形角可记作：

$$\begin{cases} \Delta\tau_1 = -0.03585\eta_1 - 0.04707\eta_2 - 0.06453\eta_3 \\ \Delta\tau_2 = -0.09764\eta_1 - 0.05146\eta_2 + 0.03581\eta_3 \end{cases} \tag{7-6}$$

以弹性模态 η_1 为例进行分析，根据式(7-1)可得

$$\begin{aligned} \ddot{\eta}_1 &= -2\zeta_1\omega_1\dot{\eta}_1 - \omega_1^2\eta_1 + N_1 \\ &= -2\zeta_1\omega_1\dot{\eta}_1 - \omega_1^2\eta_1 + \bar{q}S\Big(C_{N_1}^{\alpha}\alpha + C_{N_1}^{\delta_e}\delta_e + C_{N_1}^{\delta_c}\delta_c + C_{N_1}^{\Delta\tau_1}\Delta\tau_1 \\ &\quad + C_{N_1}^{\Delta\tau_2}\Delta\tau_2 + C_{N_1}^0\Big) \\ &= -2\zeta_1\omega_1\dot{\eta}_1 - \omega_1^2\eta_1 + P_1 + P_1^{\delta_e}\delta_e + P_1^{\Delta\tau} \\ &\approx -2\zeta_1\omega_1\dot{\eta}_1 - \omega_1^2\eta_1 + P_1 + P_1^{\delta_e}\delta_e \end{aligned} \tag{7-7}$$

式中，

$$\begin{cases} P_1 = \overline{q}S\left(C_{N_1}^{\alpha}\alpha + C_{N_1}^{0}\right) \\ P_1^{\delta_e} = \overline{q}S\left(C_{N_1}^{\delta_e} + C_{N_1}^{\delta_c}k_{ec}\right) \\ P_1^{\Delta\tau} = \overline{q}S\left(C_{N_1}^{\Delta\tau_1}\Delta\tau_1 + C_{N_1}^{\Delta\tau_2}\Delta\tau_2\right) \\ k_{ec} = -C_L^{\delta_e} / C_L^{\delta_c} \end{cases} \tag{7-8}$$

飞行器稳定飞行时，与舵偏有关的分量 $P_1^{\delta_e}\delta_e$ 和关于攻角 α 的分量 P_1 均为有界输入，则根据式(7-7)，弹性模态 η_1 是渐近稳定的，呈现衰减特性。

对二阶系统(7-7)进行时域分析，假设 δ_e 与 P_1 均为阶跃输入，则弹性模态 η_1 的超调量为[155]

$$m_{P1} = \left(P_1 + P_1^{\delta_e}\delta_e\right)\exp\left(-\frac{\pi\varsigma_1}{\sqrt{1-\xi_1^2}}\right) \tag{7-9}$$

二阶系统的调节时间为

$$t_s^{\eta_1} = \frac{3.5}{\varsigma_1 \cdot \omega_1} \cdot \left|P_1 + P_1^{\delta_e} \cdot \delta_e\right| \tag{7-10}$$

弹性模态 η_2 、η_3 的分析过程与 η_1 相同。

由式(7-4)与式(7-5)可知，前体变形角 $\Delta\tau_1$ 与后体变形角 $\Delta\tau_2$ 的值直接与弹性模态 (η_1, η_2, η_3) 相关。

本章的控制目的是设计考虑弹性频率辨识与自适应抑制的临近空间高速飞行器反步控制方法，在实现对弹性飞行器稳定控制的基础上，对随时间变化的弹性模态频率进行精确辨识与自适应抑制，减小弹性模态引起的附加控制指令。

7.3 串行陷波器

陷波滤波器(notch filter)简称陷波器，是一种特殊的带阻滤波器，通过设定陷波频率与陷波宽度，将输入信号中特定频率的信号滤除。式(7-11)为常见的零极点受限型陷波滤波器模型：

$$H(z) = \frac{1 + a \cdot z^{-1} + z^{-2}}{1 + \rho \cdot a \cdot z^{-1} + \rho^2 \cdot z^{-2}} = \frac{N(z,a)}{D(z,a)} \tag{7-11}$$

式中，$a = -2\cos\omega_0$，ω_0 为中心频率；ρ 为极半径，是小于且接近1的常数，表示陷波器的陷波宽度。

陷波滤波器具有以下特点：

(1) 陷波器传递函数的零点位于单位圆上，使得陷波频率处的陷波深度无穷大；

(2) 陷波器传递函数的极点与零点相匹配。

由于陷波滤波器具有以上特点，因此其不仅能够在中心频率处产生一个波谷，使中心频率的幅值增益为较大负值，进而滤除特定频率的信号，而且能够使其他频率的信号不受影响。图 7-2 为陷波滤波器在不同陷波宽度时的幅频特性曲线。

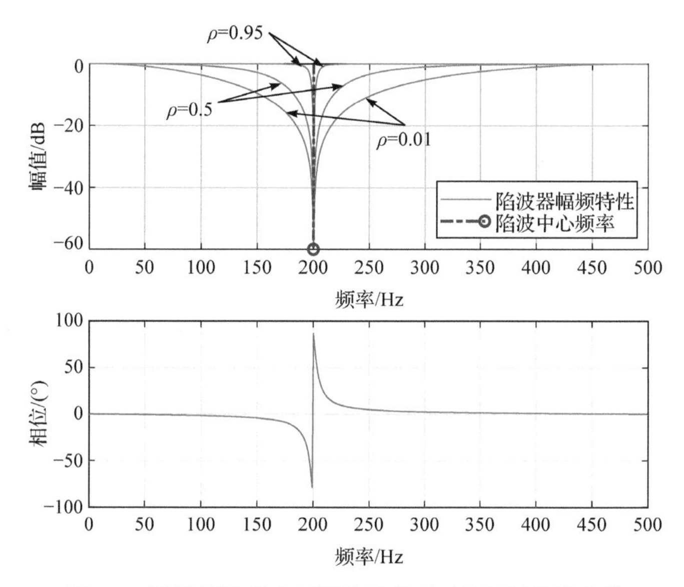

图 7-2　陷波滤波器在不同陷波宽度时的幅频特性曲线

由 7.2 节的分析可知，吸气式临近空间高速飞行器的弹性模态 η_i 与常规的正弦信号不同，呈周期性衰减，因此采用典型的零极点受限型陷波滤波器模型(7-11)难以取得预期效果，本章采用如下改进的陷波器传递函数[156]：

$$H(z)=\frac{1+\rho}{2}\frac{1-2\cdot\beta\cdot z^{-1}+z^{-2}}{1-\beta\cdot(1+\rho)\cdot z^{-1}+\rho\cdot z^{-2}} \tag{7-12}$$

式中，调整参数 $\beta=\cos\omega_0$，其中 $\omega_0\in[0,\ \pi]$ 为陷波器频率。

输入信号 $x(k)$ 经陷波器陷波处理后，输出信号 $e(k)$ 为

$$\begin{aligned}e(k)=&\beta\cdot(1+\rho)\cdot e(k-1)-\rho\cdot e(k-2)\\&+\frac{1+\rho}{2}\left[x(k)-2\cdot\beta\cdot x(k-1)+x(k-2)\right]\end{aligned} \tag{7-13}$$

如图 7-3 所示，将多个陷波器(式(7-12))串联，每个陷波器对应一个频率，每一个陷波器的输出 $e_j(n)$ 为下一个陷波器的输入 $x_{j+1}(n)$。

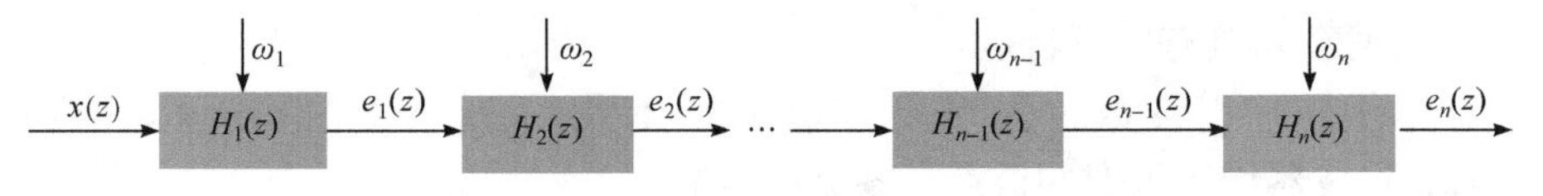

图 7-3　串行陷波器结构

串行陷波器传递函数为

$$\begin{cases} H(z)=\prod_{n=1}^{N} H_n(z) \\ H_n(z)=\dfrac{1+\rho_n}{2}\dfrac{1-2\cdot\beta_n\cdot z^{-1}+z^{-2}}{1-\beta_n\cdot(1+\rho_n)\cdot z^{-1}+\rho_n\cdot z^{-2}} \end{cases} \tag{7-14}$$

输入数据 $x(z)$ 经过串行陷波器传递函数后，得到预测误差：

$$\begin{aligned} e_n(k)=&\frac{1+\rho_n}{2}\left[x_n(k)-2\cdot\beta_n\cdot x_n(k-1)+x_n(k-2)\right] \\ &+\beta_n\cdot(1+\rho_n)e_n(k-1)-\rho_n e_n(k-2) \end{aligned} \tag{7-15}$$

式中，$x_1(k)=x(k)$，$x_n(k)=e_{n-1}(k)$，$n\in[2,3,\cdots,N]$，N 为陷波器数量。

7.4　基于神经网络在线监督的弹性频率智能快速辨识器

由 7.3 节的分析易知，临近空间高速飞行器的弹性模态虽然可以通过串行陷波器进行滤除，但使用串行陷波器的前提是能够准确预知临近空间高速飞行器的弹性振动频率 ω_i。串行自适应陷波器可以根据弹性振动频率的相位和幅度，自适应地调整陷波器参数，从而保持对弹性振动频率的自适应辨识。因此，本节将基于串行自适应陷波器与神经网络，设计临近空间高速飞行器弹性频率的智能快速辨识器。图 7-4 为本节设计的弹性频率智能快速辨识器结构框图。

7.4.1　基于 Hilbert-Huang 变换的串行自适应陷波器设计

针对临近空间高速飞行器频率时变且未知的问题，本小节将基于串行陷波器传递函数(7-14)，采用 Hilbert-Huang 变换理论与梯度下降法，设计串行自适应陷波器，实现对临近空间高速飞行器弹性振动频率的快速辨识。

根据 7.2 节分析可知，临近空间高速飞行器的弹性振动模态呈衰减特性，逐渐收敛于一条非线性曲线，直至飞行器状态发生突变，导致弹性模态被重新激发。因此，与常规的等幅振动不同，临近空间高速飞行器的状态量无法直接引入自适应陷波器进行辨识，必须进行预处理。

考虑到临近空间高速飞行器的弹性振动频率随时间缓慢变化，在较短时间内可将其看作不变的常数。因此，本小节首先采用滚动时域策略，获取一定时间段

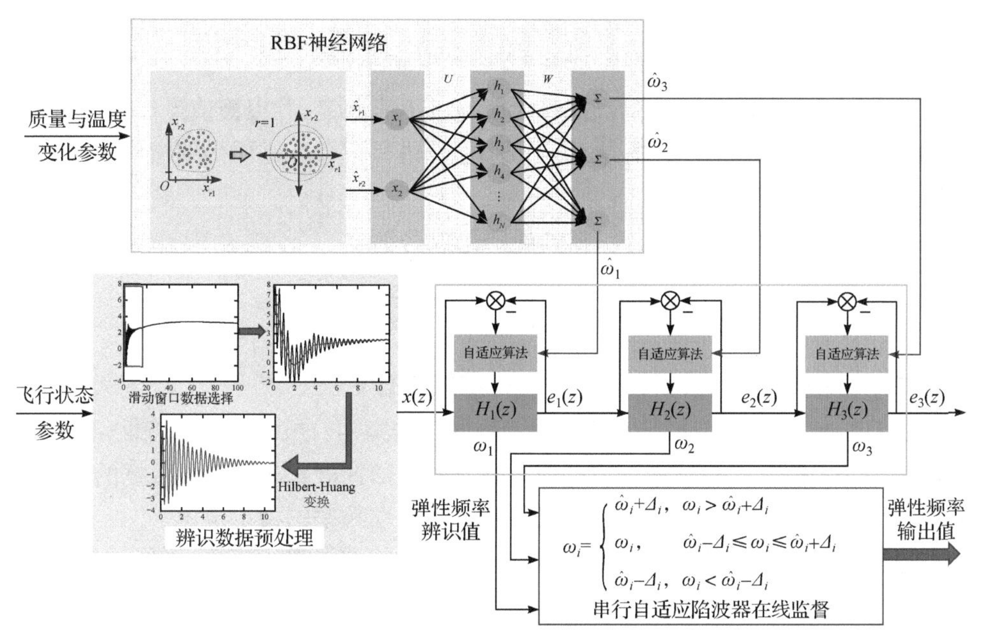

图 7-4　弹性频率智能快速辨识器结构

内的历史数据，如图 7-5 所示，此时窗口数据为非平稳数据，无法直接使用，利用 Hilbert-Huang 变换方法[157]，对输入数据进行预处理，进而得到稳态收敛值为 0 的实信号规则化数据，将预处理后的数据引入自适应陷波器，实现对临近空间高速飞行器当前状态下频率值的快速辨识。

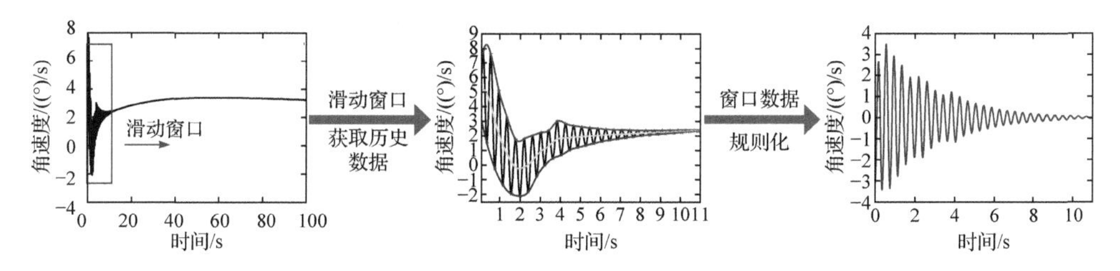

图 7-5　弹性频率辨识数据预处理

令滑动窗口长度为 L，k 为当前时刻，则原始数据进行 Hilbert-Huang 变换预处理的具体步骤如下所述。

(1) 当 $k<L$ 时，直接将吸气式弹性临近空间高速飞行器状态数据 $\overline{x}$ 作为窗口数据集 $\bar{\boldsymbol{X}}$：

$$\bar{\boldsymbol{X}}=\left[\overline{x}(1),\overline{x}(2),\cdots,\overline{x}(k)\right]^{\mathrm{T}} \tag{7-16}$$

(2) 当 $k\geqslant L$ 时，构造窗口数据集 $\bar{\boldsymbol{X}}$：

$$\bar{\boldsymbol{X}}=\left[\bar{x}(k-L), \bar{x}(k-L+1), \cdots, \bar{x}(k)\right]^{\mathrm{T}} \tag{7-17}$$

(3) 获取窗口数据集 $\bar{\boldsymbol{X}}$ 的局部极大值与极小值点集，并以极值点作为插值点，利用三次样条插值法分别对极大值与极小值点进行拟合，进而得到窗口数据的上包络线 l_{sup} 与下包络线 l_{low}。

(4) 基于包络线 l_{sup} 和 l_{low}，得到规则化数据集 x：

$$x=\bar{X}-\frac{l_{\text{sup}}+l_{\text{low}}}{2} \tag{7-18}$$

(5) 将规则化后的数据集 $x(t)$ 作为待辨识数据集。

经 Hilbert-Huang 变换预处理后，获得的数据集 $x(t)$ 虽呈现衰减特性，但稳态收敛值为 0，因此，只要串行自适应陷波器的收敛速度大于规则化数据的能量衰减速度，即可实现对临近空间高速飞行器弹性振动频率的稳定辨识。

接下来，基于串行陷波器传递函数(7-14)设计陷波器自适应律，对经过 Hilbert-Huang 变换预处理后的数据进行辨识，得到临近空间高速飞行器弹性振动频率 ω_1、ω_2、ω_3。

如图 7-6 所示，将 3 个自适应陷波器[156]依次进行串联，即前一个陷波器的输出结果 $e_i(k)$ 为后一个陷波器的输入数据。

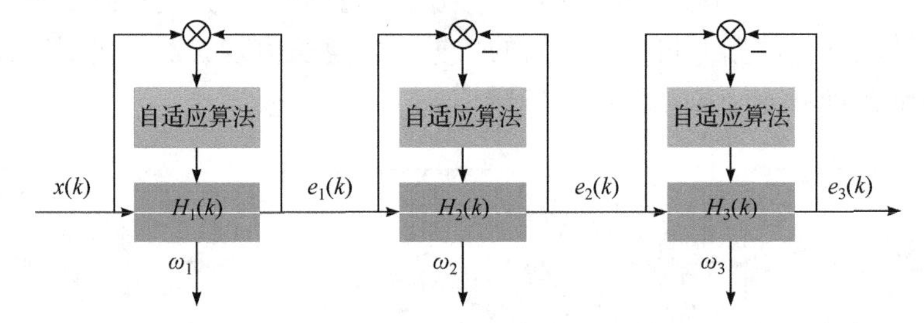

图 7-6　串行自适应陷波器结构图

由 7.3 节可得，此时串行自适应陷波器传递函数为

$$\begin{cases} H(z)=\prod_{n=1}^{3} H_n(z) \\ H_n(z)=\dfrac{1+\rho_n}{2}\dfrac{1-2\cdot\beta_n\cdot z^{-1}+z^{-2}}{1-\beta_n\cdot(1+\rho_n)\cdot z^{-1}+\rho_n\cdot z^{-2}} \end{cases} \tag{7-19}$$

输入数据 $x(k)$ 经过串行自适应陷波器传递函数后，每一级自适应陷波器输出为

$$\begin{aligned} e_n(k)=&\frac{1+\rho_n}{2}\left[x_n(k)-2\cdot\beta_n\cdot x_n(k-1)+x_n(k-2)\right] \\ &+\beta_n\cdot(1+\rho_n)e_n(k-1)-\rho_n e_n(k-2) \end{aligned} \tag{7-20}$$

若将每个陷波器的输出量

$$E_i = \frac{1}{2L}\sum e_i^2(k) \tag{7-21}$$

作为优化目标值，基于梯度下降法，串行自适应陷波器频率估计算法为[156]

$$\beta_n(k) = \beta_n(k-1) + \mu_n(k)e_n(k-1)d_n(k-1) \tag{7-22}$$

式中，

$$\begin{cases} d_n(k) = (1+\rho_n)\beta_n(k)d_n(k-1) - \rho_n d_n(k-2) + (1+\rho_n)\left[1-\beta_n(k)\right]x_n(k-1) \\ \mu_n(k+1) = k_{\mu n}\mu_n(k) + \varepsilon_n\varphi_n^2(k) \\ \varphi_n(k) = \alpha_n\varphi_n(k-1) + (1-\alpha_n)e_n(k_{\mu n}-1)x_n(k) \end{cases} \tag{7-23}$$

式中，$0 < k_{\mu n} < 1$；$0 < \varepsilon_n \ll 1$；$0 < \alpha_n < 1$。

因此，识别的频率输出为

$$\omega_n = \arccos\beta_n \tag{7-24}$$

式中，$n = 1,2,3$。

7.4.2　基于 RBF 神经网络的弹性频率辨识在线监督

基于 Hilbert-Huang 变换的串行自适应陷波器虽然可以实现对临近空间高速飞行器弹性频率的在线辨识，但是临近空间高速飞行器的弹性模态为振荡衰减的，呈现出振动幅值大、能量衰减速度快的特点，因此，当弹性模态收敛至较小的值时，串行自适应陷波器无法通过预测误差来准确辨识弹性振动频率，导致辨识结果严重偏离真实频率值；当弹性模态再次激发时，因为串行自适应陷波器迭代值与系统真实频率值相差较大，串行自适应陷波器无法在极短时间内跟踪到真实频率，导致辨识速度与辨识精度严重下降，如图 7-7(a)所示。

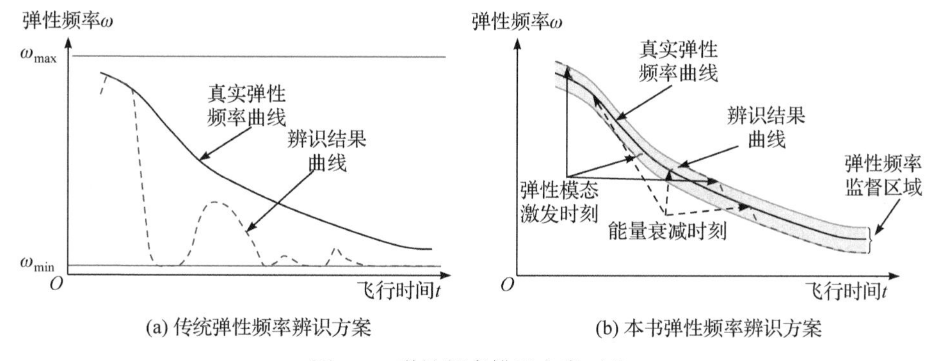

(a) 传统弹性频率辨识方案　　(b) 本书弹性频率辨识方案

图 7-7　弹性频率辨识方案对比

针对上述问题，本小节基于 RBF 神经网络算法提出了频率辨识在线监督机制设计方案。首先，利用 RBF 神经网络算法对弹性频率进行预测，并综合考虑弹性频率样本数据的准确度、RBF 神经网络预测精度、串行自适应陷波器辨识速度等因素设计弹性频率监督区域，使串行自适应陷波器辨识值始终保持在飞行器系统振动频率辨识值监督区域内，从而提高串行自适应陷波器的辨识速度与精度。本书弹性频率辨识方案如图 7-7(b)所示。

根据文献[100]，临近空间高速飞行器弹性振动模态的频率值与飞行器的质量、重心的位置、飞行器的温度等有关，基于此，本小节利用 RBF 神经网络，将已经通过地面仿真获取的弹性振动频率数据集作为训练样本进行学习，从而得到飞行器在不同质量与温度下的弹性振动频率近似值。

RBF 神经网络是一种三层前向网络，即由输入到输出的映射是非线性的，隐含层空间到输出空间的映射是线性的，从而大大加快了学习速度并避免局部极小问题。同时，由于 RBF 神经网络使用径向基函数作为隐藏层激活函数，能在一个紧凑集和任意精度下逼近非线性函数[158-159]，因此本章采用 RBF 神经网络算法对临近空间高速飞行器质量与温度变化和弹性振动频率之间的关系进行学习，并将神经网络预测结果作为基于 Hilbert-Huang 变换的串行自适应陷波器的监督机制。

如图 7-8 所示，本书将采用三层 RBF 神经网络进行学习，即以飞行器的平均质量、重心距机首的距离等参数作为神经网络输入数据，以飞行器的弹性振动频率$\left[\omega_1, \omega_2, \omega_3\right]^{\mathrm{T}}$作为输出。

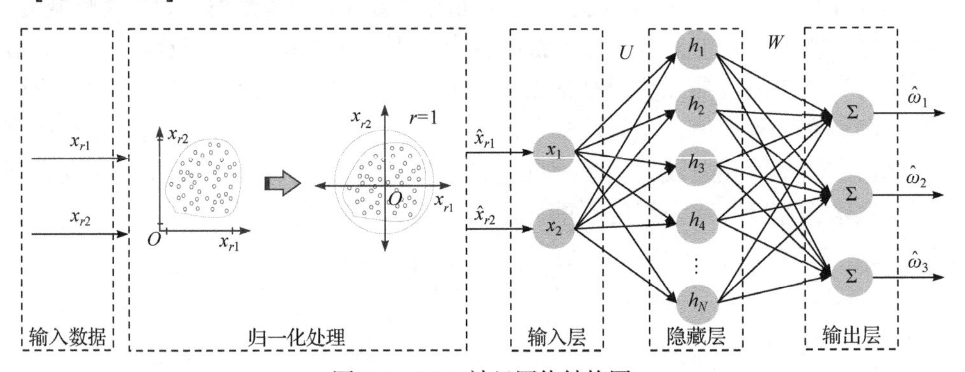

图 7-8　RBF 神经网络结构图

根据表 7-1 可知，临近空间高速飞行器的平均质量、重心距机首的距离等参数的量级并不统一，因此首先对输入数据进行归一化处理：

$$\hat{x}_{ri} = \frac{x_{ri} - \overline{x}_{ri}}{s_{ri}} \tag{7-25}$$

式中，$\overline{x}_{ri}$ 为样本数据 x_{ri} 的均值；s_{ri} 为样本数据的方差。归一化后的数据都聚集在0附近，方差为1。

RBF 神经网络输出为 $\boldsymbol{\omega}=\boldsymbol{W}\boldsymbol{h}\left(\boldsymbol{U}\boldsymbol{x}_r\right)$，其中 $\boldsymbol{U}$ 、$\boldsymbol{W}$ 为 RBF 神经网络的权值，$\boldsymbol{h}\left(\boldsymbol{x}\right)$ 为高斯基函数，则

$$\begin{cases} h_j\left(\boldsymbol{x}\right)=\exp\left(-\dfrac{\left\|\boldsymbol{x}-\boldsymbol{c}_j\right\|^2}{2b_j^2}\right) \\ \omega_i=\boldsymbol{W}\boldsymbol{h}\left(\boldsymbol{x}\right) \end{cases} \tag{7-26}$$

式中，神经网络输入向量 $\boldsymbol{x}=\boldsymbol{U}\left[x_{r1},\ x_{r2}\right]$；$j$ 为隐藏层的第 j 个节点；$\boldsymbol{h}=\left[h_1,\ h_2,\cdots,\ h_N\right]^{\mathrm{T}}$，为径向基函数输出；$\boldsymbol{c}_j$ 为第 j 个神经元的中心位置；b_j 为第 j 个神经元的宽度。

假设实际频率为 $\boldsymbol{\omega}=\left[\omega_1,\ \omega_2,\ \omega_3\right]^{\mathrm{T}}$，RBF 神经网络预测值为 $\hat{\boldsymbol{\omega}}=\left[\hat{\omega}_1,\ \hat{\omega}_2,\ \hat{\omega}_3\right]^{\mathrm{T}}$，则定义 RBF 神经网络模型预测误差为

$$e_i=\omega_i-\hat{\omega}_i\ ,\quad i=1,2,3 \tag{7-27}$$

记 RBF 神经网络优化指标为

$$\begin{aligned} E&=\frac{1}{6}\sum_{i=1}^{3}e_i^2 \\ &=\frac{1}{6}\sum_{i=1}^{3}\left(\omega_i-\hat{\omega}_i\right)^2 \end{aligned} \tag{7-28}$$

得 RBF 神经网络权值更新算法：

$$\begin{cases} \Delta\boldsymbol{W}=-\eta\dfrac{\partial E}{\partial\boldsymbol{W}}=-\dfrac{1}{3}\eta\sum\limits_{i=1}^{3}e_i\dfrac{\partial e_i}{\partial\boldsymbol{W}}=-\dfrac{1}{3}\eta\sum\limits_{i=1}^{3}e_i\boldsymbol{h} \\ \boldsymbol{W}_{k+1}=\boldsymbol{W}_k+\Delta\boldsymbol{W}+\mu\left(\boldsymbol{W}_k-\boldsymbol{W}_{k-1}\right) \\ \Delta\boldsymbol{c}_j=-\eta\dfrac{\partial E}{\partial\boldsymbol{c}_j}=-\dfrac{1}{3}\eta\sum\limits_{i=1}^{3}e_i\dfrac{\partial e_i}{\partial\boldsymbol{c}_j}=-\dfrac{1}{3}\eta\sum\limits_{i=1}^{3}e_i\boldsymbol{W}\boldsymbol{h}\dfrac{\boldsymbol{x}-\boldsymbol{c}_j}{b_j^2} \\ \boldsymbol{c}_{k+1}=\boldsymbol{c}_k+\Delta\boldsymbol{c}+\mu\left(\boldsymbol{c}_k-\boldsymbol{c}_{k-1}\right) \\ \Delta\boldsymbol{U}=-\eta\dfrac{\partial E}{\partial\boldsymbol{U}}=-\dfrac{1}{3}\eta\sum\limits_{i=1}^{3}e_i\dfrac{\partial e_i}{\partial\boldsymbol{U}}=-\dfrac{1}{3}\eta\sum\limits_{i=1}^{3}e_i\boldsymbol{W}\boldsymbol{h}\dfrac{\boldsymbol{x}-\boldsymbol{c}_j}{b_j^2}\boldsymbol{x}_r \\ \boldsymbol{U}_{k+1}=\boldsymbol{U}_k+\Delta\boldsymbol{U}+\mu\left(\boldsymbol{U}_k-\boldsymbol{U}_{k-1}\right) \end{cases} \tag{7-29}$$

式中，参数 $\eta\in\left(0,\ 1\right)$；$\mu\in\left(0,\ 1\right)$。

利用 RBF 神经网络的预测结果构建串行自适应陷波器在线监督机制：

$$\omega_i=\begin{cases} \overline{\omega}_i, & \omega_i>\overline{\omega}_i \\ \omega_i, & \underline{\omega}_i\leqslant\omega_i\leqslant\overline{\omega}_i \\ \underline{\omega}_i, & \omega_i<\underline{\omega}_i \end{cases} \tag{7-30}$$

式中，$\overline{\omega}_i$ 与 $\underline{\omega}_i$ 分别为临近空间高速飞行器在当前状态下的弹性振动频率辨识值监督区域上限值与下限值，其大小满足关系：

$$\begin{cases}\overline{\omega}_i = \hat{\omega}_i + \overline{\Delta} \\ \underline{\omega}_i = \hat{\omega}_i - \underline{\Delta}\end{cases} \tag{7-31}$$

式中，$i = 1,2,3$；$\overline{\Delta} > 0$，$\underline{\Delta} > 0$，为弹性振动频率辨识值监督区域宽度。

弹性振动频率辨识值监督区域的设计，可根据 RBF 神经网络对训练数据的拟合效果来确定，即需要保证飞行器系统真实弹性频率始终处于监督区域内。

7.5　考虑弹性频率辨识与自适应抑制的反步控制器设计

本节将基于 7.4 节串行自适应陷波器，采用反步控制方法设计临近空间高速飞行器控制系统，以验证本章提出的基于神经网络在线监督的弹性频率智能快速辨识器的实用性。

7.5.1　速度子系统设计

定义速度子系统的跟踪误差：

$$e_V = V - V_{\mathrm{d}} \tag{7-32}$$

依据式(6-6)中的误差动力学方程可得

$$\dot{e}_V = \dot{V} - \dot{V}_{\mathrm{d}} = F_{V0} + G_{V0}\Phi + \Delta_V - \dot{V}_{\mathrm{d}} \tag{7-33}$$

对于集总扰动 Δ_V，采用 4.9.3 小节的鲁棒一致收敛观测器进行精确跟踪：

$$\begin{cases}\dot{\hat{e}}_{V1} = -\kappa_{A1}L_{VA}^{1/4}\theta_A \mathrm{sig}^{3/4}(\hat{e}_{V1}-e_V) - k_{A1}(1-\theta_A)\mathrm{sig}^{(4+\alpha_A)/4}(\hat{e}_{V1}-e_V) + \hat{e}_{V2} \\ \qquad + F_{V0} + G_{V0}\Phi - \dot{V}_{\mathrm{d}} \\ \dot{\hat{e}}_{V2} = -\kappa_{A2}L_{VA}^{2/4}\theta_A \mathrm{sig}^{2/4}(\hat{e}_{V1}-e_V) - k_{A2}(1-\theta_A)\mathrm{sig}^{(4+2\alpha_A)/4}(\hat{e}_{V1}-e_V) + \hat{e}_{V3} \\ \dot{\hat{e}}_{V3} = -\kappa_{A3}L_{VA}^{3/4}\theta_A \mathrm{sig}^{1/4}(\hat{e}_{V1}-e_V) - k_{A3}(1-\theta_A)\mathrm{sig}^{(4+3\alpha_A)/4}(\hat{e}_{V1}-e_V) + \hat{e}_{V4} \\ \dot{\hat{e}}_{V4} = -\kappa_{A4}L_{VA}\theta_A \,\mathrm{sgn}(\hat{e}_{V1}-e_V) - k_{A4}(1-\theta_A)\mathrm{sig}^{1+\alpha_A}(\hat{e}_{V1}-e_V)\end{cases} \tag{7-34}$$

式中，$L_{VA} > 0$，则在固定时间后满足：

$$\hat{e}_{V1} = e_V,\quad \hat{e}_{V2} = \Delta_V \tag{7-35}$$

设计速度子系统控制器：

$$\Phi = \frac{1}{G_{V0}}\left(-k_V e_V - F_{V0} + \dot{V}_{\mathrm{d}} - \hat{e}_{V2}\right) \tag{7-36}$$

式中，k_V 为正控制器增益；$\hat{e}_{V2}$ 为鲁棒一致收敛观测器对集总扰动 Δ_V 的观测值。

定义 Lyapunov 函数：

$$V_V = \frac{1}{2} e_V^2 \tag{7-37}$$

对函数V_V求导，可得

$$\dot{V}_V = e_V \dot{e}_V = e_V \left(F_{V0} + G_{V0} \varPhi + \varDelta_V - \dot{V}_{\mathrm{d}} \right) \tag{7-38}$$

将式(7-36)代入式(7-38)，可得

$$\dot{V}_V = -k_V e_V^2 + e_V \tilde{\varDelta}_V = -k_V e_V^2 + \frac{e_V^2}{2} + \frac{\tilde{\varDelta}_V^2}{2} \tag{7-39}$$

式中，$\tilde{\varDelta}_V = \varDelta_V - \hat{e}_{V2}$，为鲁棒一致收敛观测器观测误差。定义时间常数$T_{AV}$，由 4.9.3 小节可知，观测误差$\tilde{\varDelta}_V$在$t \in \left(0,\ T_{AV}\right)$时有界。由于鲁棒一致收敛观测器可以在固定时间内实现精确跟踪，观测误差$\tilde{\varDelta}_V$在T_{AV}之后等于 0，因此$\dot{V}_V = \left(-k_V + 1/2\right) e_V^2$。若令$k_V > 1/2$，则$\dot{V}_V < 0$。由 Lyapunov 稳定性理论可知，速度子系统控制器(7-36)能够对飞行器速度实施稳定控制。

7.5.2　高度子系统设计

本小节针对高度子系统设计反步控制器。高度子系统的控制回路可以简化为$\delta_e \to Q \to \alpha \to \gamma \to h$。假设期望指令值为$\gamma_{\mathrm{d}}$、$\alpha_{\mathrm{d}}$、$Q_{\mathrm{d}}$，定义跟踪误差为

$$e_\gamma = \gamma - \gamma_{\mathrm{d}},\quad e_\alpha = \alpha - \alpha_{\mathrm{d}},\quad e_Q = Q - Q_{\mathrm{d}} \tag{7-40}$$

高度子系统可写作：

$$\begin{cases} \dot{e}_h = V \sin\gamma - \dot{h}_{\mathrm{d}} \\ \dot{e}_\gamma = F_{\gamma 0} + G_{\gamma 0} \alpha + \varDelta_\gamma \\ \dot{e}_\alpha = F_{\alpha 0} + G_{\alpha 0} Q + \varDelta_\alpha - \dot{\alpha}_{\mathrm{d}} \\ \dot{e}_Q = F_{Q0} + G_{Q0} \delta_e + \varDelta_Q - \dot{Q}_{\mathrm{d}} \end{cases} \tag{7-41}$$

式中，

$$\begin{cases} F_{\gamma 0} = \left(\overline{q} S C_L^0 + T \sin\alpha \right) \big/ \left(mV \right) - g/V \cos\gamma \\ G_{\gamma 0} = \overline{q} S C_L^\alpha \big/ \left(mV \right) \\ F_{\alpha 0} = -\left(L + T \sin\alpha \right) \big/ \left(mV \right) + g/V \cos\gamma \\ G_{\alpha 0} = 1 \\ F_{Q0} = \left[z_T T + \overline{q} S \overline{c} \left(C_{M,\alpha}^{\alpha^2} \alpha^2 + C_{M,\alpha}^{\alpha} \alpha + C_{M,\alpha}^0 \right) \right] \Big/ I_{yy} \\ G_{Q0} = \overline{q} S \overline{c} c_e \big/ I_{yy} \end{cases} \tag{7-42}$$

式中，符号 $\varDelta_\gamma$、$\varDelta_\alpha$ 与 $\varDelta_Q$ 表示由外部扰动和参数摄动影响等引发的集总扰动。

首先，针对高度子系统：

$$\dot{e}_h = V\sin\gamma - \dot{h}_{\mathrm{d}} \tag{7-43}$$

飞行路径角虚拟控制律设计与式(5-4)相同：

$$\gamma_{\mathrm{d}} = \arcsin\left[\left(\dot{h}_{\mathrm{d}} - k_p e_h\right)/V\right] \tag{7-44}$$

式中，$k_p > 0$。

考虑飞行路径角子系统的跟踪误差动力学为

$$\dot{e}_\gamma = F_{\gamma 0} + G_{\gamma 0}\alpha + \varDelta_\gamma \tag{7-45}$$

针对集总扰动 $\Delta\gamma$，采用鲁棒一致收敛观测器进行精确跟踪：

$$\begin{cases} \dot{\hat{e}}_{\gamma 1} = -\kappa_{A1}L_{\gamma A}^{1/4}\theta_A \mathrm{sig}^{3/4}\left(\hat{e}_{\gamma 1} - e_\gamma\right) - k_{A1}\left(1-\theta_A\right)\mathrm{sig}^{(4+\alpha_A)/4}\left(\hat{e}_{\gamma 1} - e_\gamma\right) + \hat{e}_{\gamma 2} \\ \qquad + F_{\gamma 0} + G_{\gamma 0}\alpha \\ \dot{\hat{e}}_{\gamma 2} = -\kappa_{A2}L_{\gamma A}^{2/4}\theta_A \mathrm{sig}^{2/4}\left(\hat{e}_{\gamma 1} - e_\gamma\right) - k_{A2}\left(1-\theta_A\right)\mathrm{sig}^{(4+2\alpha_A)/4}\left(\hat{e}_{\gamma 1} - e_\gamma\right) + \hat{e}_{\gamma 3} \\ \dot{\hat{e}}_{\gamma 3} = -\kappa_{A3}L_{\gamma A}^{3/4}\theta_A \mathrm{sig}^{1/4}\left(\hat{e}_{\gamma 1} - e_\gamma\right) - k_{A3}\left(1-\theta_A\right)\mathrm{sig}^{(4+3\alpha_A)/4}\left(\hat{e}_{\gamma 1} - e_\gamma\right) + \hat{e}_{\gamma 4} \\ \dot{\hat{e}}_{\gamma 4} = -\kappa_{A4}L_{\gamma A}\theta_A \,\mathrm{sgn}\left(\hat{e}_{\gamma 1} - e_\gamma\right) - k_{A4}\left(1-\theta_A\right)\mathrm{sig}^{1+\alpha_A}\left(\hat{e}_{\gamma 1} - e_\gamma\right) \end{cases} \tag{7-46}$$

式中，$L_{\gamma A} > 0$，则有

$$\hat{e}_{\gamma 1} = e_\gamma,\quad \hat{e}_{\gamma 2} = \varDelta_\gamma \tag{7-47}$$

攻角虚拟控制律可设计为

$$\alpha_c = \frac{1}{G_{\gamma 0}}\left(-k_\gamma e_\gamma - F_{\gamma 0} - \hat{e}_{\gamma 2}\right) \tag{7-48}$$

式中，$k_\gamma > 0$。采用低通滤波器，可得攻角期望指令 α_{d} 与 $\dot{\alpha}_{\mathrm{d}}$：

$$\dot{\alpha}_{\mathrm{d}} = \frac{\alpha_c - \alpha_{\mathrm{d}}}{\tau_\alpha} \tag{7-49}$$

考虑攻角子系统的跟踪误差动力学为

$$\dot{e}_\alpha = F_{\alpha 0} + G_{\alpha 0}Q + \varDelta_\alpha - \dot{\alpha}_{\mathrm{d}} \tag{7-50}$$

针对集总扰动 $\varDelta_\alpha$，采用鲁棒一致收敛观测器进行精确跟踪：

$$\begin{cases} \dot{\hat{e}}_{\alpha 1} = -\kappa_{A1}L_{\alpha A}^{1/4}\theta_A \mathrm{sig}^{3/4}\left(\hat{e}_{\alpha 1} - e_\alpha\right) - k_{A1}\left(1-\theta_A\right)\mathrm{sig}^{(4+\alpha_A)/4}\left(\hat{e}_{\alpha 1} - e_\alpha\right) + \hat{e}_{\alpha 2} \\ \qquad + F_{\alpha 0} + G_{\alpha 0}Q - \dot{\alpha}_{\mathrm{d}} \\ \dot{\hat{e}}_{\alpha 2} = -\kappa_{A2}L_{\alpha A}^{2/4}\theta_A \mathrm{sig}^{2/4}\left(\hat{e}_{\alpha 1} - e_\alpha\right) - k_{A2}\left(1-\theta_A\right)\mathrm{sig}^{(4+2\alpha_A)/4}\left(\hat{e}_{\alpha 1} - e_\alpha\right) + \hat{e}_{\alpha 3} \\ \dot{\hat{e}}_{\alpha 3} = -\kappa_{A3}L_{\alpha A}^{3/4}\theta_A \mathrm{sig}^{1/4}\left(\hat{e}_{\alpha 1} - e_\alpha\right) - k_{A3}\left(1-\theta_A\right)\mathrm{sig}^{(4+3\alpha_A)/4}\left(\hat{e}_{\alpha 1} - e_\alpha\right) + \hat{e}_{\alpha 4} \\ \dot{\hat{e}}_{\alpha 4} = -\kappa_{A4}L_{\alpha A}\theta_A \,\mathrm{sgn}\left(\hat{e}_{\alpha 1} - e_\alpha\right) - k_{A4}\left(1-\theta_A\right)\mathrm{sig}^{1+\alpha_A}\left(\hat{e}_{\alpha 1} - e_\alpha\right) \end{cases} \tag{7-51}$$

式中，$L_{\alpha A}>0$，则有

$$\hat{e}_{\alpha 1}=e_{\alpha},\quad \hat{e}_{\alpha 2}=\Delta_{\alpha} \tag{7-52}$$

俯仰角速度虚拟控制律可设计为

$$Q_c=\frac{1}{G_{\alpha 0}}\left(-k_{\alpha}e_{\alpha}-F_{\alpha 0}-\hat{e}_{\alpha 2}+\dot{\alpha}_{\mathrm{d}}\right) \tag{7-53}$$

式中，$k_{\alpha}>0$。利用低通滤波器可得俯仰角速度期望指令 Q_{d} 与 $\dot{Q}_{\mathrm{d}}$:

$$\dot{Q}_{\mathrm{d}}=\frac{Q_c-Q_{\mathrm{d}}}{\tau_Q} \tag{7-54}$$

最后，考虑俯仰角速度子系统的误差动力学为

$$\dot{e}_Q=F_{Q0}+G_{Q0}\delta_e+\Delta_Q-\dot{Q}_{\mathrm{d}} \tag{7-55}$$

针对不确定性项 Δ_Q，采用鲁棒一致收敛观测器进行跟踪:

$$\begin{cases}\dot{\hat{e}}_{Q1}=-\kappa_{A1}L_{QA}^{1/4}\theta_A\operatorname{sig}^{3/4}\left(\hat{e}_{Q1}-e_Q\right)-k_{A1}\left(1-\theta_A\right)\operatorname{sig}^{(4+Q_A)/4}\left(\hat{e}_{Q1}-e_Q\right)+\hat{e}_{Q2}\\ \qquad +F_{Q0}+G_{Q0}\delta_e-\dot{Q}_{\mathrm{d}}\\ \dot{\hat{e}}_{Q2}=-\kappa_{A2}L_{QA}^{2/4}\theta_A\operatorname{sig}^{2/4}\left(\hat{e}_{Q1}-e_Q\right)-k_{A2}\left(1-\theta_A\right)\operatorname{sig}^{(4+2Q_A)/4}\left(\hat{e}_{Q1}-e_Q\right)+\hat{e}_{Q3}\\ \dot{\hat{e}}_{Q3}=-\kappa_{A3}L_{QA}^{3/4}\theta_A\operatorname{sig}^{1/4}\left(\hat{e}_{Q1}-e_Q\right)-k_{A3}\left(1-\theta_A\right)\operatorname{sig}^{(4+3Q_A)/4}\left(\hat{e}_{Q1}-e_Q\right)+\hat{e}_{Q4}\\ \dot{\hat{e}}_{Q4}=-\kappa_{A4}L_{QA}\theta_A\operatorname{sgn}\left(\hat{e}_{Q1}-e_Q\right)-k_{A4}\left(1-\theta_A\right)\operatorname{sig}^{1+Q_A}\left(\hat{e}_{Q1}-e_Q\right)\end{cases} \tag{7-56}$$

式中，$L_{QA}>0$，则有

$$\hat{e}_{Q1}=e_Q,\quad \hat{e}_{Q2}=\Delta_Q \tag{7-57}$$

升降舵偏转角控制指令可设计为

$$\delta_e=\frac{1}{G_{Q0}}\left(-k_Q e_Q-F_{Q0}-\hat{e}_{Q2}+\dot{Q}_{\mathrm{d}}\right) \tag{7-58}$$

式中，$k_Q>0$。

在控制器设计中，鲁棒一致收敛观测器(式(7-34)、式(7-46)、式(7-51)与式(7-56))对不确定性项的跟踪速度会对吸气式弹性临近空间高速飞行器的控制产生较大的影响，观测器的估计速度与观测器增益 L_{VA}、$L_{\gamma A}$、$L_{\alpha A}$、L_{QA} 的取值有关。当增益 L_{VA}、$L_{\gamma A}$、$L_{\alpha A}$、L_{QA} 过大时，观测器的跟踪速度快，但同时会为系统状态变量带来较大的超调量，最终可能造成控制器较大的抖动，影响控制器的效果；反之，如果增益 L_{VA}、$L_{\gamma A}$、$L_{\alpha A}$、L_{QA} 过小，就会造成观测器跟踪速度过慢，难以快速有效抑制扰动。因此，增益 L_{VA}、$L_{\gamma A}$、$L_{\alpha A}$、L_{QA} 可以在系统机动初始阶段

或振动较剧烈时选择较大值，随着时间增加，最终稳定于某一特定值。本章为观测器增益 L_{VA}、$L_{\gamma A}$、$L_{\alpha A}$、L_{QA} 设计一个递减形式的函数 L_A：

$$L_A=\left(L_{A0}-L_{A\infty}\right)\mathrm{e}^{-\nu t}+L_{A\infty} \tag{7-59}$$

式中，$\nu\geqslant 0$。L_A 值将由 L_{A0} 逐步减小至 $L_{A\infty}$。

接下来，基于 Lyapunov 稳定性理论，对本章设计的控制器进行稳定性分析。定义滤波误差：

$$\begin{cases}z_\alpha=\alpha_\mathrm{d}-\alpha_c\\ z_Q=Q_\mathrm{d}-Q_c\end{cases} \tag{7-60}$$

滤波误差 z_α 和 z_Q 的导数满足关系：

$$\begin{cases}z_\alpha\dot{z}_\alpha\leqslant-\dfrac{z_\alpha^2}{\tau_\alpha}+B_\alpha\left|z_\alpha\right|\leqslant-\dfrac{z_\alpha^2}{\tau_\alpha}+\dfrac{z_\alpha^2}{2}+\dfrac{B_\alpha^2}{2}\\ z_Q\dot{z}_Q\leqslant-\dfrac{z_Q^2}{\tau_Q}+B_Q\left|z_Q\right|\leqslant-\dfrac{z_Q^2}{\tau_Q}+\dfrac{z_Q^2}{2}+\dfrac{B_Q^2}{2}\end{cases} \tag{7-61}$$

式中，$\left|\dot{\alpha}_c\right|\leqslant B_\alpha$；$\left|\dot{Q}_c\right|\leqslant B_Q$。定义 Lyapunov 函数：

$$V_h=\frac{1}{2}e_h^2+\frac{1}{2}e_\gamma^2+\frac{1}{2}e_\alpha^2+\frac{1}{2}e_Q^2+\frac{1}{2}z_\alpha^2+\frac{1}{2}z_Q^2 \tag{7-62}$$

可得 Lyapunov 函数 V_h 的导数：

$$\begin{aligned}\dot{V}_h&=e_h\dot{e}_h+e_\gamma\dot{e}_\gamma+e_\alpha\dot{e}_\alpha+e_Q\dot{e}_Q+\dot{z}_\alpha z_\alpha+\dot{z}_Q z_Q\\ &=-k_P e_h^2+e_\gamma\left[-k_\gamma e_\gamma+\varDelta_\gamma-\hat{e}_{\gamma 2}+G_{\gamma 0}\left(e_\alpha+z_\alpha\right)\right]\\ &\quad+e_\alpha\left[-k_\alpha e_\alpha+\varDelta_\alpha-\hat{e}_{\alpha 2}+G_{\alpha 0}\left(e_Q+z_Q\right)\right]\\ &\quad+e_Q\left(-k_Q e_Q+\varDelta_Q-\hat{e}_{Q2}\right)+\dot{z}_\alpha z_\alpha+\dot{z}_Q z_Q\\ &=-k_P e_h^2-k_\gamma e_\gamma^2-k_\alpha e_\alpha^2-k_Q e_Q^2+e_\gamma\left(\varDelta_\gamma-\hat{e}_{\gamma 2}\right)\\ &\quad+e_\alpha\left(\varDelta_\alpha-\hat{e}_{\alpha 2}\right)+e_Q\left(\varDelta_Q-\hat{e}_{Q2}\right)+\dot{z}_\alpha z_\alpha+\dot{z}_Q z_Q\\ &\quad+e_\gamma G_{\gamma 0}e_\alpha+e_\gamma G_{\gamma 0}z_\alpha+e_\alpha G_{\alpha 0}e_Q+e_\alpha G_{\alpha 0}z_Q\end{aligned} \tag{7-63}$$

定义观测器误差：

$$\tilde{\varDelta}_\gamma=\varDelta_\gamma-\hat{e}_{\gamma 2},\quad \tilde{\varDelta}_\alpha=\varDelta_\alpha-\hat{e}_{\alpha 2},\quad \tilde{\varDelta}_Q=\varDelta_Q-\hat{e}_{Q2} \tag{7-64}$$

将式(7-64)代入式(7-63)可得

$$
\begin{aligned}
\dot{V}_h &= -k_P e_h^2 - k_\gamma e_\gamma^2 - k_\alpha e_\alpha^2 - k_Q e_Q^2 + e_\gamma \tilde{\Delta}_\gamma + e_\alpha \tilde{\Delta}_\alpha + e_Q \tilde{\Delta}_Q + \dot{z}_\alpha z_\alpha + \dot{z}_Q z_Q \\
&\quad + e_\gamma G_{\gamma 0} e_\alpha + e_\gamma G_{\gamma 0} z_\alpha + e_\alpha G_{\alpha 0} e_Q + e_\alpha G_{\alpha 0} z_Q \\
&\leqslant -k_P e_h^2 - k_\gamma e_\gamma^2 - k_\alpha e_\alpha^2 - k_Q e_Q^2 + \frac{1}{2}\left(e_\gamma^2 + \tilde{\Delta}_\gamma^2\right) + \frac{1}{2}\left(e_\alpha^2 + \tilde{\Delta}_\alpha^2\right) + \frac{1}{2}\left(e_Q^2 + \tilde{\Delta}_Q^2\right) \\
&\quad + \dot{z}_\alpha z_\alpha + \dot{z}_Q z_Q + \left|G_{\gamma 0}\right| \frac{e_\gamma^2 + e_\alpha^2}{2} + \left|G_{\alpha 0}\right| \frac{e_\alpha^2 + e_Q^2}{2} + \left|G_{\gamma 0}\right| \frac{e_\gamma^2 + z_\alpha^2}{2} \\
&\quad + \left|G_{\alpha 0}\right| \frac{e_\alpha^2 + z_Q^2}{2}
\end{aligned}
\tag{7-65}
$$

考虑低通滤波器，将式(7-61)代入式(7-65)，可得

$$
\begin{aligned}
\dot{V}_h &\leqslant -k_P e_h^2 + \left(\left|G_{\gamma 0}\right| - k_\gamma + \frac{1}{2}\right) e_\gamma^2 + \left[\frac{1}{2}\left(\left|G_{\gamma 0}\right| + 2\left|G_{\alpha 0}\right|\right) - k_\alpha + \frac{1}{2}\right] e_\alpha^2 \\
&\quad + \left(\frac{1}{2}\left|G_{\alpha 0}\right| - k_Q + \frac{1}{2}\right) e_Q^2 + \frac{1}{2}\tilde{\Delta}_\gamma^2 + \frac{1}{2}\tilde{\Delta}_\alpha^2 + \frac{1}{2}\tilde{\Delta}_Q^2 - \frac{z_\alpha^2}{\tau_\alpha} + \frac{z_\alpha^2}{2} + \frac{B_\alpha^2}{2} \\
&\quad - \frac{z_Q^2}{\tau_Q} + \frac{z_Q^2}{2} + \frac{B_Q^2}{2} + \frac{1}{2}\left|G_{\gamma 0}\right| z_\alpha^2 + \frac{1}{2}\left|G_{\alpha 0}\right| z_Q^2 \\
&= -k_P e_h^2 + \left(\left|G_{\gamma 0}\right| - k_\gamma + \frac{1}{2}\right) e_\gamma^2 + \left[\frac{1}{2}\left(\left|G_{\gamma 0}\right| + 2\left|G_{\alpha 0}\right|\right) - k_\alpha + \frac{1}{2}\right] e_\alpha^2 \\
&\quad + \left(\frac{1}{2}\left|G_{\alpha 0}\right| - k_Q + \frac{1}{2}\right) e_Q^2 + \frac{1}{2}\tilde{\Delta}_\gamma^2 + \frac{1}{2}\tilde{\Delta}_\alpha^2 + \frac{1}{2}\tilde{\Delta}_Q^2 + z_\alpha^2\left(-\frac{1}{\tau_\alpha} + \frac{1}{2} + \frac{1}{2}\left|G_{\gamma 0}\right|\right) \\
&\quad + z_Q^2\left(-\frac{1}{\tau_Q} + \frac{1}{2} + \frac{1}{2}\left|G_{\alpha 0}\right|\right) + \frac{B_\alpha^2}{2} + \frac{B_Q^2}{2}
\end{aligned}
\tag{7-66}
$$

定义参数：

$$
\begin{aligned}
\mu = \min\Bigg\{ & k_P, -\left(\left|G_{\gamma 0}\right| - k_\gamma + \frac{1}{2}\right), -\left[\frac{1}{2}\left(\left|G_{\gamma 0}\right| + 2\left|G_{\alpha 0}\right|\right) - k_\alpha + \frac{1}{2}\right], \\
& -\left(\frac{1}{2}\left|G_{\alpha 0}\right| - k_Q + \frac{1}{2}\right), -\left(-\frac{1}{\tau_\alpha} + \frac{1}{2} + \frac{1}{2}\left|G_{\gamma 0}\right|\right), \left(-\frac{1}{\tau_Q} + \frac{1}{2} + \frac{1}{2}\left|G_{\alpha 0}\right|\right)\Bigg\}
\end{aligned}
\tag{7-67}
$$

$$
\upsilon = \frac{B_\alpha^2}{2} + \frac{B_Q^2}{2} + \frac{1}{2}\tilde{\Delta}_\gamma^2 + \frac{1}{2}\tilde{\Delta}_\alpha^2 + \frac{1}{2}\tilde{\Delta}_Q^2
\tag{7-68}
$$

如果参数选择满足如下条件：

$$
\begin{cases}
k_P > 0, \quad k_\gamma > \left|G_{\gamma 0}\right| + \dfrac{1}{2}, \quad k_\alpha > \dfrac{1}{2}\left|G_{\gamma 0}\right| + \left|G_{\alpha 0}\right| + \dfrac{1}{2} \\
k_Q > \dfrac{1}{2}\left|G_{\alpha 0}\right| + \dfrac{1}{2}, \quad \tau_\alpha < \dfrac{2}{1 + \left|G_{\gamma 0}\right|}, \quad \tau_Q < \dfrac{2}{1 + \left|G_{\alpha 0}\right|}
\end{cases}
\tag{7-69}
$$

则参数 $\mu>0$，定义时间常数 $T_{Ah}=\max\left\{T_{A\gamma},\ T_{A\alpha},\ T_{AQ}\right\}$，由 4.9.3 小节可知，观测器误差 $\tilde{\Delta}_\gamma$、$\tilde{\Delta}_\alpha$、$\tilde{\Delta}_Q$ 在 $t\in\left(0,\ T_{Ah}\right)$ 时有界，因此参数 υ 有界。由于鲁棒一致收敛观测器可以在固定时间内实现精确跟踪，因此观测器误差 $\tilde{\Delta}_\gamma$、$\tilde{\Delta}_\alpha$、$\tilde{\Delta}_Q$ 在 T_{Ah} 之后等于 0，则 $\upsilon=B_\alpha^2/2+B_Q^2/2$。因此，式(7-66)可写作：

$$\dot{V}_h=-\mu V_h+\upsilon \tag{7-70}$$

解不等式(7-70)可得

$$0\leqslant V_h(t)\leqslant V_h(0)\mathrm{e}^{-\mu t}+\frac{\upsilon}{\mu}\left(1-\mathrm{e}^{-\mu t}\right)\leqslant V_h(0)+\frac{\upsilon}{\mu},\quad \forall t\geqslant 0 \tag{7-71}$$

式中，$V_h(0)$ 为 V_h 的初始值，则 V_h 收敛于 υ/μ，闭环系统是一致最终有界的。因此，应用控制律(7-58)可以保证高度跟踪误差 e_h 收敛。

7.6 仿真与分析

本节以吸气式弹性临近空间高速飞行器纵向运动模型(7-1)为控制对象，分别对串行陷波器与基于神经网络在线监督的弹性频率智能快速辨识器进行仿真验证。为了能够更加清楚地展示本章内容的仿真结果，本节通过仿真验证所提出方法的有效性与优点。7.6.1 小节在类正弦信号中对本章串行自适应陷波器与经典零极点受限型自适应陷波器进行对比仿真，以验证串行自适应陷波器的性能。7.6.2 小节在弹性临近空间高速飞行器动力学模型中应用本章考虑弹性频率自适应辨识与陷波的反步控制方法，验证基于神经网络在线监督的弹性频率智能快速辨识器的优势。

7.6.1 串行自适应陷波器仿真结果与分析

场景 A：分别利用本章的串行自适应陷波器(7-19)与零极点受限型自适应陷波器对类正弦信号中心频率进行辨识，以验证串行自适应陷波器的快速性。

取输入信号：

$$x_A=2\cos\left[\omega_1(n)+0.5\pi\right]+\sin\left[\omega_2(n)\right]+\frac{1}{2}\cos\left[\omega_3(n)-0.5\pi\right] \tag{7-72}$$

参考表 7-1，在不同的时间段内，将输入数据 x_A 的三阶中心频率设置为临近空间高速飞行器燃油水平分别为 0%、50%、100% 时的弹性频率值，如式(7-73)～式(7-75)所示：

$$\omega_1=\begin{cases}22.78\,\mathrm{rad/s}, & 0\leqslant t\leqslant t_1\\ 21.17\,\mathrm{rad/s}, & t_1<t<t_2\\ 20.17\,\mathrm{rad/s}, & t_2\leqslant t\end{cases} \tag{7-73}$$

$$\omega_2 = \begin{cases} 68.97\,\text{rad/s}, & 0 \leqslant t \leqslant t_1 \\ 53.92\,\text{rad/s}, & t_1 < t < t_2 \\ 48.40\,\text{rad/s}, & t_2 \leqslant t \end{cases} \tag{7-74}$$

$$\omega_3 = \begin{cases} 1400\,\text{rad/s}, & 0 \leqslant t \leqslant t_1 \\ 109.1\,\text{rad/s}, & t_1 < t < t_2 \\ 95.6\,\text{rad/s}, & t_2 \leqslant t \end{cases} \tag{7-75}$$

考虑到两种陷波器辨识速度不同，本章串行自适应陷波器的仿真时间设置为 $t_1 = 10\text{s}$ ， $t_2 = 20\text{s}$ ；零极点受限型自适应陷波器的仿真时间设置为 $t_1 = 100\text{s}$ ， $t_2 = 200\text{s}$ ，仿真结果如图 7-9～图 7-12 所示。

图 7-9、图 7-10 所示为两种陷波器辨识结果输出曲线，从图中可以很明显看出，串行自适应陷波器的辨识速度远快于零极点受限型自适应陷波器辨识速度，二者量级相差较大。

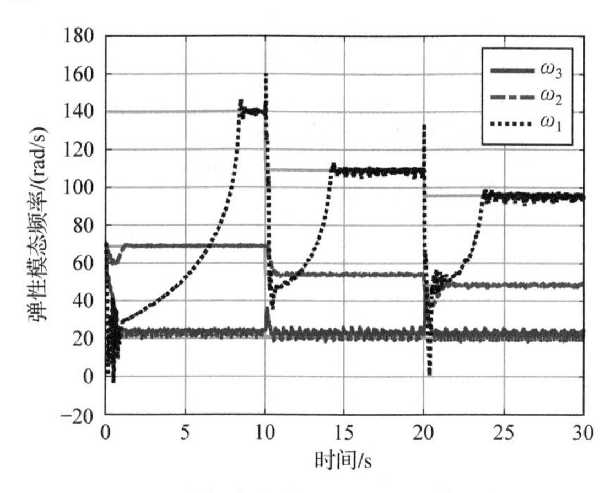

图 7-9　本章串行自适应陷波器辨识结果

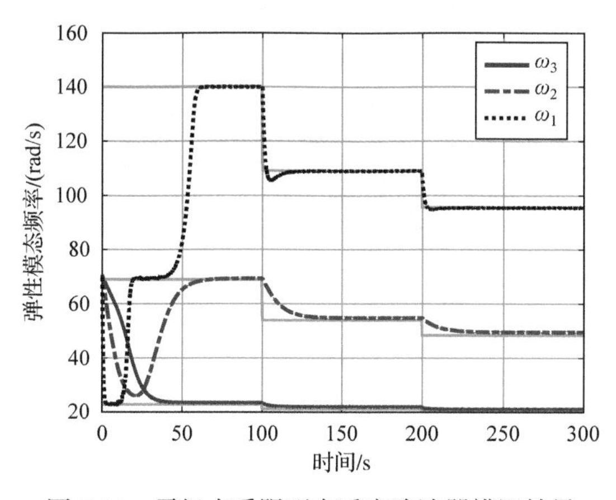

图 7-10　零极点受限型自适应陷波器辨识结果

根据图 7-9 可以发现，在$t=0$s 时，陷波器初始值与输入数据频率值相差较大，在$t=10$s 与$t=20$s 时，陷波器初始值与输入数据频率值之间的差值越来越小，串行自适应陷波器的辨识速度也越来越快，这说明，串行自适应陷波器的初始值距离输入数据频率值越近，辨识速度越快。

图 7-11、图 7-12 分别展示了输入数据 x_A 经两种陷波器陷波后的输出曲线，从图中可以很明显地看出，在$0\leqslant t\leqslant t_1$阶段，本章采用的串行自适应陷波器在 8s 时已经完成了辨识，以及对输入数据的自适应陷波处理，零极点受限型陷波器则是在 60s 时才完成了对输入数据的陷波处理，因此，本章串行自适应陷波器更加适用于临近空间高速飞行器这种快时变对象。

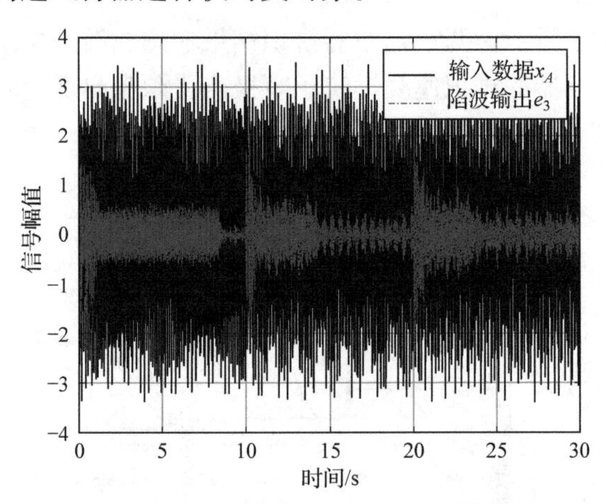

图 7-11　本章串行自适应陷波器输出

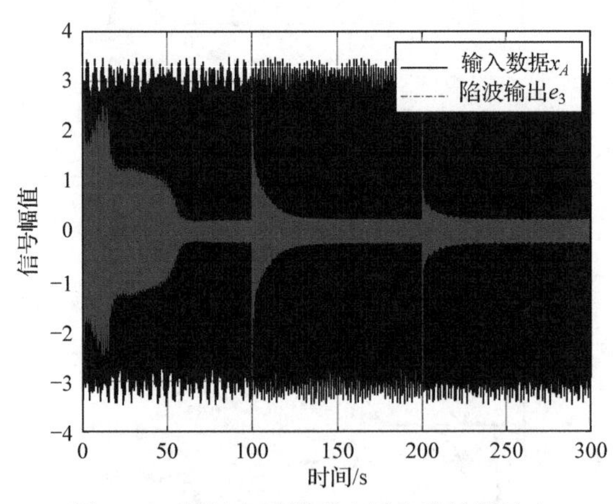

图 7-12　零极点受限型自适应陷波器输出

7.6.2　弹性临近空间高速飞行器仿真结果与分析

本小节将本章设计的考虑弹性频率自适应辨识与陷波的反步控制器应用于弹

性临近空间高速飞行器中进行仿真。场景 B 基于飞行器弹性频率样本数据，利用本章提出的三层 RBF 神经网络自适应算法进行离线学习，设计弹性振动频率辨识在线监督机制，为后续对飞行器弹性频率进行在线辨识奠定基础。场景 C 对弹性临近空间高速飞行器进行控制。

场景 B： 利用本章提出的三层 RBF 神经网络自适应算法，对飞行器弹性频率样本数据进行离线学习，并基于学习结果设计在线监督机制，将弹性频率辨识结果约束在一个由 RBF 神经网络预测结果作为区域中心、包络真实弹性频率的监督区域内。

表 7-2 为临近空间高速飞行器在不同质量分布 $\bar{m}$ 、重心与机首距离 l_n 时所具有的弹性振动频率。

表 7-2　不同质量分布、重心与机首距离下的弹性振动频率

质量分布 $\bar{m}$ /(kg/m)	重心与机首距离 l_n /m	ω_1 /(rad/s)	ω_2 /(rad/s)	ω_3 /(rad/s)
4480.16	16.18	22.78	68.97	140.00
4580.70	16.20	22.70	67.94	138.07
4682.21	16.21	22.62	66.95	136.20
4991.04	16.25	22.39	64.26	131.03
5094.94	16.26	22.31	63.45	129.44
5355.89	16.28	22.13	61.59	125.74
5670.46	16.31	21.93	59.66	121.79
6037.70	16.34	21.71	57.77	117.80
6194.75	16.35	21.62	57.06	116.27
7029.30	16.40	21.19	54.07	109.46
7081.49	16.40	21.17	53.92	109.10
7133.68	16.41	21.15	53.77	108.74
7444.90	16.42	21.01	52.91	106.69
7497.09	16.43	20.98	52.77	106.36
7548.80	16.43	20.96	52.63	106.04
7808.31	16.44	20.85	51.98	104.48
7860.50	16.44	20.83	51.86	104.17

本小节将以表 7-2 中的数据作为训练数据集，对临近空间高速飞行器质量变化与弹性频率之间的关系进行拟合。

设置神经网络结构为 2—10—3，更新参数 $\eta = 0.1$， $\mu = 0.5$，初始权值选取 $(0, 1)$ 范围的随机值，高斯基函数宽度 $\boldsymbol{b}$ 以及高斯基函数中心点坐标矩阵 $\boldsymbol{c}$ 设置为

$$\boldsymbol{b} = \begin{bmatrix} 1 & 1 & 1 & 1 & 1 & 1 & 1 & 1 & 1 & 1 \end{bmatrix} \tag{7-76}$$

$$c=\begin{bmatrix} -1 & -\frac{7}{9} & -\frac{5}{9} & -\frac{1}{3} & -\frac{1}{9} & \frac{1}{9} & \frac{1}{3} & \frac{5}{9} & \frac{7}{9} & 1 \\ -1 & -\frac{7}{9} & -\frac{5}{9} & -\frac{1}{3} & -\frac{1}{9} & \frac{1}{9} & \frac{1}{3} & \frac{5}{9} & \frac{7}{9} & 1 \end{bmatrix} \tag{7-77}$$

拟合结果如图 7-13 和图 7-14 所示。

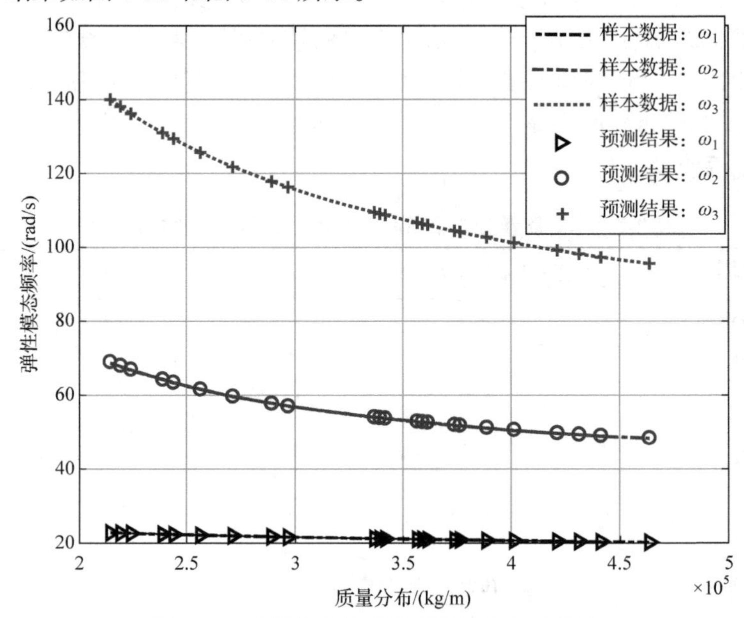

图 7-13　弹性模态频率随质量分布变化曲线

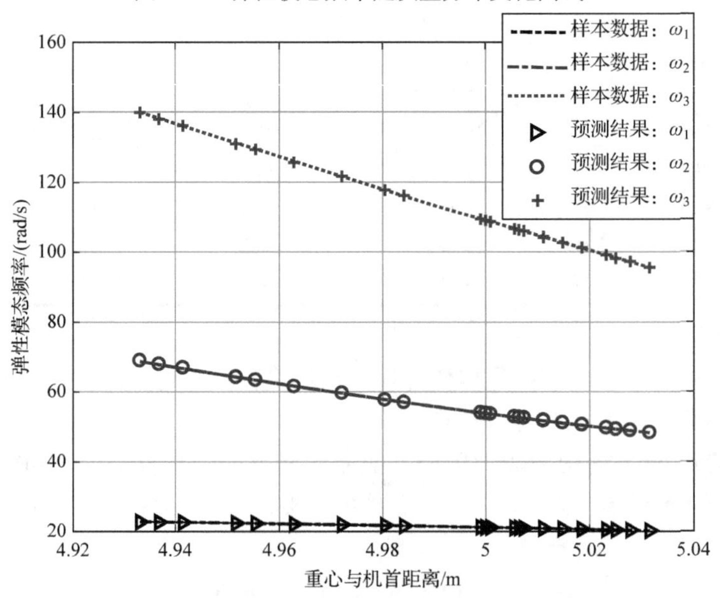

图 7-14　弹性模态频率随重心与机首距离变化曲线

对 RBF 神经网络预测结果进行分析，可得 23 组三阶弹性频率的均方误差，分别为

$$\begin{cases} e_{\omega 1} = \dfrac{1}{23}\sum\left(\omega_1 - \hat{\omega}_1\right)^2 = 0.00043 \\ e_{\omega 2} = \dfrac{1}{23}\sum\left(\omega_2 - \hat{\omega}_2\right)^2 = 0.0195 \\ e_{\omega 3} = \dfrac{1}{23}\sum\left(\omega_3 - \hat{\omega}_3\right)^2 = 0.0088 \end{cases} \tag{7-78}$$

式中，ω_i 为未归一化处理的训练数据，$i = 1,2,3$；$\hat{\omega}_i$ 为神经网络的预测结果。

RBF 神经网络预测结果可写作：

$$\begin{cases} h_j\left(x\right) = \exp\left(-\dfrac{\left\|\boldsymbol{x} - \boldsymbol{c}_j\right\|^2}{2b_j^2}\right) \\ \hat{\omega}_i = \boldsymbol{W}\boldsymbol{h}\left(x\right) \end{cases} \tag{7-79}$$

式中，高斯基函数宽度 $\boldsymbol{b}$ 以及高斯基函数中心点坐标矩阵 $\boldsymbol{c}$ 分别为

$$\boldsymbol{b} = \begin{bmatrix} 8.66 & 9.89 & 9.97 & 9.33 & 6.18 & 4.83 & 3.08 & 10.14 & 2.54 & 8.93 \end{bmatrix} \tag{7-80}$$

$$\boldsymbol{c} = \begin{bmatrix} -1.74 & 1.52 & -0.30 & 2.16 & -1.70 & -3.54 & -2.29 & 0.34 & -2.09 & 2.16 \\ -0.79 & 1.29 & -3.16 & 2.03 & 5.53 & -2.90 & -5.67 & 0.24 & -4.94 & 2.49 \end{bmatrix} \tag{7-81}$$

权重 $\boldsymbol{W}$ 的值为

$$\boldsymbol{W} = \begin{bmatrix} 1.92 & 0.03 & 0.27 \\ -1.15 & -0.24 & 0.58 \\ 0.39 & 1.77 & 1.60 \\ -1.43 & 0.32 & -0.69 \\ 0.33 & -4.08 & -2.81 \\ 3.28 & 0.78 & 1.45 \\ 1.23 & 3.10 & 3.21 \\ -0.03 & 0.45 & 0.14 \\ 1.44 & 4.17 & 2.74 \\ -1.44 & -0.002 & -0.75 \end{bmatrix} \tag{7-82}$$

为更好地展示串行自适应陷波器辨识效果，本次仿真中设置串行自适应陷波器辨识结果监督区域：$\overline{\varDelta}_1 = \underline{\varDelta}_1 = 2$，$\overline{\varDelta}_2 = \underline{\varDelta}_2 = 3$，$\overline{\varDelta}_3 = \underline{\varDelta}_3 = 2$。因此，弹性频率在线监督机制可设计为

$$\begin{cases} \bar{\omega}_1 = \hat{\omega}_1 + 2, & \bar{\omega}_2 = \hat{\omega}_2 + 3, & \bar{\omega}_3 = \hat{\omega}_3 + 2 \\ \underline{\omega}_1 = \hat{\omega}_1 - 2, & \underline{\omega}_2 = \hat{\omega}_2 - 3, & \underline{\omega}_3 = \hat{\omega}_3 - 2 \end{cases} \tag{7-83}$$

注释 7-1　监督区域宽度 $\bar{\Delta}$ 与 $\underline{\Delta}$ 的选取需要综合弹性频率样本数据的准确度、RBF 神经网络预测精度、串行自适应陷波器辨识速度等因素进行考虑，原则上，监督区域宽度不能小于 RBF 神经网络预测精度。

注释 7-2　本章对弹性频率样本数据的准确度以及 RBF 神经网络预测精度的需求不高，因此 RBF 神经网络的训练过程不会对控制程序的运行造成负担。

场景 C：着重于验证本章设计的串行自适应陷波器以及弹性频率辨识在线监督机制在临近空间高速飞行器控制中的作用。将吸气式弹性临近空间高速飞行器纵向动力学模型(7-1)作为控制对象进行数值仿真，设定临近空间高速飞行器机体动力学仿真初始条件如表 7-3 所示。

表 7-3　临近空间高速飞行器机体动力学仿真初始条件

参数	取值	参数	取值	参数	取值
V	2347.60 m/s	α	1.02°	Φ	0.2514
h	25908 m	γ	0	δ_e	11.4635°
η_1	1.76	η_2	1.41	η_3	1.41
$\dot{\eta}_i$	0	$\ddot{\eta}_i$	0	—	—

速度期望指令 V_c 与高度期望指令 h_c 分别为

$$V_c = 2194.56\,\text{m/s}, \quad h_c = 21336\text{m} \tag{7-84}$$

为了更好地展示串行自适应陷波器的作用，在 $t = 50\text{s}$ 时，向飞行攻角引入 10% 的摄动干扰。

考虑弹性频率自适应辨识与陷波的反步控制器参数设计如表 7-4 所示。

表 7-4　考虑弹性频率自适应辨识与陷波的反步控制器参数

组成项	参数设计
速度子系统控制器	$k_V = 1.0$
高度子系统控制器	$k_P = 0.1,\ k_\gamma = 0.1,\ \tau_\alpha = 0.1,\ \tau_Q = 0.1,\ k_\alpha = 0.7,\ k_Q = 0.8$
自适应陷波器	$k_1 = 0.5,\ k_2 = 0.5,\ k_3 = 0.1,\ \varepsilon_1 = 0.001,\ \varepsilon_2 = 0.001,\ \varepsilon_3 = 0.001,\ \alpha_1 = 0.5,\ \alpha_2 = 0.5,\ \alpha_3 = 0.1$

鲁棒一致收敛观测器中，取观测器增益为

$$\begin{cases} L_{VA}=(4000-1)\mathrm{e}^{-5t}+1, & L_{\gamma A}=(5000-1)\mathrm{e}^{-5t}+1 \\ L_{\alpha A}=(4000-1)\mathrm{e}^{-2t}+1, & L_{QA}=(4000-10)\mathrm{e}^{-5t}+10 \end{cases} \tag{7-85}$$

临近空间高速飞行器的质量分布 $\bar{m}$ 、重心与机首的距离 l_n ，从 0s 时刻的 $\bar{m}_0=7860.50\,\mathrm{kg/m}$ ， $l_{n0}=16.44\mathrm{m}$ 逐步减小至 200s 时刻的 $\bar{m}_1=5355.89\,\mathrm{kg/m}$ ， $l_{n1}=16.28\mathrm{m}$ ，对比表 7-2 可知，临近空间高速飞行器的弹性模态频率将逐步由 $\omega_1=22.13\,\mathrm{rad/s}$ ， $\omega_2=61.59\,\mathrm{rad/s}$ ， $\omega_3=125.74\,\mathrm{rad/s}$ 递减为 $\omega_1=20.83\,\mathrm{rad/s}$ ， $\omega_2=51.86\,\mathrm{rad/s}$ ， $\omega_3=104.17\,\mathrm{rad/s}$ 。

首先，不在反步控制器中引入串行陷波器，进行数值仿真，结果如图 7-15 与图 7-16 所示。

图 7-15 与图 7-16 分别展示了临近空间高速飞行器的速度、高度及其跟踪误

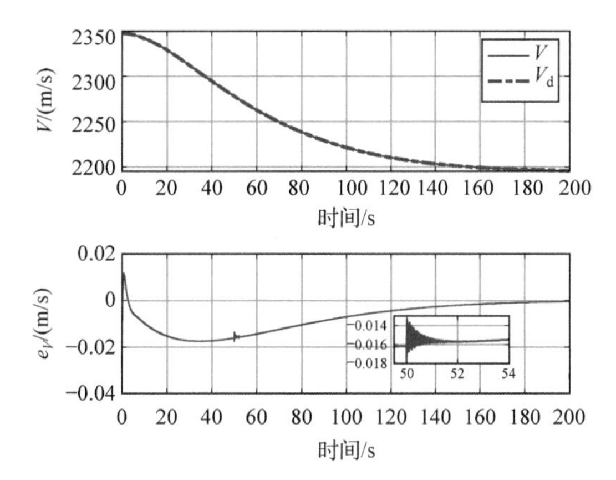

图 7-15　飞行器速度及其跟踪误差输出曲线

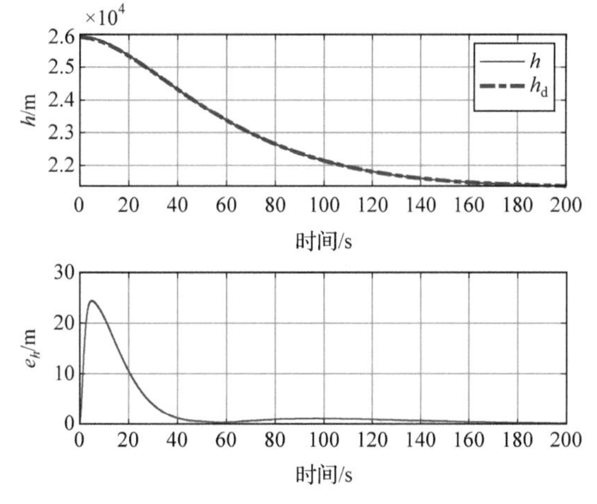

图 7-16　飞行器高度及其跟踪误差输出曲线

差输出曲线，可见临近空间高速飞行器的速度与高度输出曲线均能够很好地跟踪到期望曲线。

图 7-17 与图 7-18 分别展示了速度与飞行路径角、攻角与俯仰角速度扰动观测器输出曲线。根据曲线可见，观测器的输出值均能够快速、高精度地实现对系统扰动的估计。

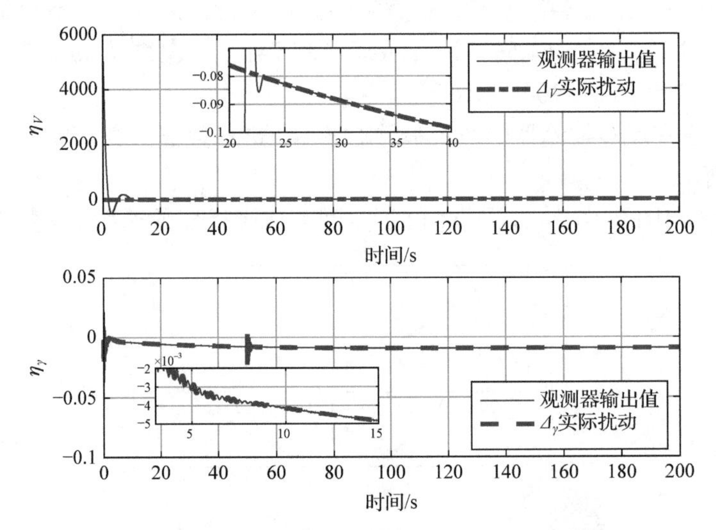

图 7-17　速度与飞行路径角扰动观测器输出曲线

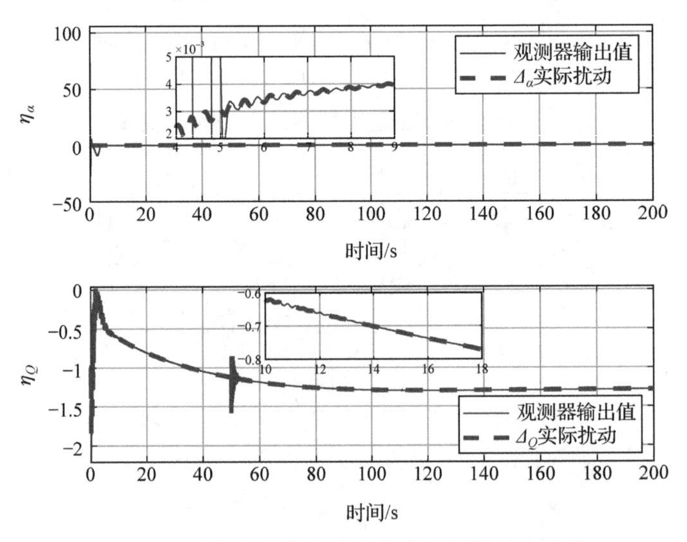

图 7-18　攻角与俯仰角速度扰动观测器输出曲线

如图 7-19、图 7-20 所示，由于在 50s 时引入了扰动，飞行器激发了弹性模态，因此临近空间高速飞行器的飞行路径角与攻角在 50s 时出现了弹性振动。

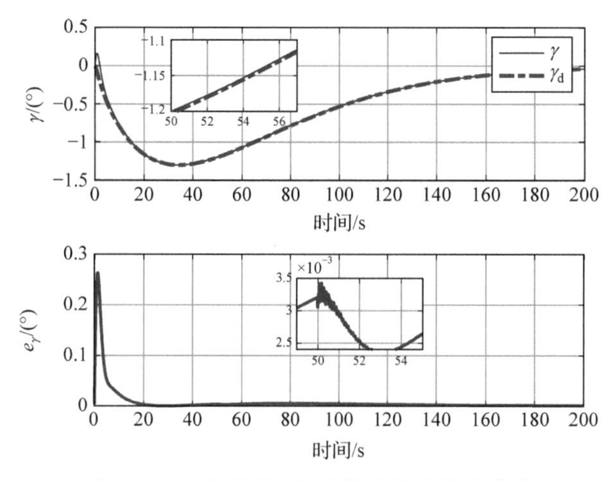

图 7-19　飞行路径角及其跟踪误差输出曲线

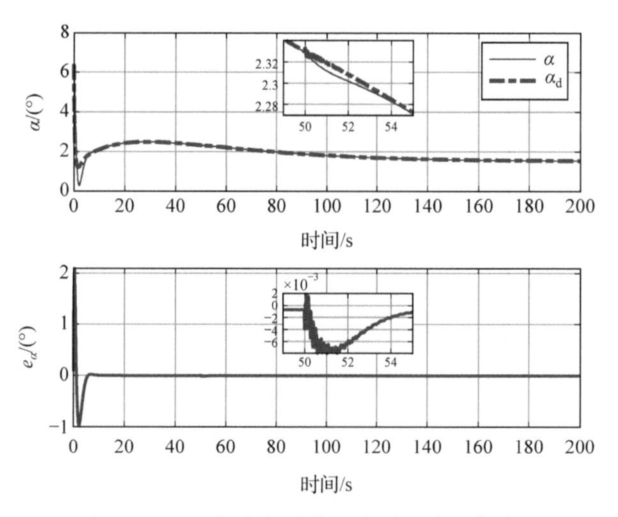

图 7-20　飞行攻角及其跟踪误差输出曲线

如图 7-21 与图 7-22 所示，弹性模态对俯仰角速度的影响更加明显，因此本章将临近空间高速飞行器俯仰角速度作为串行自适应陷波器的输入数据，以实现高效的频率辨识。

接下来，将本章设计的弹性频率智能快速辨识器代入仿真中进行验证。

首先对俯仰角速度进行预处理，获得规则化数据。设置窗口宽度为 5s，选取临近空间高速飞行器俯仰角速度输出数据作为滑动窗口数据进行仿真。

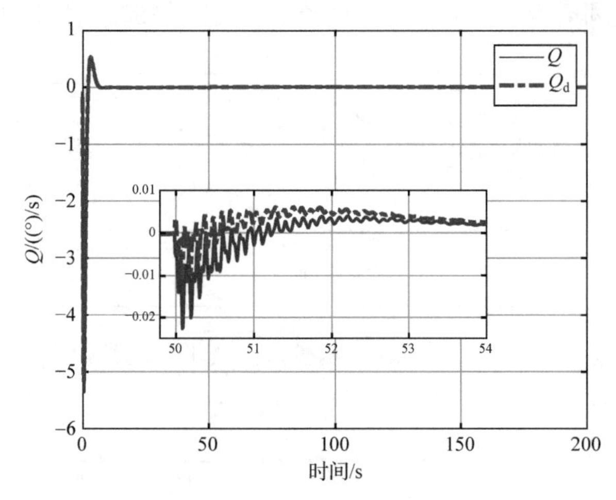

图 7-21　飞行器俯仰角速度输出曲线

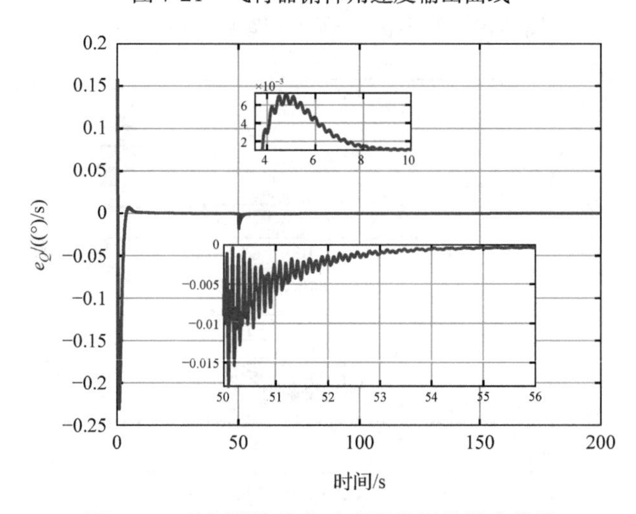

图 7-22　飞行器俯仰角速度跟踪误差输出曲线

图 7-23 展示了俯仰角速度在 $t=50\sim55$s 时的窗口数据以及极值点。图 7-24 展示了窗口数据经三次插值后得到的上下包络线。采用 Hibert-Huang 变换理论，对窗口数据进行规则化处理，可得图 7-25 所示的规则化数据。从图 7-25 中可以看出，此时数据的稳态收敛值为 0(°)/s。将规则化数据引入串行自适应陷波器中进行自适应辨识，辨识结果如图 7-26 所示。根据图 7-26 可见，当系统弹性模态频率发生变化时，串行自适应陷波器能够快速跟踪到系统弹性模态频率。

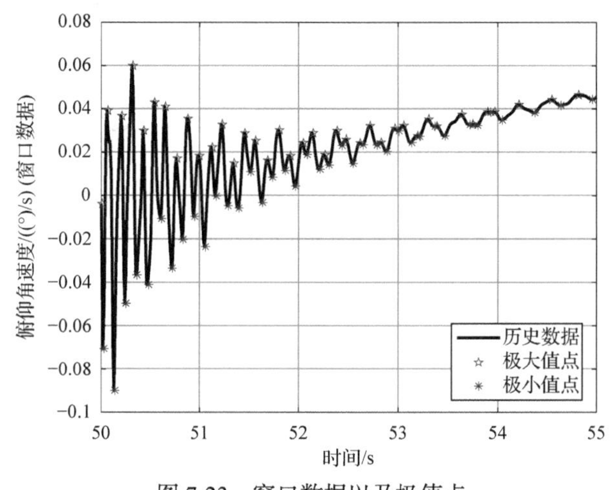

图 7-23　窗口数据以及极值点

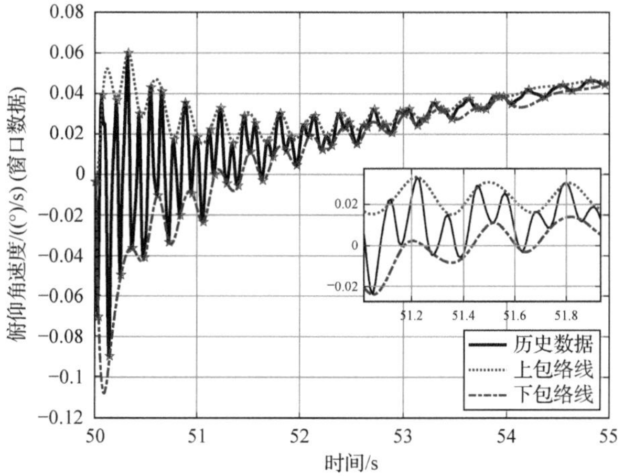

图 7-24　窗口数据上下包络线

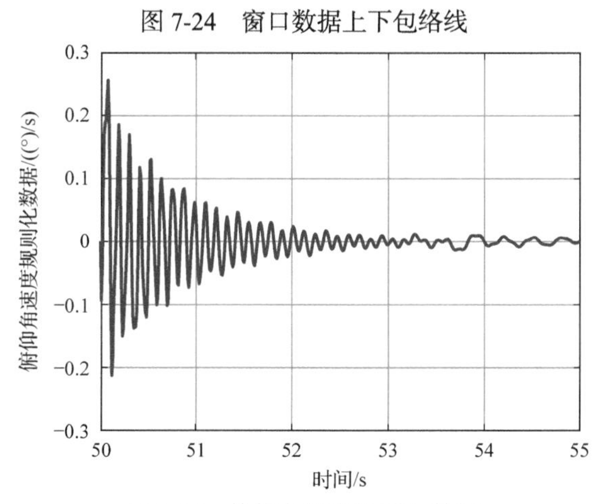

图 7-25　俯仰角速度规则化数据

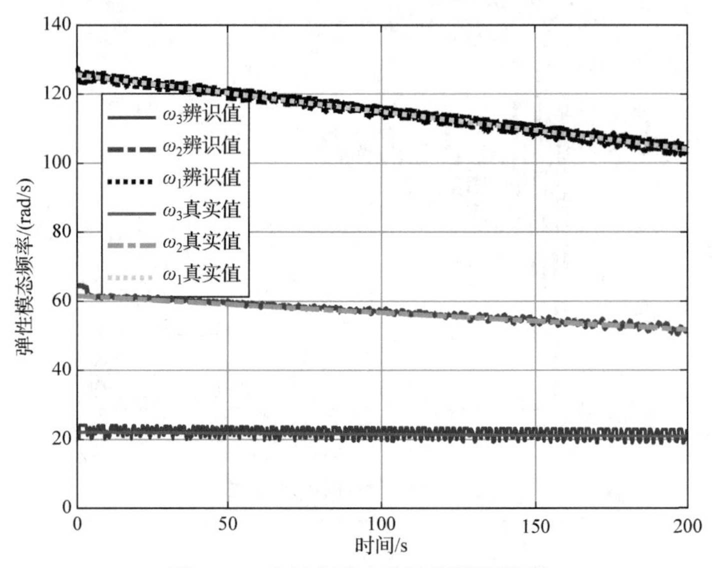

图 7-26　串行自适应陷波器辨识结果

接下来，将辨识得到的弹性模态频率引入本章设计的串行自适应陷波器中，结果如图 7-27～图 7-31 所示。

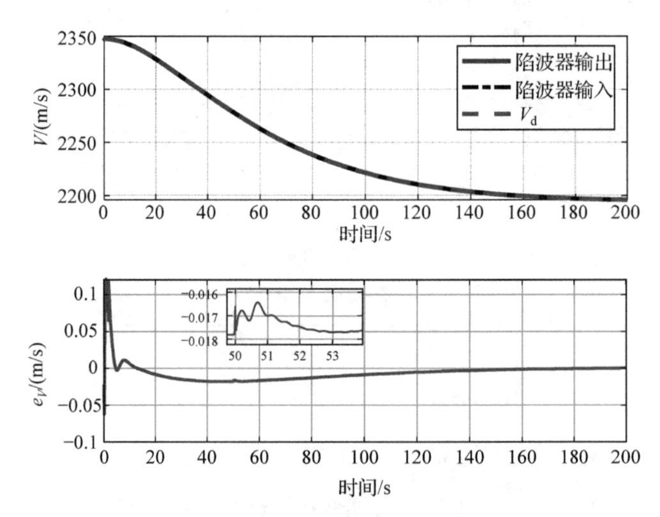

图 7-27　速度及其跟踪误差输出曲线

图 7-27～图 7-31 所示为引入陷波器后临近空间高速飞行器的速度、高度、飞行路径角、攻角、俯仰角速度及其跟踪误差输出曲线。从图中可以看出，在飞行

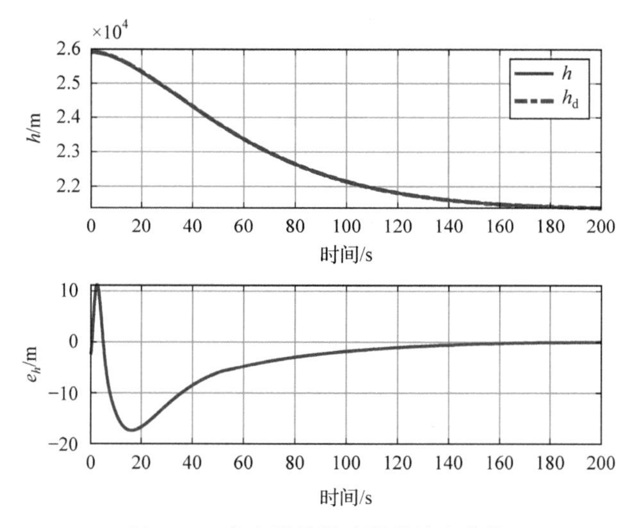

图 7-28　高度及其跟踪误差输出曲线

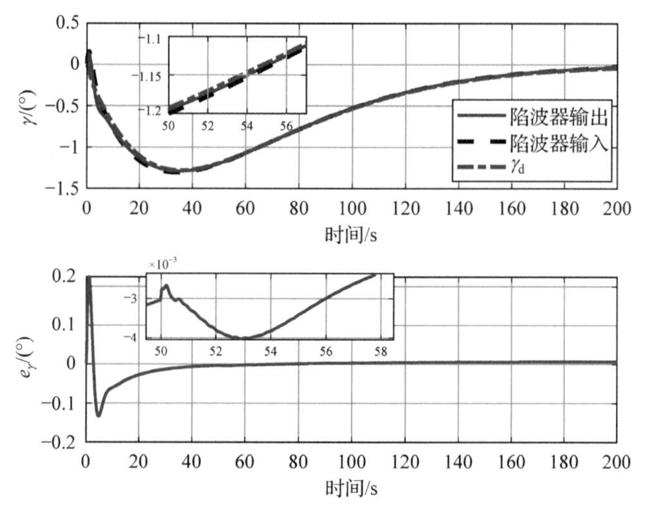

图 7-29　飞行路径角及其跟踪误差输出曲线

器速度与飞行路径角输出曲线中，弹性振动模态表现并不明显，在攻角与俯仰角速度输出曲线中，飞行器状态输出量(图中虚线)受弹性振动模态的作用，出现了明显的振动，输出量经陷波器陷波后，弹性振动模态得到了明显的抑制(图中实线)。

图 7-32、图 7-33 所示为临近空间高速飞行器的燃油当量比与升降舵偏转

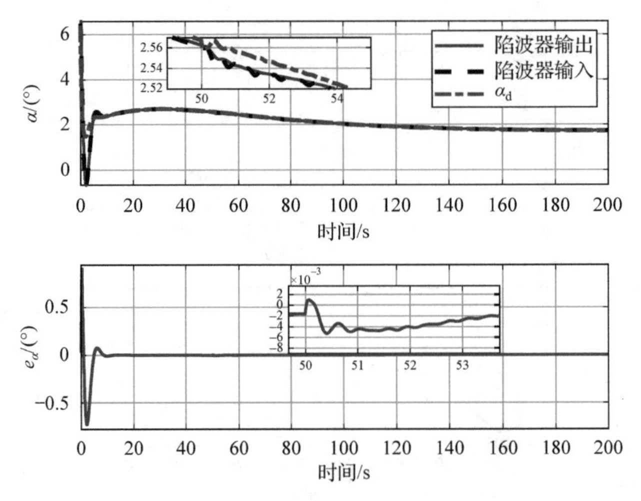

图 7-30 攻角及其跟踪误差输出曲线

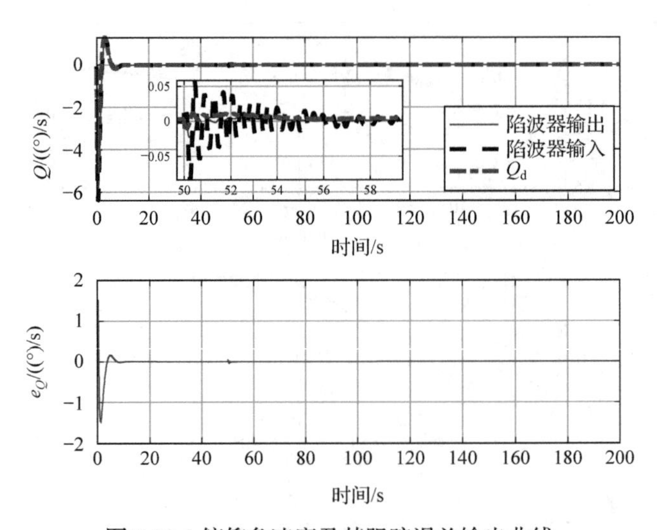

图 7-31 俯仰角速度及其跟踪误差输出曲线

角陷波效果对比曲线。图中虚线和点划线为不引入陷波器陷波处理时的控制曲线，实线则为引入陷波器陷波处理后的控制曲线。对比图 7-28～图 7-31 易知，由于串行自适应陷波器抑制了临近空间高速飞行器状态量中的弹性振动模态，因此引入控制器中的弹性振动模态成分也得到了抑制，减小了弹性振动模态造成的附加控制指令。

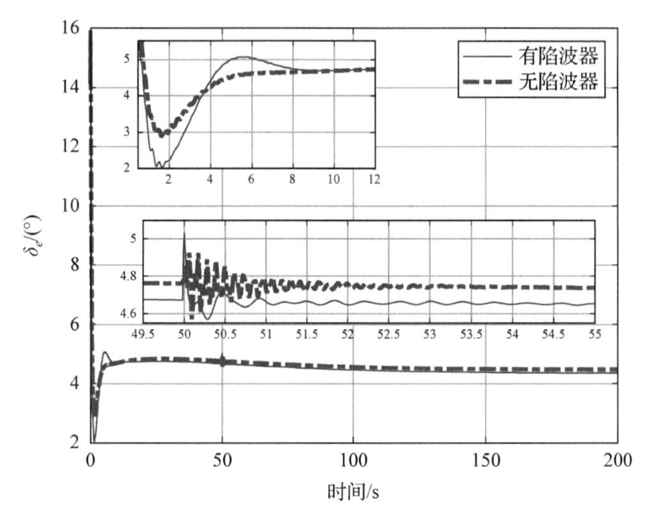

图 7-32　燃油当量比陷波效果对比曲线

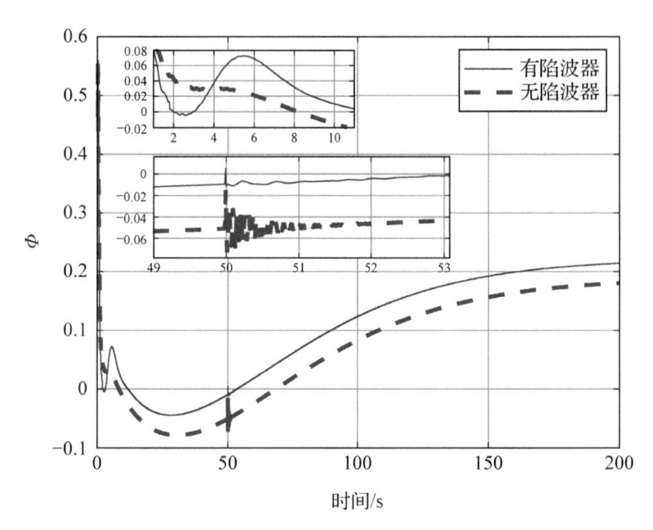

图 7-33　升降舵偏转角陷波效果对比曲线

7.7　本 章 小 结

本章针对临近空间高速飞行器弹性振动问题，设计了考虑弹性模态自适应辨识与抑制的跟踪控制方法。首先，基于 Hilbert-Huang 变换设计了串行自适应陷波器，对弹性模态频率值进行在线自适应辨识。相比传统自适应陷波器，本章设计的串行自适应陷波器具有更高的辨识精度与更快的辨识速度。同时，为避免弹性模态收敛之后，能量衰减导致自适应陷波器无法精确辨识实际弹性频率的问题，本章采用 RBF 神经网络方法设计在线监督机制，即利用 RBF 神经网络对当前状态下飞行器弹性振动频率进行预测，并根据预测结果设置频率辨识允许范围。其次，将自适应辨识得到的频率值作为串行陷波器中心频率，对弹性模态进行抑制。最后，结合反步控制方法与固定时间收敛的鲁棒一致收敛观测器，设计控制方法对弹性临近空间高速飞行器进行控制。相比不采用弹性模态辨识与抑制的传统控制方法，本章设计的控制器因为引入了串行自适应陷波器，能够更好地抑制时变弹性模态，减小弹性模态引起的附加控制指令抖动，避免因控制抖动与飞行器弹性模态发生耦合而出现结构破坏的风险。

第 8 章　考虑跟踪性能与进气约束的性能优化智能滑模控制方法

8.1　引　　言

吸气式临近空间高速飞行器普遍采用机身/发动机一体化设计，这种设计思想在为飞行器提供充足动力、提高升阻比以及减小燃料负载的同时，也会带来空气动力学与推进系统之间的强耦合问题。若飞行器产生过大攻角，无法维持吸气式发动机充足的进气量，就会出现发动机推力骤减甚至熄火的问题。因此，在设计吸气式临近空间高速飞行器控制系统过程中，需要特别关注瞬态性能与稳态性能。因为吸气式临近空间高速飞行器的飞行工况复杂，不同飞行条件下能够满足飞行器进气约束的响应性能是不同的，所以需要在不同飞行工况下设计不同的控制参数，但这在实际中难以操作。因此，可以借鉴人工智能理论挖掘控制参数与飞行工况的内在联系，构建性能指标智能策略库，并在实际飞行过程中在线快速提取参数，最终保证飞行器在复杂飞行工况下始终具有最优控制性能。吸气式临近空间高速飞行器性能指标智能策略库需要满足以下要求：

(1) 支持小样本数据学习；

(2) 结构简单，计算效率高；

(3) 计算性能佳，预测精度高。

构建性能指标智能策略库所需要的训练样本数据获取十分困难，不仅要保证数量足够的样本数据集，而且样本数据集的性能要足够好。因此，本章开展面向飞行器进气约束问题的研究，首先基于非奇异终端滑模控制与预定性能控制理论，设计性能约束快速终端滑模控制器；其次以性能约束快速终端滑模控制器作为优化对象，综合考虑跟踪误差、控制器抖振、攻角幅值、控制器能量等因素，基于第三代非支配排序遗传算法(NSGA-Ⅲ)与变异系数法设计临近空间高速飞行器性能指标优化算法，解决训练样本数据集获取问题；再次利用深度森林算法对训练样本数据进行学习，构建性能指标智能策略库，实现飞行器进气约束性能指标的在线提取功能；最后将训练好的性能指标智能策略库引入性能约束快速终端滑模控制器，实现对临近空间高速飞行器的智能控制。

8.2 问题描述

根据文献[160]和文献[161]可知，吸气式临近空间高速飞行器进气约束条件与飞行攻角大小相关，即可以将临近空间高速飞行器进气约束问题转化为攻角约束问题。如表 2-4 所示，在一般工况下，吸气式临近空间高速飞行器的攻角需要满足如下约束条件：

$$-10^\circ \leqslant \alpha \leqslant 10^\circ \tag{8-1}$$

本章将攻角幅值约束拆分为攻角跟踪误差约束与攻角控制指令约束两部分，其中攻角跟踪误差约束主要是对攻角跟踪误差进行边界限制，包括攻角跟踪的稳态误差、收敛时间、峰值等条件，攻角控制指令约束是对飞行器的期望攻角进行限制。为了保证飞行器的瞬态性能与稳态性能，攻角跟踪误差均需满足预定性能需求。定义攻角跟踪误差预定性能条件如下：

$$-\underline{\delta}\rho(t) < e_\alpha(t) < \overline{\delta}\rho(t) \tag{8-2}$$

式中，$\rho(t)$ 为攻角跟踪误差的预定性能函数，其界定了期望瞬态性能(最小收敛速率、最大超调量)与稳态性能(稳态误差)；$\underline{\delta}$、$\overline{\delta}$ 为界限参数，满足：

$$\underline{\delta}, \overline{\delta} \in (0,\ 1] \tag{8-3}$$

飞行器在飞行过程中，攻角跟踪误差的超调量、稳态误差、收敛时间等性能指标均取决于性能函数 $\rho(t)$ 的大小，因此吸气式临近空间高速飞行器预定性能控制的关键在于函数 $\rho(t)$ 的选取，其直接决定了攻角跟踪误差的收敛趋势。

构建性能指标智能策略库对性能函数指标参数与飞行工况的内在联系进行学习，需要解决以下两个方面的问题。

1) 训练样本数据集

性能指标智能策略库的好坏很大程度上取决于训练样本数据。虽然可以通过计算跟踪误差、控制指令抖振、超调量、控制能量等影响因素，对训练样本数据的性能进行量化描述，但这几种影响因素互相矛盾，且所有影响因素之间的大小关系未知，难以选择一个最优的性能参数构造训练样本数据集。采用主观赋权法虽然可以得到一个唯一选择依据，但因缺乏大量的赋权经验，难以实现；采用人工调参的方式获取训练样本数据，不仅效率低，而且在考虑各种影响因素时容易顾此失彼。

因此，可以将性能参数作为优化参数，将性能指标作为优化目标函数，把训练样本数据获取问题转化为多目标优化问题进行处理。

2) 高效率学习算法

对性能函数指标参数进行学习，虽然可以采用插值、非线性拟合、神经网络等方法进行数值预测，但是对于临近空间高速飞行器这种复杂对象，不仅要求算法预测精度高，计算速度快，而且能够学习到性能函数指标参数与飞行工况的内在联系。

本章的控制目的是设计智能控制器，使得吸气式临近空间高速飞行器在飞行过程中，满足进气约束条件。同时，利用基于深度森林算法构建的性能指标智能策略库查询实时飞行工况下的性能参数，实现对临近空间高速飞行器的性能最优控制。

8.3　临近空间高速飞行器性能约束快速终端滑模控制器设计

本节针对进气条件受限的临近空间高速飞行器设计性能约束快速终端滑模控制器。首先针对速度子系统，利用鲁棒一致收敛观测器对系统中不确定性扰动进行准确估计并设计控制器；其次基于设定时间性能函数将受约束的攻角跟踪误差转化为无约束攻角跟踪误差，并得到新的高度子系统模型；最后基于非奇异终端滑模方法，对高度子系统设计控制器，为后续研究基于深度森林算法的性能优化智能滑模控制方法奠定基础。

8.3.1　速度子系统控制器设计

定义速度子系统的跟踪误差：

$$e_V = V - V_{\mathrm{d}} \tag{8-4}$$

依据式(6-6)中的误差动力学方程可得

$$\dot{e}_V = \dot{V} - \dot{V}_{\mathrm{d}} = F_{V0} + G_{V0}\varPhi + \varDelta_V - \dot{V}_{\mathrm{d}} \tag{8-5}$$

对于集总扰动 $\varDelta_V$，采用 4.9.3 小节的鲁棒一致收敛观测器进行精确跟踪：

$$\begin{cases}\dot{\hat{e}}_{V1} = -\kappa_{A1}L_{VA}^{1/4}\theta_A\mathrm{sig}^{3/4}\left(\hat{e}_{V1}-e_V\right) - k_{A1}\left(1-\theta_A\right)\mathrm{sig}^{(4+\alpha_A)/4}\left(\hat{e}_{V1}-e_V\right) + \hat{e}_{V2} \\ \qquad + F_{V0} + G_{V0}\varPhi - \dot{V}_{\mathrm{d}} \\ \dot{\hat{e}}_{V2} = -\kappa_{A2}L_{VA}^{2/4}\theta_A\mathrm{sig}^{2/4}\left(\hat{e}_{V1}-e_V\right) - k_{A2}\left(1-\theta_A\right)\mathrm{sig}^{(4+2\alpha_A)/4}\left(\hat{e}_{V1}-e_V\right) + \hat{e}_{V3} \\ \dot{\hat{e}}_{V3} = -\kappa_{A3}L_{VA}^{3/4}\theta_A\mathrm{sig}^{1/4}\left(\hat{e}_{V1}-e_V\right) - k_{A3}\left(1-\theta_A\right)\mathrm{sig}^{(4+3\alpha_A)/4}\left(\hat{e}_{V1}-e_V\right) + \hat{e}_{V4} \\ \dot{\hat{e}}_{V4} = -\kappa_{A4}L_{VA}\theta_A\,\mathrm{sgn}\left(\hat{e}_{V1}-e_V\right) - k_{A4}\left(1-\theta_A\right)\mathrm{sig}^{1+\alpha_A}\left(\hat{e}_{V1}-e_V\right)\end{cases} \tag{8-6}$$

式中，$L_{VA} > 0$，则在固定时间后满足：

$$\hat{e}_{V1} = e_V,\quad \hat{e}_{V2} = \varDelta_V \tag{8-7}$$

设计速度子系统控制器：

$$\Phi = \frac{1}{G_{V0}}\left[-k_V e_V - \varepsilon_V \operatorname{sgn}(e_V) - F_{V0} + \dot{V}_{\mathrm{d}} - \hat{e}_{V2}\right] \tag{8-8}$$

式中，增益 $k_V > 0$；$\varepsilon_V > 0$；$\hat{e}_{V2}$ 为鲁棒一致收敛观测器对集总扰动的观测值。

定义 Lyapunov 函数：

$$V_V = \frac{1}{2}e_V^2 \tag{8-9}$$

对函数 V_V 求导，可得

$$\dot{V}_V = e_V \dot{e}_V = e_V\left(F_{V0} + G_{V0}\Phi + \varDelta_V - \dot{V}_{\mathrm{d}}\right) \tag{8-10}$$

将式(8-8)代入式(8-10)，可得

$$\begin{aligned}\dot{V}_V &= -k_V e_V^2 - \varepsilon_V \left|e_V\right| + e_V \tilde{\varDelta}_V \\ &\leqslant -k_V e_V^2 + \frac{e_V^2}{2} + \frac{\tilde{\varDelta}_V^2}{2}\end{aligned} \tag{8-11}$$

式中，$\tilde{\varDelta}_V = \varDelta_V - \hat{e}_{V2}$，为鲁棒一致收敛观测器观测误差。定义时间常数 T_{AV}，由 4.9.3 小节可知，观测误差 $\tilde{\varDelta}_V$ 在 $t \in \left(0,\ T_{AV}\right)$ 时有界。由于鲁棒一致收敛观测器可以在固定时间内实现精确跟踪，观测误差 $\tilde{\varDelta}_V$ 在 T_{AV} 之后等于 0，因此 $\dot{V}_V \leqslant \left(-k_V + 1/2\right)e_V^2$。若令 $k_V > 1/2$，则 $\dot{V}_V < 0$。由 Lyapunov 稳定性理论可知，速度子系统控制器(8-8)能够对飞行器速度实施稳定控制。

8.3.2 高度子系统控制器设计

本小节首先设计攻角跟踪误差的设定时间性能函数，相比传统性能函数，其能够在预设时刻实现精确收敛，并可灵活调整函数变化形式。其次基于无约束转化，将受约束的攻角跟踪误差转化为无约束跟踪误差，并建立新的高度子系统误差动力学。最后基于非奇异终端滑模方法，设计高度子系统控制器。

1. 设定时间性能函数

为了保证系统跟踪误差的瞬态响应和稳态值满足期望预定性能，首先需要构建光滑预定性能函数作为预定性能边界。本章选取文献[162]设计的设定时间性能函数 $\rho_{\mathrm{f}}(t)$：

$$\rho_{\mathrm{f}}(t) = \begin{cases} a_3 t^4 + a_2 t^3 + a_1 t^2 + a_0 t + \rho_{\mathrm{f}0}, & t \leqslant T_{\mathrm{f}} \\ \rho_{\mathrm{f}\infty}, & t > T_{\mathrm{f}} \end{cases} \tag{8-12}$$

式中，参数

$$\begin{cases} a_3 = -\left(3\rho_{f0} + T_f a_0 - 3\rho_{f\infty}\right)/T_f^4 \\ a_2 = \left(8\rho_{f0} + 3T_f a_0 - 8\rho_{f\infty}\right)/T_f^3 \\ a_1 = -\left(6\rho_{f0} + 3T_f a_0 - 6\rho_{f\infty}\right)/T_f^2 \end{cases} \tag{8-13}$$

式中，$\rho_{f0} > 0$，表示初始误差界限；a_0 表示设定时间性能函数初始变化方向；$\rho_{f\infty}$ 表示设定时间性能函数 $\rho_f(t)$ 的稳态值；T_f 表示设定时间性能函数 $\rho_f(t)$ 收敛至稳态值 $\rho_{f\infty}$ 所用的时间。

与传统性能函数不同的是，设定时间性能函数 $\rho_f(t)$ 可保证变量在预先设定时刻 T_f 精确收敛至稳态值 $\rho_{f\infty}$，且可以调节初始变化方向，灵活调整衰减形式，更便于描述临近空间高速飞行器的攻角跟踪约束条件。

在 $t=0$ 时，设定时间性能函数满足条件：

$$-\underline{\delta}\rho_{f0} < e_\alpha(0) < \bar{\delta}\rho_{f0} \tag{8-14}$$

则性能参数 ρ_{f0} 满足：

(1) 当 $e_\alpha(0) \geqslant 0$ 时，$\rho_{f0} > e_\alpha(0)/\bar{\delta}$；

(2) 当 $e_\alpha(0) < 0$ 时，$\rho_{f0} > -e_\alpha(0)/\underline{\delta}$。

也就是，在初始时刻 $t=0$，初始误差界限 ρ_{f0} 的取值需要保证跟踪误差不超出预定误差界限。图 8-1 为不同参数条件下的设定时间性能函数曲线。

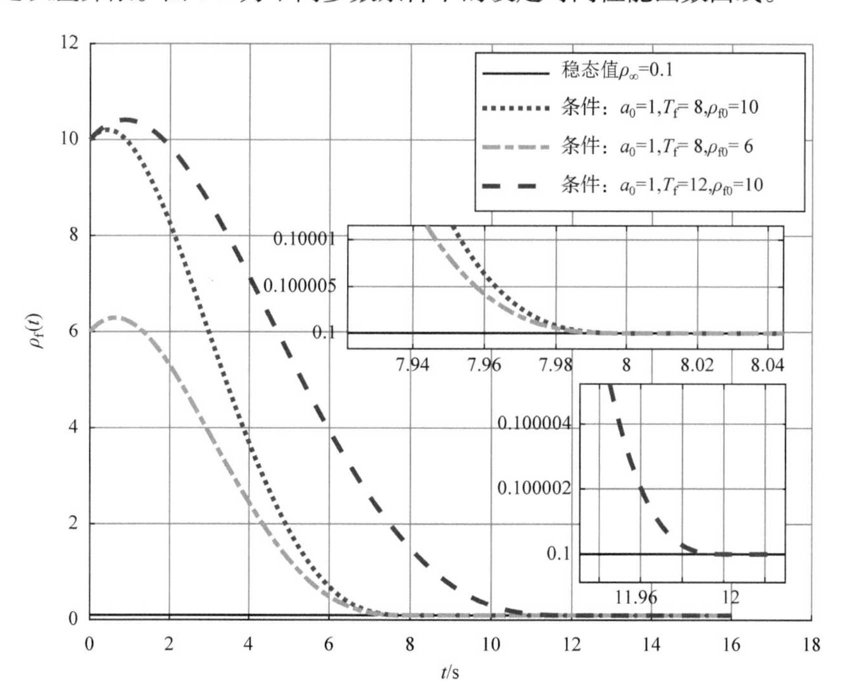

图 8-1　不同参数条件下的设定时间性能函数曲线

从图 8-1 可以看出，设定时间性能函数(8-12)能够在预先设定时刻 T_{f} 精确等于稳态值 $\rho_{\mathrm{f}\infty}$，从而实现更快的收敛速度与更高的收敛精度。

2. 攻角跟踪误差无约束转换

为了实现攻角的预定性能控制，需要将原始受约束跟踪误差 $e_{\alpha}(t)$ 转换为无约束变量 $\varepsilon(t)$，再对 $\varepsilon(t)$ 实施有效控制。取

$$e_{\alpha}(t)=\rho_{\mathrm{f}}(t)F(\varepsilon) \tag{8-15}$$

式中，$F(\varepsilon)$ 为光滑的递增转换函数；ε 为转换变量。由式(8-2)可得

$$-\underline{\delta}\rho_{\mathrm{f}}(t)<\rho_{\mathrm{f}}(t)F(\varepsilon)<\overline{\delta}\rho_{\mathrm{f}}(t) \tag{8-16}$$

即无约束转换函数 $F(\varepsilon)$ 满足条件：

$$\begin{cases}-\underline{\delta}<F(\varepsilon)<\overline{\delta}\\ \lim\limits_{\varepsilon\to-\infty}F(\varepsilon)=-\underline{\delta}\\ \lim\limits_{\varepsilon\to+\infty}F(\varepsilon)=\overline{\delta}\end{cases} \tag{8-17}$$

取无约束转换函数：

$$F(\varepsilon)=\frac{\overline{\delta}\exp(\varepsilon)-\underline{\delta}\exp(-\varepsilon)}{\exp(\varepsilon)+\exp(-\varepsilon)} \tag{8-18}$$

求解无约束转换函数(8-18)的反函数 $F^{-1}(\varepsilon)$，可得

$$\varepsilon(t)=F^{-1}\left[\frac{e_{\alpha}(t)}{\rho_{\mathrm{f}}(t)}\right]=\frac{1}{2}\ln\frac{\lambda(t)+\underline{\delta}}{\overline{\delta}-\lambda(t)} \tag{8-19}$$

式中，$\lambda(t)=e_{\alpha}(t)/\rho_{\mathrm{f}}(t)$；$\varepsilon(t)$ 为转换误差。

在完成无约束坐标转换后，只需对变量 $\varepsilon(t)$ 实施稳定控制即可保证原始变量 $e_{\alpha}(t)$ 满足预定性能约束。

3. 考虑进气约束的攻角二阶系统模型变换

针对攻角内环系统：

$$\begin{cases}\dot{\alpha}=F_{\alpha 0}+G_{\alpha 0}Q+\varDelta_{\alpha}\\ \dot{Q}=F_{Q0}+G_{Q0}\delta_{e}+\eta_{Q}\end{cases} \tag{8-20}$$

设计满足进气约束的预定性能控制器。

定义攻角跟踪误差$e_\alpha = \alpha - \alpha_{\mathrm{d}}$，令攻角跟踪误差满足性能条件：

$$-\underline{\delta}\rho_{\mathrm{f}}(t) < e_\alpha(t) < \overline{\delta}\rho_{\mathrm{f}}(t) \tag{8-21}$$

取无约束转换函数$f_\alpha(i)$，满足关系$e_\alpha(t) = \rho_{\mathrm{f}}(t) f_\alpha(\varepsilon)$，将跟踪误差$e_\alpha$转化为无约束误差$\varepsilon_\alpha$：

$$\varepsilon_\alpha = f^{-1}\left[\frac{e_\alpha(t)}{\rho_{\mathrm{f}}(t)}\right] = \frac{1}{2}\ln\frac{\lambda_\alpha(t) + \underline{\delta}}{\overline{\delta} - \lambda_\alpha(t)} \tag{8-22}$$

式中，$\lambda_\alpha(t) = e_\alpha(t)/\rho_{\mathrm{f}}(t)$。

对无约束误差ε_α求导，可得

$$\begin{cases} \dot{\varepsilon}_\alpha = r_\alpha\left[-\dfrac{\dot{\rho}_{\mathrm{f}}(t)}{\rho_{\mathrm{f}}(t)}e_\alpha + \dot{e}_\alpha\right] \\ \ddot{\varepsilon}_\alpha = r_\alpha \ddot{e}_\alpha + T_\alpha \end{cases} \tag{8-23}$$

式中，

$$\begin{cases} r_\alpha = \dfrac{1}{2\rho_{\mathrm{f}}}\left(\dfrac{1}{\lambda_\alpha + \underline{\delta}} - \dfrac{1}{\lambda_\alpha - \overline{\delta}}\right) \\ T_\alpha = \dot{r}_\alpha\left(-\dfrac{\dot{\rho}_{\mathrm{f}}}{\rho_{\mathrm{f}}}e_\alpha + \dot{e}_\alpha\right) + r_\alpha\left(-\dot{e}_\alpha\dfrac{\dot{\rho}_{\mathrm{f}}}{\rho_{\mathrm{f}}} - e_\alpha\dfrac{\ddot{\rho}_{\mathrm{f}}}{\rho_{\mathrm{f}}} + e_\alpha\dfrac{\dot{\rho}_{\mathrm{f}}^2}{\rho_{\mathrm{f}}^2}\right) \end{cases} \tag{8-24}$$

4. 控制器设计

考虑高度子系统动力学，定义高度、飞行路径角、攻角跟踪误差：

$$\begin{cases} e_h = h - h_{\mathrm{d}} \\ e_\gamma = \gamma - \gamma_{\mathrm{d}} \\ e_\alpha = \alpha - \alpha_{\mathrm{d}} \end{cases} \tag{8-25}$$

高度子系统可写作：

$$\begin{cases} \dot{e}_h = V\sin\gamma - \dot{h}_{\mathrm{d}} \\ \dot{e}_\gamma = F_{\gamma 0} + G_{\gamma 0}\alpha + \varDelta_\gamma \\ \dot{e}_\alpha = Q - \dfrac{1}{mV}(L_0 + T_0\sin\alpha) + \dfrac{g}{V}\cos\gamma - \dot{\alpha}_{\mathrm{d}} + \varDelta_\alpha \\ \ddot{e}_\alpha = F_{Q0} + G_{Q0}\delta_e + \varDelta_Q \end{cases} \tag{8-26}$$

式中，$\varDelta_\gamma$、$\varDelta_\alpha$与$\varDelta_Q$表示由外部扰动和参数摄动影响等引发的集总扰动。

根据式(8-22)，将受约束误差e_α转化为无约束误差ε_α，代入式(8-26)可得

$$\begin{cases}\dot{e}_h = V\sin\gamma - \dot{h}_{\mathrm{d}} \\ \dot{e}_\gamma = F_{\gamma 0} + G_{\gamma 0}\alpha + \varDelta_\gamma \\ \dot{\varepsilon}_\alpha = r_\alpha\left[-\dfrac{\dot{\rho}_{\mathrm{f}}(t)}{\rho_{\mathrm{f}}(t)}e_\alpha + \dot{e}_\alpha\right] \\ \ddot{\varepsilon}_\alpha = r_\alpha \ddot{e}_\alpha + T_\alpha\end{cases} \tag{8-27}$$

式中，$\dot{\varepsilon}_\alpha$、$\ddot{\varepsilon}_\alpha$ 均为无约束转换后得到的无约束攻角误差。

接下来，针对模型(8-27)设计控制器，具体步骤如下所述。

(1) 步骤 1。

针对高度跟踪误差动力学：

$$\dot{e}_h = V\sin\gamma - \dot{h}_{\mathrm{d}} \tag{8-28}$$

设计飞行路径角虚拟控制指令：

$$\gamma_{\mathrm{d}} = \arcsin\frac{1}{V}\left[-k_h e_h - \varepsilon_h \mathrm{sgn}(e_h) + \dot{h}_{\mathrm{d}}\right] \tag{8-29}$$

式中，增益 $k_h > 0$；$\varepsilon_h > 0$。

(2) 步骤 2。

考虑飞行路径角跟踪误差动力学：

$$\dot{e}_\gamma = F_{\gamma 0} + G_{\gamma 0}\alpha + \varDelta_\gamma \tag{8-30}$$

针对集总扰动 $\varDelta_\gamma$，采用鲁棒一致收敛观测器进行精确跟踪：

$$\begin{cases}\dot{\hat{e}}_{\gamma 1} = -\kappa_{A1}L_{\gamma A}^{1/4}\theta_A \mathrm{sig}^{3/4}\left(\hat{e}_{\gamma 1} - e_\gamma\right) - k_{A1}\left(1-\theta_A\right)\mathrm{sig}^{(4+\alpha_A)/4}\left(\hat{e}_{\gamma 1} - e_\gamma\right) + \hat{e}_{\gamma 2} \\ \qquad + F_{\gamma 0} + G_{\gamma 0}\alpha \\ \dot{\hat{e}}_{\gamma 2} = -\kappa_{A2}L_{\gamma A}^{2/4}\theta_A \mathrm{sig}^{2/4}\left(\hat{e}_{\gamma 1} - e_\gamma\right) - k_{A2}\left(1-\theta_A\right)\mathrm{sig}^{(4+2\alpha_A)/4}\left(\hat{e}_{\gamma 1} - e_\gamma\right) + \hat{e}_{\gamma 3} \\ \dot{\hat{e}}_{\gamma 3} = -\kappa_{A3}L_{\gamma A}^{3/4}\theta_A \mathrm{sig}^{1/4}\left(\hat{e}_{\gamma 1} - e_\gamma\right) - k_{A3}\left(1-\theta_A\right)\mathrm{sig}^{(4+3\alpha_A)/4}\left(\hat{e}_{\gamma 1} - e_\gamma\right) + \hat{e}_{\gamma 4} \\ \dot{\hat{e}}_{\gamma 4} = -\kappa_{A4}L_{\gamma A}\theta_A\,\mathrm{sgn}\left(\hat{e}_{\gamma 1} - e_\gamma\right) - k_{A4}\left(1-\theta_A\right)\mathrm{sig}^{1+\alpha_A}\left(\hat{e}_{\gamma 1} - e_\gamma\right)\end{cases} \tag{8-31}$$

式中，$L_{\gamma A} > 0$，且 $L_{\gamma A} = \left(L_{\gamma A0} - L_{\gamma A\infty}\right)\mathrm{e}^{-\nu_\gamma t} + L_{\gamma A\infty}$，$\nu_\gamma > 0$，$L_{\gamma A0} > L_{\gamma A\infty} > 0$，则有

$$\hat{e}_{\gamma 1} = e_\gamma,\quad \hat{e}_{\gamma 2} = \varDelta_\gamma \tag{8-32}$$

根据误差动力学方程(8-27)设计攻角虚拟控制律：

$$\alpha_c = \frac{1}{G_{\gamma 0}}\left[-k_\gamma e_\gamma - \varepsilon_\gamma\,\mathrm{sgn}(e_\gamma) - F_{\gamma 0} - \hat{e}_{\gamma 2}\right] \tag{8-33}$$

式中，ε_γ、k_γ 为正控制器增益。将攻角虚拟控制律 α_c 输入低通滤波器：

$$\dot{\alpha}_{\rm d} = \frac{\alpha_c - \alpha_{\rm d}}{\tau_\alpha} \tag{8-34}$$

可得期望攻角指令 $\alpha_{\rm d}$。

(3) 步骤 3。

对于攻角动力学：

$$\dot{\alpha} = F_{\alpha 0} + G_{\alpha 0} Q + \varDelta_\alpha \tag{8-35}$$

应用鲁棒一致收敛观测器补偿扰动 $\varDelta_\alpha$：

$$\begin{cases} \dot{\hat{\alpha}}_1 = -\kappa_{A1} L_{\alpha A}^{1/4} \theta_A \operatorname{sig}^{3/4}(\hat{\alpha}_1 - \alpha) - k_{A1}(1-\theta_A)\operatorname{sig}^{(4+\alpha_A)/4}(\hat{\alpha}_1 - \alpha) + \hat{\alpha}_2 \\ \qquad + F_{\alpha 0} + G_{\alpha 0} Q \\ \dot{\hat{\alpha}}_2 = -\kappa_{A2} L_{\alpha A}^{2/4} \theta_A \operatorname{sig}^{2/4}(\hat{\alpha}_1 - \alpha) - k_{A2}(1-\theta_A)\operatorname{sig}^{(4+2\alpha_A)/4}(\hat{\alpha}_1 - \alpha) + \hat{\alpha}_3 \\ \dot{\hat{\alpha}}_3 = -\kappa_{A3} L_{\alpha A}^{3/4} \theta_A \operatorname{sig}^{1/4}(\hat{\alpha}_1 - \alpha) - k_{A3}(1-\theta_A)\operatorname{sig}^{(4+3\alpha_A)/4}(\hat{\alpha}_1 - \alpha) + \hat{\alpha}_4 \\ \dot{\hat{\alpha}}_4 = -\kappa_{A4} L_{\alpha A} \theta_A \operatorname{sgn}(\hat{\alpha}_1 - \alpha) - k_{A4}(1-\theta_A)\operatorname{sig}^{1+\alpha_A}(\hat{\alpha}_1 - \alpha) \end{cases} \tag{8-36}$$

式中，$L_{\alpha A} > 0$，且 $L_{\alpha A} = (L_{\alpha A0} - L_{\alpha A\infty}){\rm e}^{-\nu_\alpha t} + L_{\alpha A\infty}$，$\nu_\alpha > 0$，$L_{\alpha A0} > L_{\alpha A\infty} > 0$，则观测器输出值满足：

$$\hat{\alpha}_1 = \alpha,\quad \hat{\alpha}_2 = \varDelta_\alpha \tag{8-37}$$

对于高度子系统(8-26)中的攻角跟踪误差二阶动力学：

$$\ddot{e}_\alpha = F_{Q0} + G_{Q0}\delta_e + \varDelta_Q \tag{8-38}$$

应用鲁棒一致收敛观测器补偿集总扰动 $\varDelta_Q$：

$$\begin{cases} \dot{\hat{e}}_{\alpha 1} = -\kappa_{A1} L_{QA}^{1/4} \theta_A \operatorname{sig}^{3/4}(\hat{e}_{\alpha 1} - e_\alpha) - k_{A1}(1-\theta_A)\operatorname{sig}^{(4+\alpha_A)/4}(\hat{e}_{\alpha 1} - e_\alpha) + \hat{e}_{\alpha 2} \\ \dot{\hat{e}}_{\alpha 2} = -\kappa_{A2} L_{QA}^{2/4} \theta_A \operatorname{sig}^{2/4}(\hat{e}_{\alpha 1} - e_\alpha) - k_{A2}(1-\theta_A)\operatorname{sig}^{(4+2\alpha_A)/4}(\hat{e}_{\alpha 1} - e_\alpha) + \hat{e}_{\alpha 3} \\ \qquad + F_{Q0} + G_{Q0}\delta_e \\ \dot{\hat{e}}_{\alpha 3} = -\kappa_{A3} L_{QA}^{3/4} \theta_A \operatorname{sig}^{1/4}(\hat{e}_{\alpha 1} - e_\alpha) - k_{A3}(1-\theta_A)\operatorname{sig}^{(4+3\alpha_A)/4}(\hat{e}_{\alpha 1} - e_\alpha) + \hat{e}_{\alpha 4} \\ \dot{\hat{e}}_{\alpha 4} = -\kappa_{A4} L_{QA} \theta_A \operatorname{sgn}(\hat{e}_{\alpha 1} - e_\alpha) - k_{A4}(1-\theta_A)\operatorname{sig}^{1+\alpha_A}(\hat{e}_{\alpha 1} - e_\alpha) \end{cases} \tag{8-39}$$

式中，$L_{QA} > 0$，且 $L_{QA} = (L_{QA0} - L_{QA\infty}){\rm e}^{-\nu_Q t} + L_{QA\infty}$，$\nu_Q > 0$，$L_{QA0} > L_{QA\infty} > 0$，则观测器输出值满足：

$$\hat{e}_{\alpha 1} = e_\alpha,\quad \hat{e}_{\alpha 2} = \dot{e}_\alpha,\quad \hat{e}_{\alpha 3} = \varDelta_Q \tag{8-40}$$

针对攻角内环系统，对攻角无约束误差 ε_α 设计控制器。定义非奇异终端滑模面：

$$\theta = \varepsilon_\alpha + \frac{1}{\beta}\dot{\varepsilon}_\alpha^{\frac{p}{q}} \tag{8-41}$$

式中，设计参数 $p > q$ 且都为正奇数，$1 < p/q < 2$；$\beta > 0$。

设计趋近律为

$$d_\theta = -k_1\left(b^{|\theta|}-1\right)\operatorname{sgn}(\theta) - k_2|\theta|^a\operatorname{sgn}(\theta) \tag{8-42}$$

式中，$0<a<1<b$ 且 $b=k_2/k_1+1$，k_1、k_2 均大于 0。

可得控制器：

$$\begin{aligned}\delta_e = -\frac{1}{r_\alpha G_{Q0}}\Bigg[& r_\alpha\left(F_{Q0}+\hat{e}_{\alpha3}\right)+T_\alpha+k_1\left(b^{|\theta|}-1\right)\operatorname{sgn}(\theta)\\ &+k_2|\theta|^a\operatorname{sgn}(\theta)+k_3\theta+\beta\frac{q}{p}\dot{\varepsilon}_\alpha^{2-\frac{p}{q}}\Bigg]\end{aligned} \tag{8-43}$$

式中，

$$\begin{cases}\dot{\varepsilon}_\alpha = r_\alpha\left[-\dfrac{\dot{\rho}_\mathrm{f}(t)}{\rho_\mathrm{f}(t)}e_\alpha+\dot{e}_\alpha\right]\\ \dot{e}_\alpha = Q-\dfrac{1}{mV}\left(L_0+T_0\sin\alpha\right)+\dfrac{g}{V}\cos\gamma-\dot{\alpha}_\mathrm{d}+\hat{\alpha}_2\end{cases} \tag{8-44}$$

$k_3>0$；$\hat{e}_{\alpha3}$ 为鲁棒一致收敛观测器对扰动 $\varDelta_Q$ 的观测值。

接下来，基于 Lyapunov 稳定性理论，对本章设计的控制器进行稳定性分析。定义低通滤波器滤波误差：

$$z_\alpha = \alpha_\mathrm{d}-\alpha_c \tag{8-45}$$

式中，$|\dot{\alpha}_c|\leqslant B_\alpha$。

滤波误差 z_α 的导数满足关系：

$$z_\alpha\dot{z}_\alpha \leqslant -\frac{z_\alpha^2}{\tau_\alpha}+B_\alpha|z_\alpha| \leqslant -\frac{z_\alpha^2}{\tau_\alpha}+\frac{z_\alpha^2}{2}+\frac{B_\alpha^2}{2} \tag{8-46}$$

定义 Lyapunov 函数：

$$V_h = \frac{1}{2}e_h^2+\frac{1}{2}e_\gamma^2+\frac{1}{2}\theta^2+\frac{1}{2}z_\alpha^2 \tag{8-47}$$

可得 Lyapunov 函数 V_h 的导数：

$$\begin{aligned}\dot{V}_h &= e_h\dot{e}_h+e_\gamma\dot{e}_\gamma+\theta\dot{\theta}+\dot{z}_\alpha z_\alpha\\ &= e_h\left[-k_he_h-\varepsilon_h\operatorname{sgn}(e_h)\right]-k_\gamma e_\gamma^2-\varepsilon_\gamma|e_\gamma|+e_\gamma\left(\varDelta_\gamma-\hat{e}_{\gamma2}\right)+e_\gamma G_{\gamma0}e_\alpha\\ &\quad+e_\gamma G_{\gamma0}z_\alpha+2\theta J_\alpha+2r_\alpha\theta\left(\varDelta_\alpha-\hat{\alpha}_2\right)+\dot{z}_\alpha z_\alpha\\ &\quad+\frac{p}{q}\frac{1}{\beta}\dot{\varepsilon}_\alpha^{\frac{p}{q}-1}\theta\left[r_\alpha\left(\varDelta_Q-\hat{e}_{Q2}\right)-k_1\left(b^{|\theta|}-1\right)\operatorname{sgn}(\theta)-k_2|\theta|^a\operatorname{sgn}(\theta)-k_3\theta\right]\end{aligned} \tag{8-48}$$

定义观测器跟踪误差：

$$\tilde{\Delta}_\gamma = \Delta_\gamma - \hat{e}_{\gamma 2}, \quad \tilde{\Delta}_Q = \Delta_Q - \hat{e}_{Q2}, \quad \tilde{\Delta}_\alpha = \Delta_\alpha - \hat{\alpha}_2 \tag{8-49}$$

将式(8-49)代入式(8-48)可得

$$\begin{aligned}
\dot{V}_h &= e_h \dot{e}_h + e_\gamma \dot{e}_\gamma + \theta\dot{\theta} + \dot{z}_\alpha z_\alpha \\
&= -k_h e_h^2 - \varepsilon_h |e_h| - k_\gamma e_\gamma^2 - \varepsilon_\gamma |e_\gamma| + e_\gamma \tilde{\Delta}_\gamma + e_\gamma G_{\gamma 0} e_\alpha + e_\gamma G_{\gamma 0} z_\alpha \\
&\quad + 2\theta J_\alpha + 2 r_\alpha \theta \tilde{\Delta}_\alpha + \frac{p}{q}\frac{1}{\beta}\dot{\varepsilon}_\alpha^{\frac{p}{q}-1}\theta\left[r_\alpha \tilde{\Delta}_Q - k_1\left(b^{|\theta|}-1\right)\mathrm{sgn}(\theta) - k_2|\theta|^a \mathrm{sgn}(\theta) - k_3\theta\right] + \dot{z}_\alpha z_\alpha \\
&\leqslant -k_h e_h^2 - k_\gamma e_\gamma^2 + \frac{1}{2}e_\gamma^2 + \frac{1}{2}\tilde{\Delta}_\gamma^2 + \frac{1}{2}|G_{\gamma 0}|e_\gamma^2 + \frac{1}{2}|G_{\gamma 0}|e_\alpha^2 + \frac{1}{2}|G_{\gamma 0}|e_\gamma^2 + \frac{1}{2}|G_{\gamma 0}|z_\alpha^2 \\
&\quad + \left[\frac{p}{q}\frac{1}{\beta}\dot{\varepsilon}_\alpha^{\frac{p}{q}-1}\left(r_\alpha{}^2 - k_3\right) + r_\alpha{}^2 + 1\right]\theta^2 + J_\alpha{}^2 + \tilde{\Delta}_\alpha^2 + \frac{p}{q}\frac{1}{\beta}\dot{\varepsilon}_\alpha^{\frac{p}{q}-1}\tilde{\Delta}_Q^2 + \dot{z}_\alpha z_\alpha
\end{aligned} \tag{8-50}$$

考虑低通滤波器，将式(8-46)代入式(8-50)，可得

$$\begin{aligned}
\dot{V}_h &\leqslant -k_h e_h^2 - k_\gamma e_\gamma^2 + \frac{1}{2}e_\gamma^2 + \frac{1}{2}\tilde{\Delta}_\gamma^2 + \frac{1}{2}|G_{\gamma 0}|e_\gamma^2 + \frac{1}{2}|G_{\gamma 0}|e_\alpha^2 + \frac{1}{2}|G_{\gamma 0}|e_\gamma^2 + \frac{1}{2}|G_{\gamma 0}|z_\alpha^2 \\
&\quad + \left[\frac{p}{q}\frac{1}{\beta}\dot{\varepsilon}_\alpha^{\frac{p}{q}-1}\left(r_\alpha^2 - k_3\right) + r_\alpha^2 + 1\right]\theta^2 + J_\alpha^2 + \tilde{\Delta}_\alpha^2 + \frac{p}{q}\frac{1}{\beta}\dot{\varepsilon}_\alpha^{\frac{p}{q}-1}\tilde{\Delta}_Q^2 - \frac{z_\alpha^2}{\tau_\alpha} + \frac{z_\alpha^2}{2} + \frac{B_\alpha^2}{2} \\
&= -k_h e_h^2 - k_\gamma e_\gamma^2 + \frac{1}{2}e_\gamma^2 + \frac{1}{2}|G_{\gamma 0}|e_\gamma^2 + \frac{1}{2}|G_{\gamma 0}|e_\gamma^2 + \left[\frac{p}{q}\frac{1}{\beta}\dot{\varepsilon}_\alpha^{\frac{p}{q}-1}\left(r_\alpha^2 - k_3\right) + r_\alpha^2 + 1\right]\theta^2 \\
&\quad + \frac{1}{2}|G_{\gamma 0}|z_\alpha^2 - \frac{z_\alpha^2}{\tau_\alpha} + \frac{z_\alpha^2}{2} + \frac{1}{2}|G_{\gamma 0}|e_\alpha^2 + \frac{1}{2}\tilde{\Delta}_\gamma^2 + \tilde{\Delta}_\alpha^2 + \frac{p}{q}\frac{1}{\beta}\dot{\varepsilon}_\alpha^{\frac{p}{q}-1}\tilde{\Delta}_Q^2 + \frac{B_\alpha^2}{2} + |J_\alpha|^2 \\
&= -k_h e_h^2 + \left(-k_\gamma + \frac{1}{2} + \frac{1}{2}|G_{\gamma 0}| + \frac{1}{2}|G_{\gamma 0}|\right)e_\gamma^2 + \left[\frac{p}{q}\frac{1}{\beta}\dot{\varepsilon}_\alpha^{\frac{p}{q}-1}\left(r_\alpha^2 - k_3\right) + r_\alpha^2 + 1\right]\theta^2 \\
&\quad + \left(\frac{1}{2}|G_{\gamma 0}| - \frac{1}{\tau_\alpha} + \frac{1}{2}\right)z_\alpha^2 + \frac{1}{2}\tilde{\Delta}_\gamma^2 + \tilde{\Delta}_\alpha^2 + \frac{p}{q}\frac{1}{\beta}\dot{\varepsilon}_\alpha^{\frac{p}{q}-1}\tilde{\Delta}_Q^2 + |L_\alpha|^2 + \frac{B_\alpha^2}{2}
\end{aligned} \tag{8-51}$$

定义参数：

$$\begin{aligned}
\mu = \min\Big\{& k_h, -\left(-k_\gamma + 1/2 + 1/2|G_{\gamma 0}| + 1/2|G_{\gamma 0}|\right), \\
& -\left[p/q\beta|\dot{\varepsilon}_\alpha|^{p/q-1}\left(r_\alpha^2 - k_3\right) + r_\alpha^2 + 1\right], -\left(1/2|G_{\gamma 0}| - 1/\tau_\alpha + 1/2\right)\Big\}
\end{aligned} \tag{8-52}$$

$$\upsilon = \frac{1}{2}\tilde{\Delta}_\gamma^2 + \tilde{\Delta}_\alpha^2 + \frac{p}{q}\frac{1}{\beta}\dot{\varepsilon}_\alpha^{\frac{p}{q}-1}\tilde{\Delta}_Q^2 + \frac{B_\alpha^2}{2} + \left|L_\alpha\right|^2 \tag{8-53}$$

如果参数选择满足如下条件：

$$k_h > 0,\quad k_\gamma > \frac{1}{2} + \left|G_{\gamma 0}\right|,\quad k_3 > r_\alpha^2 + \frac{r_\alpha^2 + 1}{p/q\beta\left|\dot{\varepsilon}_\alpha\right|^{p/q-1}},\quad \tau_\alpha < \frac{2}{1 + \left|G_{\gamma 0}\right|} \tag{8-54}$$

则参数 $\mu > 0$ ，定义时间常数 $T_{Ah} = \max\left\{T_{A\gamma},\ T_{A\alpha},\ T_{AQ}\right\}$ ，由 4.9.3 小节可知，观测误差 $\tilde{\Delta}_\gamma$ 、$\tilde{\Delta}_\alpha$ 、$\tilde{\Delta}_Q$ 在 $t \in \left(0,\ T_{Ah}\right)$ 时有界，因此参数 υ 有界。由于鲁棒一致收敛观测器可以在固定时间内实现精确跟踪，观测误差 $\tilde{\Delta}_\gamma$ 、$\tilde{\Delta}_\alpha$ 、$\tilde{\Delta}_Q$ 在 T_{Ah} 之后等于 0。因此，式(8-51)可写作

$$\dot{V}_h = -\mu V_h + \upsilon \tag{8-55}$$

解不等式(8-55)可得

$$0 \leqslant V_h\left(t\right) \leqslant V_h\left(0\right)\mathrm{e}^{-\mu t} + \frac{\upsilon}{\mu}\left(1 - \mathrm{e}^{-\mu t}\right) \leqslant V_h\left(0\right) + \frac{\upsilon}{\mu},\quad \forall t \geqslant 0 \tag{8-56}$$

式中，$V_h\left(0\right)$ 为 V_h 的初始值，则 V_h 收敛于 υ/μ ，因此闭环系统是一致最终有界的，应用控制器(8-43)可以保证高度跟踪误差 e_h 收敛。

8.4　基于深度森林算法的性能优化智能滑模控制器设计

由 8.3 节的分析易知，性能函数的参数直接决定了飞行器跟踪误差的响应性能，但是在实际控制中，由于吸气式临近空间高速飞行器的飞行工况复杂，不同飞行条件下能够满足进气约束的响应性能是不同的，因此需要在不同飞行工况下设计不同的性能函数参数，这对于设计人员而言是一项难以实际操作的任务。

本节将以 8.3 节设计的性能约束快速终端滑模控制器作为对象，基于深度森林算法设计性能优化智能滑模控制器。首先，针对训练样本数据，利用 NSGA-Ⅲ与变异系数法，提出性能指标优化算法，用于获取满足性能条件约束的训练样本数据集；其次，基于深度森林算法设计性能指标智能策略库，实现性能参数实时查询功能；最后，将设计好的性能指标智能策略库引入性能优化智能滑模控制器中，实现吸气式临近空间高速飞行器的智能控制。

8.4.1　考虑多目标性能优化的训练样本数据获取

本小节将通过地面模拟仿真的方式，设置不同的飞行工况(速度 V ，高度 h ，攻角 α ，期望指令 V_c 、h_c)进行数值仿真，以获得当前工况下飞行器满足进气约束

条件的 ρ_{f0}、T_f、a_0、$\rho_{f\infty}$ 等最优性能指标参数，从而得到性能指标智能策略库的训练样本数据。

1) 步骤 1：设计性能优化指标

对于临近空间高速飞行器控制器的设计来说，首先的要求是能够保证飞行器对速度与高度指令的稳定跟踪，即指令跟踪误差要尽可能小；其次是控制器指令的抖振不能太过剧烈，否则容易造成飞行器结构损坏；再次是临近空间高速飞行器的攻角不能太大，因为随着攻角的增大，飞行器的弹性振动会更加剧烈，也不符合临近空间高速飞行器的进气约束条件；最后是控制总能量不能太大，即飞行器跟踪性能指标可进行如下设定。

(1) 飞行器在飞行过程中，首先要保证对期望速度与期望高度的稳定跟踪，其次是对攻角、飞行路径角以及俯仰角速度期望值的高精度跟踪，即飞行器指令跟踪误差累积最小，如式(8-57)所示：

$$\min f_1 = \min\left(c_1\int\left|e_V\right|\mathrm{d}t + c_2\int\left|e_h\right|\mathrm{d}t + c_3\int\left|e_\gamma\right|\mathrm{d}t + c_4\int\left|e_\alpha\right|\mathrm{d}t + c_5\int\left|\dot{e}_\alpha\right|\mathrm{d}t\right) \tag{8-57}$$

(2) 控制器抖振累积最小，即

$$\min f_2 = \min\left(\int\left|\delta_{ek} - \delta_{e(k-1)}\right|\mathrm{d}t + \int\left|\varPhi_k - \varPhi_{k-1}\right|\mathrm{d}t\right) \tag{8-58}$$

式中，δ_{ek} 与 $\delta_{e(k-1)}$ 分别为当前时刻与上一时刻的升降舵偏转角；$\varPhi_k$ 与 $\varPhi_{k-1}$ 分别为当前时刻与上一时刻的燃油当量比。

(3) 飞行器实际飞行攻角最小，或飞行攻角与飞行攻角幅值约束之差累积最大，即

$$\max f_3 = \max\int\left|\alpha_A - \alpha\right|\mathrm{d}t \tag{8-59}$$

式中，α_A 为飞行攻角幅值约束，满足：

$$\alpha_A = \begin{cases} 10^\circ, & \alpha \geqslant 0 \\ -10^\circ, & \alpha < 0 \end{cases} \tag{8-60}$$

由于在飞行过程中过大的攻角会导致飞行器无法维持吸气式发动机的进气量，从而出现发动机熄火的情况，因此本章将进气约束转化为攻角约束进行解决。

(4) 控制能量消耗最少，即

$$\min f_4 = \min\left(c_6\int\left|\delta_e\right|\mathrm{d}t + c_7\int\left|\varPhi\right|\mathrm{d}t\right) \tag{8-61}$$

式(8-57)～式(8-61)中，c_1～c_7 为各参数系数，均大于 0，且满足 $c_1 + c_2 + c_3 + c_4 + c_5 = 1$，$c_6 + c_7 = 1$。

通过分析易知，以上设定的四项性能指标互相影响。例如，飞行器为了尽可能减小指令跟踪误差，就不得不提高控制器指令值，同时有可能造成控制器抖振。

也就是，用来描述飞行器控制性能的四项指标互相影响，互相矛盾，因此需要确定一个综合性能评价指标：

$$f_L = \sum_{i=1}^{4} w_i f_i \tag{8-62}$$

式中，$w_i \in (0,\ 1)$，为各项性能指标的权重，满足 $w_1 + w_2 + w_3 + w_4 = 1$。

因此，如何合理地设计综合性能评价指标就变得极为重要，在保证飞行器指令跟踪误差尽可能小的同时，控制器不能有太大的抖振；既要减小飞行器飞行攻角，又要保证飞行攻角跟踪误差尽快收敛。

综合性能评价指标的设计难点不仅仅在于四项指标相互影响，而且在于四项指标的量级相差较大，层次分析法(analytic hierarchy process，AHP)、二项系数法、环比评分法、最小平方法等主观赋权法难以适用。变异系数法[163]是一种客观赋权法。相比主观赋权法，变异系数法是根据统计学方法计算出系统各项指标变化程度，直接利用各项指标所包含的信息，通过计算得到指标的权重。重要的是，变异系数法能够通过刻画各指标的偏离中心趋势，反映出数据的差异和波动。在数值上，权重值等于标准差除以均值。因此，本章将采用变异系数法在线获取综合性能评价指标权重 w_i。

2) 步骤 2：基于变异系数法计算综合性能评价指标权重

假设通过地面模拟仿真的方式获取的数据集一共有 n 组，每组包括四项指标，此时性能指标数据集表示为

$$\boldsymbol{F} = \begin{pmatrix} f_{11} & \cdots & f_{14} \\ \vdots & & \vdots \\ f_{n1} & \cdots & f_{n4} \end{pmatrix} \tag{8-63}$$

由于本章设定的四组性能指标中 f_1、f_2、f_4 三项是负向指标，即其值越小，认为性能越好，因此在计算权重之前要进行正向化处理：

$$\bar{f}_{ij} = \frac{1}{k + \max\left|f_{,j}\right| + f_{ij}} \tag{8-64}$$

式中，$k > 0$；$\max\left|f_{,j}\right|$ 表示所有样本量中第 j 项负向指标绝对值的最大值。

考虑到本章设定的四组性能指标的量纲差距较大，特别是控制器能量项 f_4，远远大于其他三项指标，因此无法直接设定权重，需要进行预处理，统一每一项的量纲，即

$$\hat{f}_{ij} = \frac{\bar{f}_{ij}}{\sum_{i=1}^{n}\left|\bar{f}_{ij}\right|} \tag{8-65}$$

此时，经过标准化的样本数据变为

$$\hat{\boldsymbol{F}} = \begin{pmatrix} \hat{f}_{11} & \cdots & \hat{f}_{14} \\ \vdots & & \vdots \\ \hat{f}_{n1} & \cdots & \hat{f}_{n4} \end{pmatrix} \tag{8-66}$$

因此，每一项性能指标的权重为

$$w_j = \frac{V_j}{\sum_{j=1}^{4} V_j} \tag{8-67}$$

式中，V_j 为每一项性能指标的变异系数：

$$V_j = \frac{\sqrt{\frac{1}{n}\sum_{i=1}^{n}\left(\hat{f}_{ij} - \frac{1}{n}\sum_{i=1}^{n}\hat{f}_{ij}\right)^2}}{\frac{1}{n}\sum_{i=1}^{n}\hat{f}_{ij}} \tag{8-68}$$

变异系数法是根据不同场景下性能指标当前值与目标值的差异程度来对各性能指标进行赋权，即若某项性能指标的数值变异程度较大，能够明显地区分开各被评价对象，说明该性能指标的评价信息丰富，因而应给予该性能指标较大的权重；反之，若一个场景的某项性能指标变化较小，那么这项性能指标的区分能力较弱，应给予该性能指标较小的权重。

确定跟踪性能指标之后，便可采用寻优算法确定不同飞行状态下的最优飞行性能指标参数。

3) 步骤 3：基于 NSGA-Ⅲ的临近空间高速飞行器性能指标优化算法

通过上面的分析易知，本章所选取的四项性能指标互相矛盾，属于一个典型的多目标优化问题[164-165]，即不存在一个使每个性能指标都达到最优的解，任意一个子目标的改善都有可能会引起其他子目标的性能降低。因此，本章所能选取的解并不唯一，而是一组均衡解，即最优非劣解集或帕累托(Pareto)最优解集，最终根据任务需要筛选得到最理想的解，这个解只能在每个子目标之间进行协调与折中处理，以尽可能地保证四项性能指标都能得到理想的取值范围。

针对本章的多目标优化问题，一般可以采取两种处理方式：第一种是采用综合性能评价指标 f_{L} 作为唯一优化目标，即将本章的多目标优化问题转化为单目标优化问题；第二种是利用多目标空间中的 Pareto 支配关系得到一组相互不支配的最优解集。第一种方式要求预先获知综合性能评价指标权重，如果权重选择不合理，极易产生不好的优化结果，同时由于本章设定的四项性能指标在不同的情况下权重不尽相同，因此第一种方式并不适用于本书。

面对高维目标优化问题，很多方法由于维数增多，导致参数选择压力增大，最终寻优效果变得不理想。快速非支配排序遗传算法(non-dominated sorting genetic algorithm-II, NSGA-II)[166]是一种基于 Pareto 最优解的多目标遗传优化方法，相比基本遗传算法，NSGA-II 在进行选择操作之前就对个体进行快速非支配排序，进而增大了优秀个体被保留的概率。

NSGA-III 在 NSGA-II 的基础上，改用基于参考点的方法对个体进行选择，以克服 NSGA-II 在处理优化目标为 3 个或多于 3 个的多目标优化问题时，因使用拥挤度思想而可能造成算法收敛性与多样性差的缺点。同时，NSGA-III 与 NSGA-II 一样，能够降低非劣排序遗传算法的复杂性，最大程度地保持了各优化目标之间的独立性，具有较好的全局寻优能力。因此，本章采用 NSGA-III 来解决临近空间高速飞行器跟踪性能约束多目标优化问题。

NSGA-III 的步骤可以概括如下。

第一步：初始化。设置 NSGA-III 的初始参数和临近空间高速飞行器性能约束快速终端滑模控制器初始状态值，同时定义初始参考点。

第二步：设置进化代数 $\text{Gen}=1$，随机产生初始种群 $\boldsymbol{P}_t$ (父代种群)。将初始种群引入临近空间高速飞行器性能约束快速终端滑模控制器，计算此时飞行器系统的四项性能指标(式(8-57)～式(8-61))，依据得到的性能指标值，进行快速 Pareto 非支配排序，然后进行随机选择、模拟二进制交叉(simulated binary crossover，SBX)杂交和多项式变异，得到子代种群 $\boldsymbol{Q}_t$。

第三步：将父代种群 $\boldsymbol{P}_t$ 与子代种群 $\boldsymbol{Q}_t$ 合并为新种群 $\boldsymbol{R}_t$。

第四步：对种群 $\boldsymbol{R}_t$，基于 Pareto 支配进行快速非支配排序，得到非支配层，并利用非支配层依次构建新种群 $\boldsymbol{S}_t$，直到种群 $\boldsymbol{S}_t$ 的规模等于或第一次超过原始种群 $\boldsymbol{P}_t$。

第五步：基于参考点思想，根据临近空间高速飞行器性能约束快速终端滑模控制器计算得到的四项性能指标值，从种群 $\boldsymbol{R}_t$ 中选择合适个体生成新的父代种群 $\boldsymbol{P}_{t+1}$。

第六步：判断 Gen 是否小于最大的进化代数，若小于，则进化代数 $\text{Gen}=\text{Gen}+1$ 并返回第三步；否则，算法运行结束。

为了提高本章算法的运行效率，避免因种群选择不合理而导致临近空间高速飞行器系统失控，出现指标值为空值或无穷大值等不合理情况，在算法中特意加入了运行错误判断功能，即当飞行器的状态量为空值或无穷大值，或无约束攻角跟踪误差 ε_α 为复数时，判定系统运行出错，控制程序停止迭代并为性能指标赋较大值。图 8-2 所示为本章采用的 NSGA-Ⅲ优化算法流程。

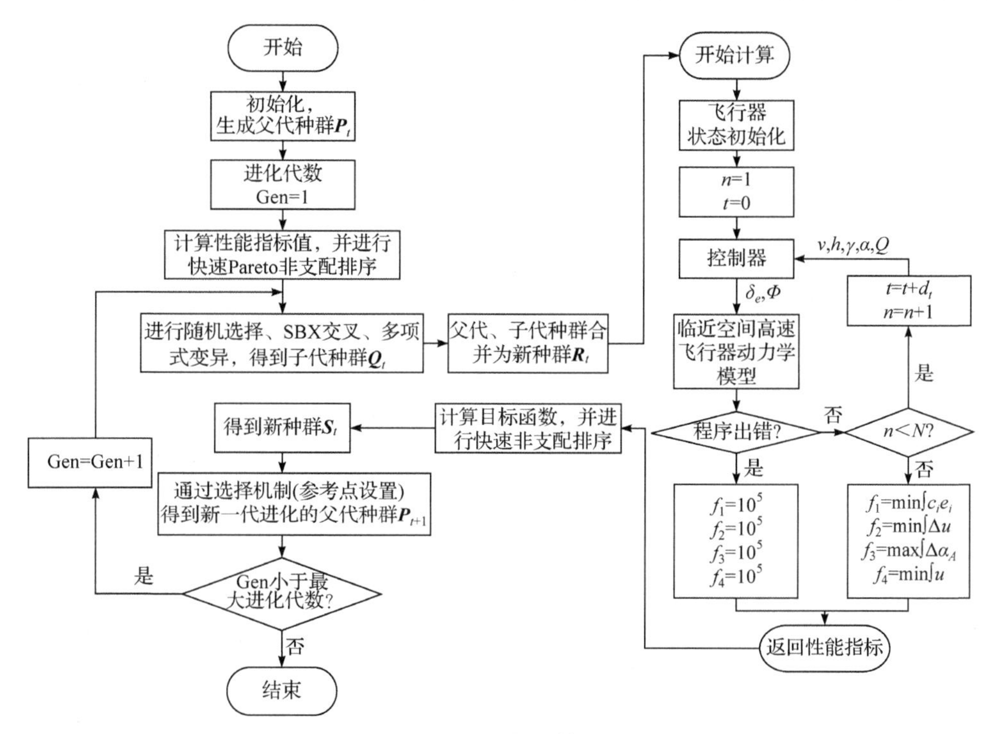

图 8-2 NSGA-Ⅲ优化算法流程图

8.4.2 基于深度森林算法的性能指标智能策略库设计

本小节将利用 8.4.1 小节获取的训练样本数据，基于深度森林算法构建性能指标智能策略库，在实际飞行中实时查询该策略库获取最优控制参数，辅助实现智能控制。图 8-3 为性能指标智能策略库的训练过程示意图。

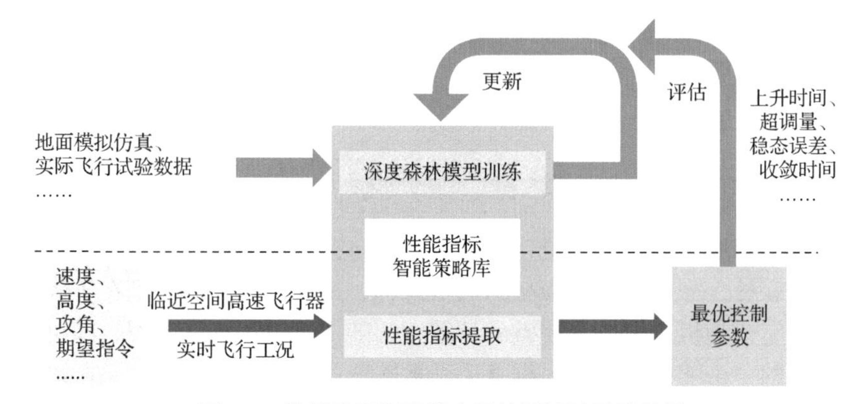

图 8-3 性能指标智能策略库的训练过程示意图

考虑到吸气式临近空间高速飞行器训练数据集样本量小，采用传统的深度神经网络(deep neural network，DNN)有可能存在类别不均衡和多样性差等问题，导致模型出现过拟合问题，最终使得模型学习效果不佳。本小节拟采用深度森林算法完成攻角跟踪约束性能指标经验库的构建,解决传统方法学习效果不佳的问题。

深度森林是一种由周志华教授提出的新型基于树的模型，是一种对深度学习算法的改进理论[167]。

传统深度神经网络算法由可微的神经元组成，需要大量的学习数据进行模型训练，因此，传统深度神经网络不仅计算效率较低，而且其模型的超参数物理意义不明确，调节较为困难。

与传统深度神经网络不同的是，深度森林算法的基础组成为不可微的决策树，即通过对树构成的森林进行集成和串联，达到让分类器做表征学习的目的，从而提高学习效率。同时，深度森林算法具有比传统深度神经网络更少的超参数，更容易训练，而且效率高，也支持小规模训练数据。因此，相比传统深度神经网络，深度森林算法更适合吸气式临近空间高速飞行器这种训练数据样本较少的高价值对象。

图 8-4 所示为深度森林算法学习框图。深度森林模型主要由级联森林和多粒度扫描两部分组成。多粒度扫描通过多个尺度的滑动窗口来实现特征重用，但不对原始数据进行数值操作。作为深度森林的核心，级联森林的每个级联由多个层级组成，每个层级对应一个扫描粒度，每一层集成了多个森林，通过每个森林学习输入特征向量的特征信息，经处理后输入下一层。图 8-5 所示为单个森林的结构。

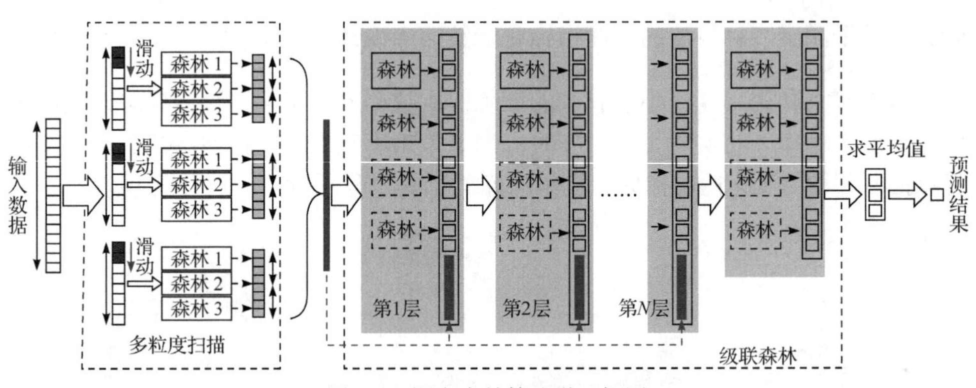

图 8-4　深度森林算法学习框图

为了增强深度森林模型的泛化能力，提高特征信息多样性，每一层选取多种类型的随机森林，如完全随机森林与随机森林，这两种森林的区别在于候选特征空间不同，完全随机森林是在完整的特征空间随机选取特征来分裂，随机森林是在特征空间的一个随机子空间根据基尼系数来选取分裂节点。

首先，为了增强级联森林，提取到输入数据不同粒度的特征，以体现出输入数据的差异性，深度森林模型使用多粒度扫描对原始数据进行处理。其次，将多粒度

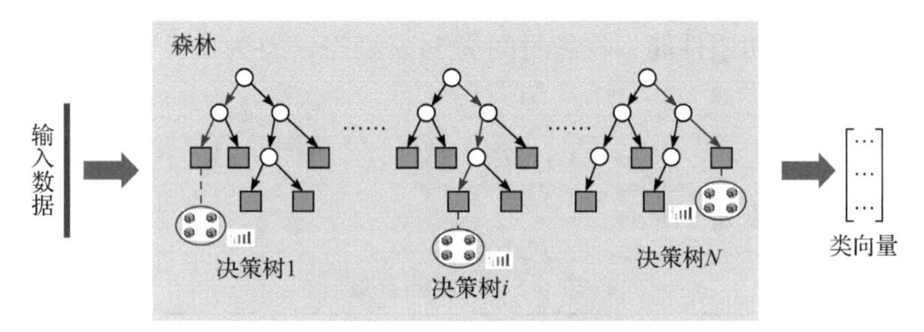

图 8-5　单个森林的结构

扫描得到的样本数据输入级联森林，从而得到概率分布向量。最后，将每个森林的输出(概率分布向量)进行拼接，作为本层的输出，并将其输入级联森林中进行训练。

为了防止深度森林模型出现过拟合，每个森林所产生的类向量或概率分布向量是通过 k-折叠交叉验证生成的，也就是，每个样本都将作为训练数据被使用 k–1 次，如此得到 k–1 个类向量，然后对其进行平均以生成最终类向量，作为下一级级联的增强特征。当一级联层结果输出之后，会用深度森林模型对一个测试集进行估计，以确定训练是否需要继续，因此，深度森林模型可以根据数据规模动态地调整自身复杂度。

深度森林模型通过多粒度扫描过程获得输入数据的特征向量，然后通过级联森林层层分类，直到最后一级级联。最终在最后一级级联聚合四个三维类向量，获取聚合值最大的类别，即预测结果。

8.5　仿真与分析

本节以吸气式临近空间高速飞行器纵向动力学模型(2-45)为控制对象，对本章设计的性能优化智能滑模控制器进行仿真验证。为了能够更加清楚地展示本章内容的仿真结果，本节通过两个子节的仿真验证所提出方法的有效性与优点。8.5.1 小节将本章设计的性能约束快速终端滑模控制器应用于临近空间高速飞行器中，验证攻角跟踪性能约束、进气约束的满足情况。8.5.2 小节对本章基于深度森林算法设计的性能优化智能滑模控制器进行仿真验证。

8.5.1　临近空间高速飞行器性能约束快速终端滑模控制器仿真结果与分析

本小节将本章设计的性能约束快速终端滑模控制器应用于吸气式临近空间高速飞行器中进行仿真验证。

场景 A： 针对吸气式临近空间高速飞行器非线性模型进行闭环系统仿真，飞行器仿真初始状态参数如表 7-3 所示，速度期望指令 V_c 与高度期望指令 h_c 与式(7-84)相同。

设定攻角跟踪期望性能，收敛时间为 5s，稳态误差为 0.1°，即设定时间性能函数参数取值为

$$\rho_{\mathrm{f}0}=3°,\quad \rho_{\mathrm{f}\infty}=0.1°,\quad T_{\mathrm{f}}=55,\quad a_0=0,\quad \underline{\delta}=1,\quad \overline{\delta}=1 \tag{8-69}$$

控制器参数如表 8-1 所示。

表 8-1　控制器参数

组成项	参数设计
速度子系统控制器	$k_V=1$，$\varepsilon_V=0.01$
高度子系统控制器	$k_h=0.3$，$\varepsilon_h=0.01$，$\tau_\alpha=0.1$，$k_\gamma=0.17$，$\varepsilon_\gamma=0.01$，$\beta=2.69$，$p=13$，$q=11$，$k_1=1.62$，$k_2=0.54$，$k_3=0.1$，$a=0.68$，$b=4$

鲁棒一致收敛观测器中，分别取观测器增益为

$$\begin{cases} L_{VA}=(100-1)\mathrm{e}^{-10t}+1, & L_{\gamma A}=(5000-1)\mathrm{e}^{-5t}+1 \\ L_{\alpha A}=(5000-1)\mathrm{e}^{-5t}+1, & L_{QA}=(7000-1)\mathrm{e}^{-7t}+1 \end{cases} \tag{8-70}$$

仿真结果如图 8-6～图 8-11 所示。

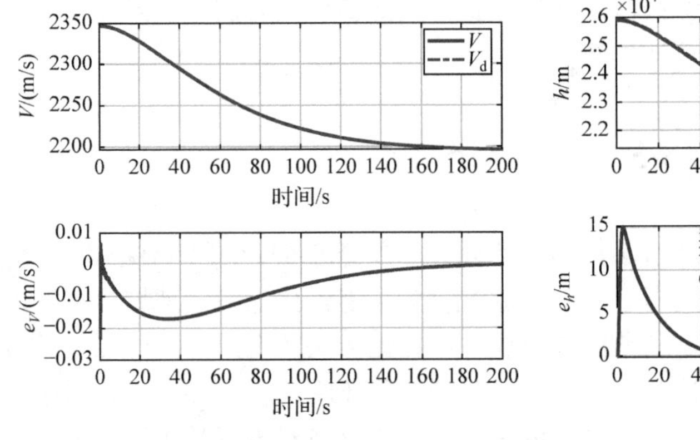

图 8-6　飞行速度及其跟踪误差输出曲线

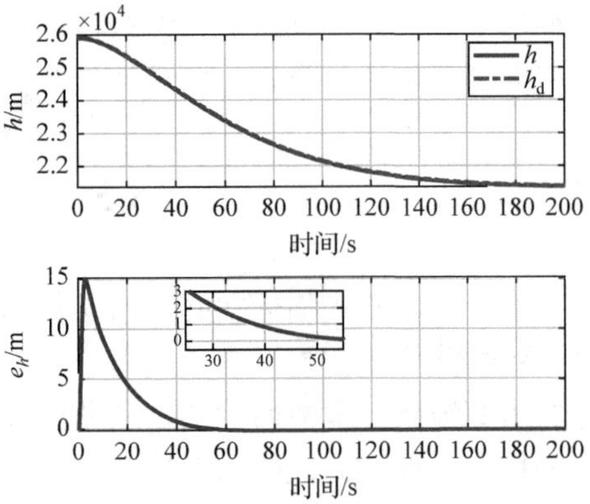

图 8-7　飞行高度及其跟踪误差输出曲线

图 8-6 与图 8-7 分别展示了临近空间高速飞行器飞行速度与飞行高度及其跟踪误差的变化曲线，可见速度与高度变化均能有效跟踪期望指令。

图 8-8 与图 8-9 分别为临近空间高速飞行器飞行路径角与飞行攻角及其跟踪误差的变化曲线。根据图 8-9 可知，飞行器在飞行过程中，飞行攻角并未超出允许范围，稳定飞行在 2.5°左右。这说明，采用本章设计的性能约束快速终端滑模控制器，能够将攻角跟踪误差约束在预定性能函数边界内。

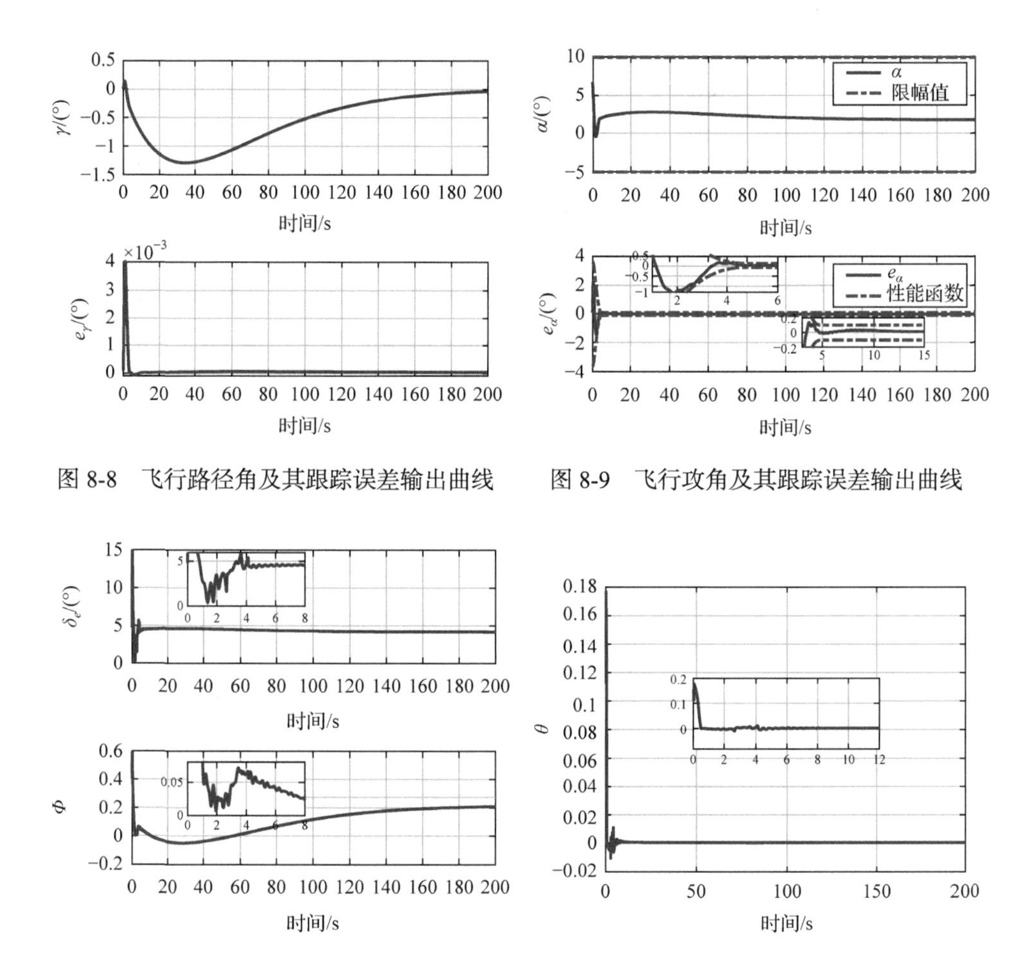

图 8-8　飞行路径角及其跟踪误差输出曲线

图 8-9　飞行攻角及其跟踪误差输出曲线

图 8-10　升降舵偏转角与燃油当量比输出曲线

图 8-11　终端滑模变量输出曲线

图 8-10、图 8-11 分别展示了升降舵偏转角与燃油当量比、终端滑模变量输出曲线。

8.5.2　基于深度森林算法的性能优化智能滑模控制器仿真结果与分析

本小节将本章设计的性能优化智能滑模控制器应用于吸气式临近空间高速飞行器中进行仿真。场景 B 利用 8.4.1 小节提出的基于 NSGA-III 的性能指标优化算法，获得不同飞行工况下的最优性能参数作为深度森林模型的训练样本数据；场景 C 基于深度森林算法，对样本数据进行训练，构建性能指标智能策略库；场景 D 将训练好的性能指标智能策略库引入本章设计的性能优化智能滑模控制器中，对吸气式临近空间高速飞行器进行控制测试。

场景 B： 训练样本数据的获取

根据表 2-4，临近空间高速飞行器的飞行速度满足范围约束条件 $2133.6\text{m/s} \leqslant V \leqslant 3352.8\text{m/s}$，飞行高度满足条件 $21336\text{m} \leqslant h \leqslant 41148\text{m}$，飞行攻角满足条件 $-10° \leqslant \alpha \leqslant 10°$，因此本小节将基于 8.3 节设计的控制器，通过设定 30 组不同的飞行工况，利用 8.4.1 小节提出的基于 NSGA-Ⅲ的性能指标优化算法，获得不同飞行工况下的最优性能参数作为深度森林模型的训练样本数据。

出于简化的目的，本章对部分参数进行了固化，仅选取飞行器飞行速度 V、飞行高度 h 作为深度森林算法的输入，性能约束快速终端滑模控制器参数 k_V、k_h、k_1 和预定性能参数 $\rho_{\mathrm{f}\infty}$、T_{f} 作为深度森林算法的输出，通过 NSGA-Ⅲ优化算法获取训练样本数据集。

表 8-2 为性能约束快速终端滑模控制器参数。

表 8-2　性能约束快速终端滑模控制器参数

组成项	参数设计
速度子系统控制器	$\varepsilon_V = 0.01$
高度子系统控制器	$\varepsilon_h = 0.01$,　$\tau_\alpha = 0.1$,　$k_\gamma = 0.5$,　$\varepsilon_\gamma = 0.01$,　$\beta = 0.8$,　$p = 17$,　$q = 13$, $k_2 = 0.6$,　$a = 0.7$,　$b = k_1/k_2 + 1$,　$k_3 = 0.1$,　$a_0 = 0$,　$\underline{\delta} = 1$,　$\overline{\delta} = 1$

速度期望指令 V_c 与高度期望指令 h_c 分别为

$$V_c = 3048\,\text{m/s},\quad h_c = 30480\text{m} \tag{8-71}$$

随机选取 30 组初始速度与初始高度作为训练样本集：

$$[V_i,\ h_i],\quad i = 1, 2, \cdots, 30 \tag{8-72}$$

式中，$V_i \in [2438.4\,\text{m/s},\ 3048\,\text{m/s}]$；$h_i \in [24384\text{m},\ 33528\text{m}]$。

基于主观赋权法，设置跟踪性能指标 f_1 和 f_3 的权重分别为 $c_1 = 0.4$，$c_2 = 0.2$，$c_3 = 0.05$，$c_4 = 0.3$，$c_5 = 0.05$，$c_6 = 0.65$，$c_7 = 0.35$。

考虑到跟踪性能指标 f_3 为正向指标，因此令跟踪性能指标 f_3 为

$$f_3 = \min \int 1/\left(\left|\alpha_A - \alpha\right| + 1\right) \mathrm{d}t \tag{8-73}$$

选取跟踪性能指标 f_1、f_2、f_3、f_4 作为多目标优化算法 NSGA-Ⅲ的目标值，设置 Pareto 解集约束为

$$\begin{cases} 0 < k_V < 20 \\ 0 < k_h < 20 \\ 0.01 < k_1 < 10 \\ 0.01 < \rho_{\mathrm{f}\infty} < 3.5 \\ 1 < T_{\mathrm{f}} < 7 \end{cases} \tag{8-74}$$

设置参考点 40 个，NSGA-Ⅲ算法的交叉率及突变率为 0.5，遗传种群规模为

500，最大进化代数为 300。

图 8-12 为临近空间高速飞行器在 $V = 2577.4\text{m/s}$ ，$h = 27447\text{m}$ 时，通过基于 NSGA-Ⅲ的性能指标优化算法得到的 Pareto 最优解集对应的性能指标分布点。

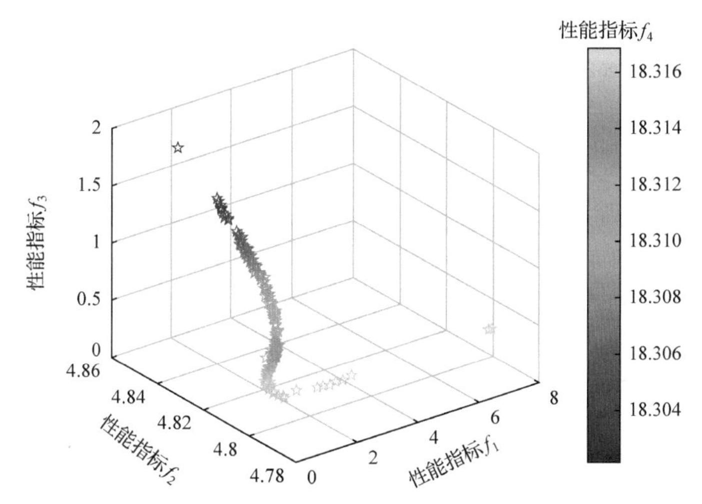

图 8-12　Pareto 最优解集对应的性能指标分布点

从图 8-12 中可以看到，大多数解集分布在性能指标较小的区域，但是其分布趋势却相反。随着 f_3 增大，五角星点的边缘颜色逐渐加深，即指标 f_4 逐渐减小。这说明用来描述控制器能量的性能指标 f_4 与用来描述飞行攻角的性能指标 f_3 的分布趋势截然相反，这也反映了本书选取的四项性能指标之间的矛盾性。

表 8-3 为性能指标智能策略库训练样本数据，由通过基于 NSGA-Ⅲ的性能指标优化算法得到的临近空间高速飞行器在 30 组飞行工况下的最优解集构成。

表 8-3　性能指标智能策略库训练样本数据

序号	飞行工况		最优解集				
	h/m	V/(m/s)	k_V	k_h	k_1	$\rho_{f\infty}$	T_f
1	31160.62	2912.06	13.04299	0.563311	1.173639	3.195162	3.430243
2	31987.54	3018.43	13.20134	0.513623	8.200256	0.303062	6.429012
3	27446.94	2577.39	14.79061	0.306311	1.840766	1.435037	6.639263
4	28006.24	2628.90	14.22751	0.542963	2.184574	0.152644	6.183448
5	32920.23	3016.00	7.997824	0.517782	6.117278	0.62733	6.582921
6	31210.30	3037.33	5.90236	0.283713	2.606034	2.780375	4.180324
7	31193.23	2870.61	4.936513	0.630604	4.017779	0.493988	5.933567
8	26124.41	2866.03	9.044012	0.29905	2.3795	1.672086	4.593406
9	25319.43	2921.81	2.906846	0.260397	5.906046	1.875505	3.260787
10	31090.51	2464.00	9.338539	0.993578	5.849917	0.427133	5.075986

续表

序号	飞行工况		最优解集				
	h/m	V/(m/s)	k_V	k_h	k_1	$\rho_{f\infty}$	T_f
11	27186.33	2614.57	12.51051	0.272137	2.157475	2.390887	3.472072
12	32089.04	2902.31	9.735833	0.617791	7.1533	0.951894	6.359777
13	28999.89	2442.67	4.766713	0.843323	5.032151	0.320083	5.791556
14	32794.65	2620.06	5.574323	0.824992	5.912757	1.043911	5.861843
15	32835.19	2625.85	1.88213	0.839628	4.914426	1.125194	5.554609
16	25182.88	3040.68	3.875414	0.279432	2.75677	1.629061	4.315828
17	31532.17	2587.75	7.348733	0.927025	4.711541	0.686243	5.337418
18	32507.83	2974.24	3.21477	0.561698	4.764379	0.563167	6.374678
19	31253.28	2815.44	13.59842	0.742634	5.834427	0.391232	5.423877
20	31362.09	2998.32	0.211098	0.326866	8.361932	3.140466	2.046703
21	30849.11	2745.64	6.220919	0.650012	4.692488	0.837083	6.012305
22	33414.31	2839.82	8.589059	0.731393	5.537409	0.926534	5.653735
23	30037.13	2480.46	7.21498	0.736833	0.62064	0.52619	6.479773
24	31872.63	2506.98	7.348733	0.927025	4.711541	0.686243	5.337418
25	31586.12	2672.79	2.908719	0.840824	8.144009	0.530768	6.288144
26	32538.92	2588.06	10.10614	0.968784	5.911354	1.017595	5.124063
27	25101.80	2689.25	13.53028	0.285826	5.778829	2.240683	4.482991
28	30278.53	2710.28	3.922722	0.742519	4.705366	0.211759	5.434825
29	24956.11	2548.43	11.76876	0.166227	2.672618	2.753534	3.288865
30	31920.79	2532.28	11.18771	0.856799	4.082764	1.015001	6.146938

场景 C：构建性能指标智能策略库

基于表 8-3 得到的训练样本数据，利用变异系数法可得到临近空间高速飞行器攻角跟踪约束性能指标权重为

$$\boldsymbol{w}=\left[0.3620,\ 0.4422,\ 0.1763,\ 0.0194\right]^{\mathrm{T}} \tag{8-75}$$

将表 8-3 作为训练样本数据集，设置深度森林模型最大级联层数分别为[10, 30, 20, 30, 20]，树的棵数分别为[20, 32, 91, 30, 45]，选择均方误差值作为参考，可得如表 8-4 所示的训练样本数据集预测结果。

表 8-4 训练样本数据集预测结果

序号	飞行工况		最优解集				
	h/m	V/(m/s)	k_V	k_h	k_1	$\rho_{f\infty}$	T_f
1	31160.62	2912.06	10.473289	0.540788	2.616001	2.225833	3.958375

续表

序号	飞行工况		最优解集				
	h/m	V/(m/s)	k_V	k_h	k_1	$\rho_{f\infty}$	T_f
2	31987.54	3018.43	9.042281	0.469191	7.422685	0.532767	5.885819
3	27446.94	2577.39	13.565781	0.362528	1.979068	1.449075	6.017483
4	28006.24	2628.90	12.903939	0.523459	2.505860	0.574841	5.982581
5	32920.23	3016.00	6.307398	0.512153	6.205723	0.667447	6.006683
6	31210.30	3037.33	5.838055	0.336007	3.627926	2.492345	4.144929
7	31193.23	2870.61	7.323217	0.614186	3.725317	0.891438	5.543239
8	26124.41	2866.03	9.483737	0.300027	3.114095	1.638148	4.360055
9	25319.43	2921.81	4.269861	0.273158	4.871247	1.899698	3.556194
10	31090.51	2464.00	8.626123	0.922355	4.927381	0.492749	5.357801
11	27186.33	2614.57	12.988472	0.301781	2.192106	1.904239	4.088324
12	32089.04	2902.31	9.048133	0.627629	6.729849	0.902710	6.263319
13	28999.89	2442.67	6.805191	0.794479	4.141113	0.442882	5.914937
14	32794.65	2620.06	6.033147	0.831581	5.746443	1.037563	5.751872
15	32835.19	2625.85	3.719024	0.821042	5.271382	1.055772	5.664005
16	25182.88	3040.68	4.528026	0.280332	3.489167	1.788961	4.061790
17	31532.17	2587.75	7.739467	0.906989	5.189898	0.775362	5.436538
18	32507.83	2974.24	4.260380	0.541451	5.540975	0.654092	5.902272
19	31253.28	2815.44	11.527857	0.710053	5.538052	0.613179	5.561456
20	31362.09	2998.32	2.086227	0.399248	7.186360	2.550606	3.220255
21	30849.11	2745.64	6.816791	0.655191	4.417330	0.681406	5.748223
22	33414.31	2839.82	8.124349	0.720246	5.653888	0.931290	5.809572
23	30037.13	2480.46	7.259471	0.777609	2.356304	0.526692	6.256899
24	31872.63	2506.98	7.832626	0.908448	4.733957	0.696852	5.546253
25	31586.12	2672.79	4.530260	0.809923	7.343964	0.587594	6.047029
26	32538.92	2588.06	8.669402	0.931737	5.664356	1.020571	5.292508
27	25101.80	2689.25	12.470007	0.283885	4.911629	2.062514	4.187802
28	30278.53	2710.28	5.586231	0.689811	4.361870	0.411923	5.627439
29	24956.11	2548.43	11.881524	0.246681	3.093688	2.410747	3.747928
30	31920.79	2532.28	9.583504	0.888518	4.404763	0.882082	5.945521

训练样本数据集与深度森林算法预测结果的综合性能评价指标如表 8-5 所示。

表 8-5 训练样本数据集与深度森林算法预测结果的综合性能评价指标

场景编号	训练样本数据	深度森林算法预测结果	场景编号	训练样本数据	深度森林算法预测结果
1	11.72443	11.56215	16	9.49511	9.376929
2	9.439304	9.317598	17	19.07712	18.72669
3	20.10665	19.64801	18	10.52748	10.36782
4	18.48849	18.16229	19	13.92088	13.68154
5	9.694376	9.550118	20	9.82733	9.67187
6	8.911961	8.782319	21	15.5355	15.25374
7	12.67513	12.47002	22	13.64822	13.41558
8	13.28431	13.07972	23	21.6727	21.24893
9	12.22736	12.00656	24	20.92211	20.53244
10	21.89989	21.50344	25	17.16917	16.86026
11	19.30525	18.95898	26	19.10356	18.75586
12	12.06452	11.85792	27	17.90412	17.63154
13	22.62878	22.21889	28	16.32112	16.03616
14	18.44262	18.10046	29	22.15977	21.3162
15	18.31442	17.98097	30	20.36648	19.97583

从表 8-5 中可以看出，综合性能评价指标与速度初始跟踪误差 e_V 、高度初始跟踪误差 e_h 的值有关系。例如，场景 13 中速度跟踪误差均大于其他 29 组场景，因此其综合性能评价指标最大，为 22.62878，深度森林算法预测的数据为 22.21889。从整体上看，基于深度森林算法构建的临近空间高速飞行器性能指标智能策略库得到的预测结果能够满足最优性能指标要求。

本章采用随机森林算法作为对比仿真，设置随机森林树的棵数为 200，可得深度森林算法与随机森林算法预测结果的均方误差值如表 8-6 所示。

表 8-6 深度森林算法与随机森林算法预测结果的均方误差值

算法	k_V	k_h	k_1	$\rho_{f\infty}$	T_f
深度森林	2.272167	0.001330	0.510953	0.078405	0.149304
随机森林	2.524993	0.001846	0.564315	0.107372	0.189536

图 8-13～图 8-15 所示为深度森林(DF)与随机森林(RF)学习结果的对比曲线。

从图 8-13～图 8-15 可以看出，整体上，相比传统的随机森林算法，深度森林算法预测结果与测试数据的重合度更高，说明深度森林算法预测精度更高，预测性能更好。

图 8-16～图 8-20 截取展示了 $2895.6\text{m/s} \leqslant V \leqslant 3048\text{m/s}$ ， $30480\text{m} \leqslant h \leqslant 33528\text{m}$ 时的性能参数变化曲面。

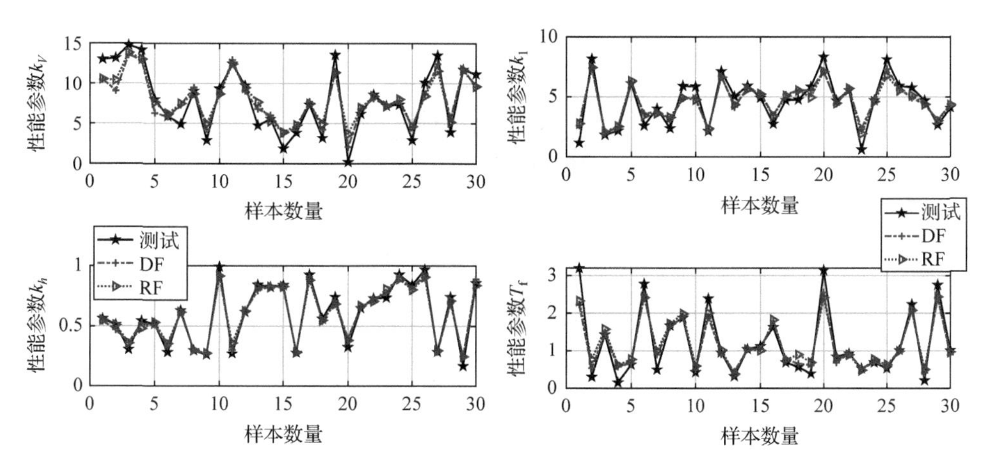

图 8-13　性能参数 k_V 、 k_h 学习结果对比曲线　　图 8-14　性能参数 k_1 、 T_f 学习结果对比曲线

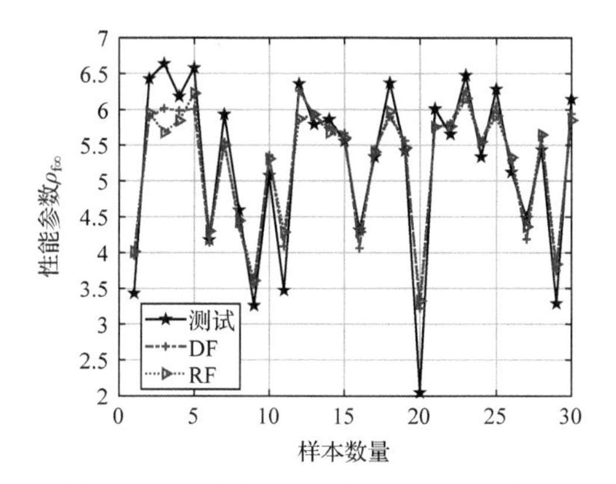

图 8-15　性能参数 $\rho_{f\infty}$ 学习结果对比曲线

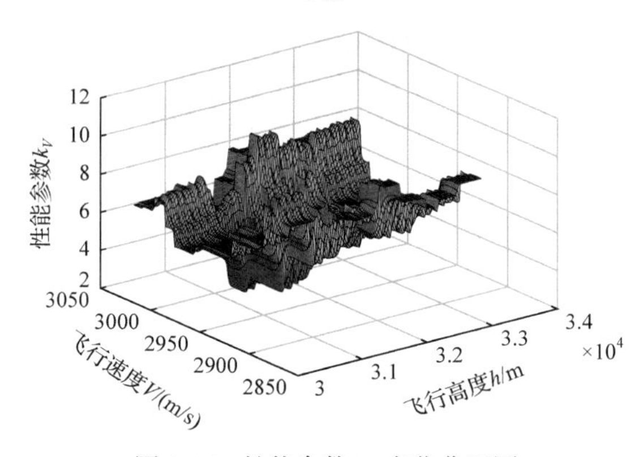

图 8-16　性能参数 k_V 变化曲面图

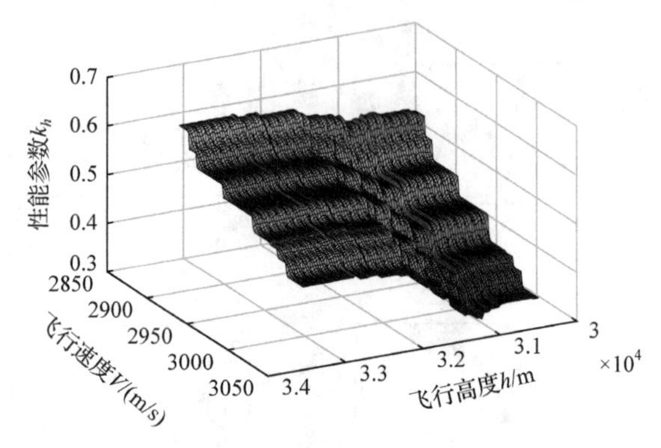

图 8-17　性能参数 k_h 变化曲面图

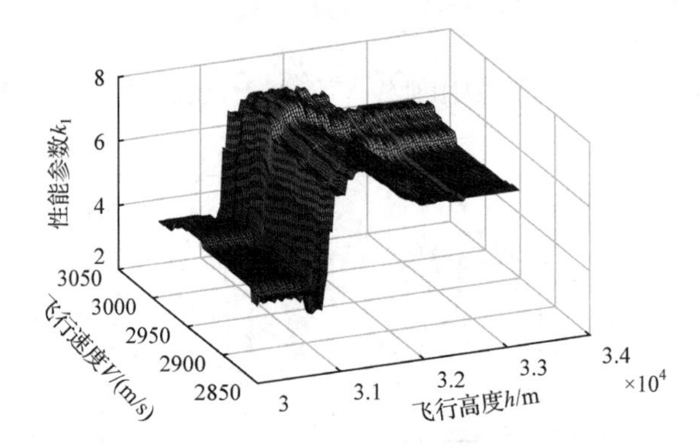

图 8-18　性能参数 k_1 变化曲面图

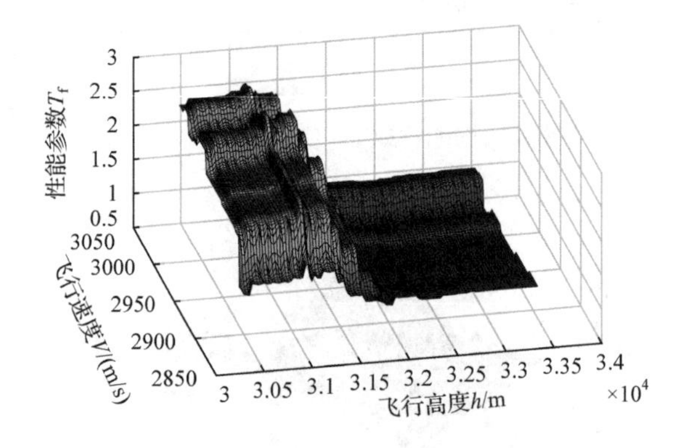

图 8-19　性能参数 T_f 变化曲面图

场景 D：基于深度森林算法的性能优化智能滑模控制器仿真测试

基于获得的性能指标智能策略库，在 $V\in\left[2438.4\text{m/s},\ 3048\text{m/s}\right]$，$h\in[24384\text{m},\ 33528\text{m}]$ 范围随机选取 10 组场景作为测试数据集，如表 8-7 所示。

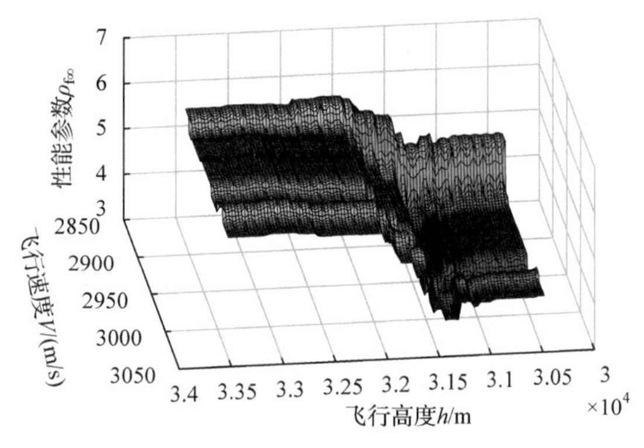

图 8-20　性能参数 $\rho_{f\infty}$ 变化曲面图

表 8-7　测试数据集

场景编号	V / (m/s)	h / m	场景编号	V / (m/s)	h / m
1	2538.68	29770.12	6	2895.30	27438.10
2	2490.83	29965.50	7	2536.24	32455.10
3	3018.74	27709.67	8	2488.69	28689.00
4	3032.46	33193.33	9	2575.26	32340.19
5	2838.60	25676.66	10	2603.60	31379.77

将以上参数作为输入值,查询基于深度森林算法构建的性能指标智能策略库,可得相应场景下对应的性能参数，如表 8-8 所示。

表 8-8　性能指标智能策略库查询结果

场景编号	飞行工况		解集				
	h/m	V/(m/s)	k_V	k_h	k_1	$\rho_{f\infty}$	T_f
1	29770.12	2538.68	5.242597	0.419978	4.771766	0.751084	5.292244
2	29965.50	2490.83	8.516147	0.437347	3.785367	0.656334	6.071213
3	27709.67	3018.74	4.326795	0.261596	5.961359	0.668680	5.655993
4	33193.33	3032.46	8.010419	0.493816	6.765231	1.577254	4.181013
5	25676.66	2838.60	4.430007	0.265251	5.393917	0.844633	5.597406
6	27438.10	2895.30	4.599784	0.298653	5.945456	0.613661	5.803119
7	32455.10	2536.24	4.070125	0.595693	3.698877	0.879664	4.769673
8	28689.00	2488.69	8.098463	0.395065	4.992463	0.657847	6.084111
9	32340.19	2575.26	4.656559	0.549987	4.558577	0.857981	4.948140
10	31379.77	2603.60	3.682803	0.486135	4.903898	0.813748	4.757599

依次将表 8-8 中的 10 组性能参数代入本章设计的临近空间高速飞行器性能

优化智能滑模控制器中，可得到如图 8-21～图 8-24 所示的场景 D 中飞行器状态输出曲线。

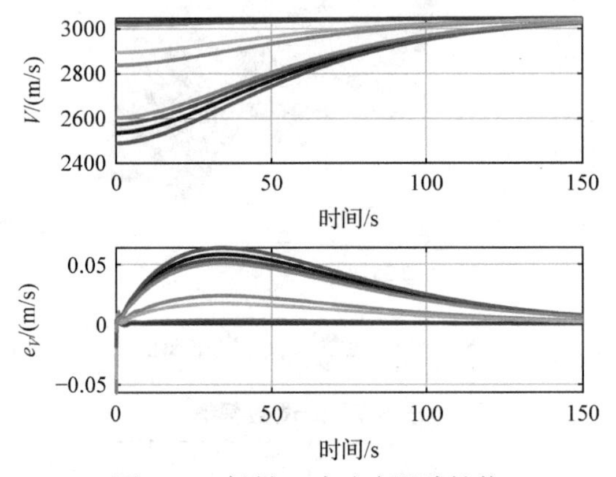

图 8-21　场景 D 中速度跟踪性能

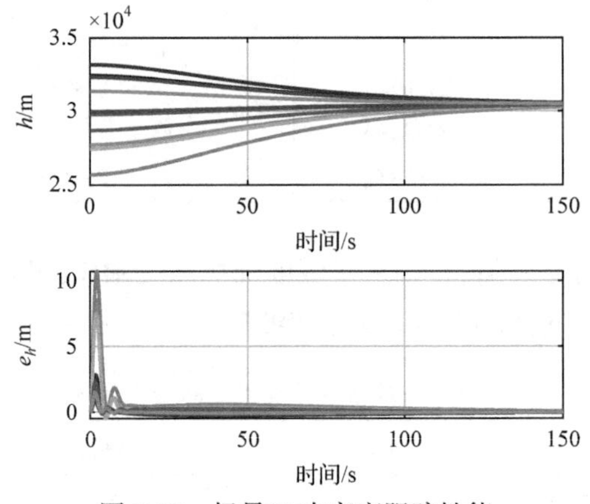

图 8-22　场景 D 中高度跟踪性能

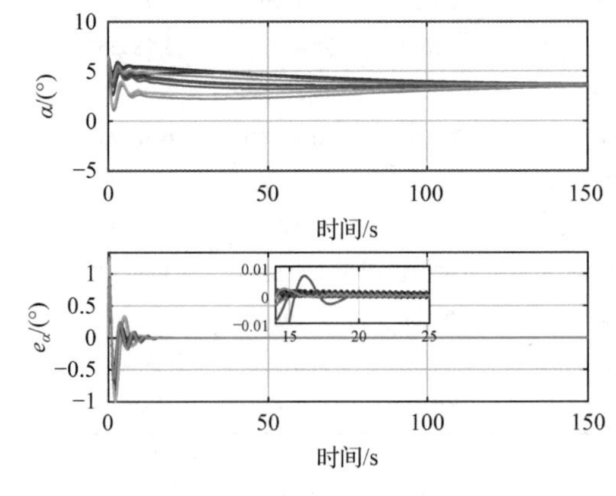

图 8-23　场景 D 中攻角跟踪性能

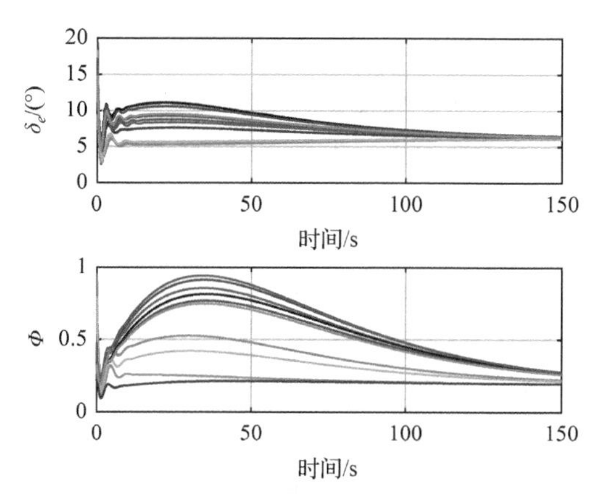

图 8-24　场景 D 中升降舵偏转角与燃油当量比

图 8-21～图 8-24 分别展示了场景 D 中速度、高度、攻角跟踪性能以及升降舵偏转角与燃油当量比输出曲线。从图 8-21、图 8-22 中可以看出，10 组测试数据集均能够稳定收敛。图 8-23 表明，攻角不仅满足幅值约束条件，而且跟踪误差能够在 20s 内收敛到±0.01°以内，收敛速度快，控制精度高。图 8-24 表明，本章设计的性能优化智能滑模控制器控制指令曲线光滑。表 8-9 为测试数据集的综合性能评价指标。

表 8-9　测试数据集的综合性能评价指标

场景编号	综合性能评价指标	场景编号	综合性能评价指标	场景编号	综合性能评价指标	场景编号	综合性能评价指标
1	20.32935	4	9.426594	7	20.28352	10	18.73812
2	21.42153	5	14.10168	8	21.63	—	—
3	9.451158	6	12.31925	9	19.39323	—	—

表 8-9 中展示的 10 组测试数据集的综合性能评价指标结果，最大为 21.63，对应 $V = 2488.69\,\text{m/s}$，h=28689.00m，与表 8-5 中样本数据集的最大综合性能评价指标 22.62878 相比，两组数据处于同一量级，即基于性能指标智能策略库查询得到的参数性能指标与基于 NSGA-Ⅲ优化算法得到的参数性能指标相近，说明本章基于深度森林算法设计的性能指标智能策略库不仅能够实现对性能参数的高精度预测，而且能够学习到性能参数与飞行工况的内在联系，确保在不同飞行工况下性能优化智能滑模控制器均能实现最优控制(控制精度高，控制指令抖振小，攻角幅值小)。

8.6　本 章 小 结

本章针对吸气式临近空间高速飞行器进气约束与智能控制问题，提出基于深度森林算法的性能优化智能滑模控制方法。首先将进气约束问题转化为攻角幅值约束问题。其次设计设定时间性能函数，相比传统方案，其能够保证性能函数变量在预先设定时刻精确等于稳态值，同时灵活调整函数初始收敛速率。再次将受约束的跟踪误差进行无约束转化，设计性能约束快速终端滑模控制器以保证控制转化误差有界，实现原始跟踪误差的预定性能约束。从次本章基于NSGA-Ⅲ优化算法与变异系数法，设计了临近空间高速飞行器性能指标优化算法，解决了训练样本数据获取困难的问题。最后基于深度森林算法对训练样本数据的经验学习结果，构建了性能指标智能策略库；同时，将性能指标智能策略库作为终端滑模控制器的输入，设计了性能优化智能滑模控制方法，在满足进气约束与跟踪性能约束的基础上，实现对吸气式临近空间高速飞行器的智能控制。相比增益调度等传统方法，本章设计的性能优化智能滑模控制方法，综合考虑了跟踪误差、控制器抖振、控制能量等性能约束条件，不仅工程实施容易，而且能够在复杂飞行工况下快速获取最优控制参数。

参 考 文 献

[1] 张超凡, 宗群, 董琦, 等. 高超声速飞行器模型及控制若干问题综述[J]. 信息与控制, 2017, 46(1): 90-102.

[2] 唐硕, 龚春林, 陈兵. 组合动力空天飞行器关键技术[J]. 宇航学报, 2019, 40(10): 1103-1114.

[3] 姜鹏, 匡宇, 谢小平, 等. 国外高超声速飞行器研究现状及发展趋势[J]. 飞航导弹, 2017(7): 19-24.

[4] 陈予恕, 郭虎伦, 钟顺. 高超声速飞行器若干问题研究进展[J]. 飞航导弹, 2009(8): 26-33.

[5] 赵林东. 高超声速飞行器建模及巡航跟踪控制技术研究[D]. 北京: 北京理工大学, 2015.

[6] 吴立刚, 安昊, 刘健行, 等. 吸气式高超声速飞行器控制的最新研究进展[J]. 哈尔滨工业大学学报, 2016, 48(10): 1-16.

[7] 黄琳, 段志生, 杨剑影. 近空间高超声速飞行器对控制科学的挑战[J]. 控制理论与应用, 2011, 28(10): 1496-1505.

[8] DING F, LIU J, SHEN C, et al. An overview of waverider design concept in airframe/inlet integration methodology for air-breathing hypersonic vehicles[J]. Acta Astronautica, 2018, 152(9): 639-656.

[9] 曹林. 吸气式高超声速飞行器轨迹跟踪控制方法研究[D]. 西安: 西北工业大学, 2018.

[10] 杨文骏. 高超声速飞行器巡航非线性控制技术研究[D]. 西安: 西北工业大学, 2018.

[11] ZHAO Z, HUANG W, YAN L, et al. An overview of research on wide-speed range waverider configuration[J]. Progress in Aerospace Sciences, 2020, 113: 100606.

[12] 宗群, 曾凡琳, 张希彬, 等. 高超声速飞行器建模与模型验证[M]. 北京: 科学出版社, 2016.

[13] 孙长银, 穆朝絮, 余瑶. 近空间高超声速飞行器控制的几个科学问题研究[J]. 自动化学报, 2013, 39(11): 1901-1913.

[14] BOLENDER M A. An overview on dynamics and controls modelling of hypersonic vehicles[C]. Conference on American Control Conference, Saint Louis, Missouri, USA, 2009: 2507-2512.

[15] 方洋旺, 柴栋, 毛东辉, 等. 吸气式高超声速飞行器制导与控制研究现状及发展趋势[J]. 航空学报, 2014, 35(7): 1776-1786.

[16] 刘薇, 龚海华. 国外高超声速飞行器发展历程综述[J]. 飞航导弹, 2020(3): 20-27, 59.

[17] 李建林. 临近空间高超声速飞行器发展研究[M]. 北京: 中国宇航出版社, 2012.

[18] 牛文, 郭朝邦, 叶蕾. 美国成功完成 AHW 首次试飞[J]. 飞航导弹, 2011(12): 1-3.

[19] 董萌. 类 HGB 飞行器再入制导技术研究[D]. 哈尔滨: 哈尔滨工业大学, 2014.

[20] 闫杰. 吸气式高超声速飞行器控制技术[M]. 西安: 西北工业大学出版社, 2015.

[21] 王友利, 才满瑞. 美国 X-51A 项目总结与前景分析[J]. 飞航导弹, 2014(3): 17-21.

[22] 李国忠, 于廷臣, 赖正华. 美国 X-51A 高超声速飞行器的发展与思考[J]. 飞航导弹, 2014(5): 5-8.

[23] 胡冬冬, 叶蕾. 美国加速高超声速打击武器实用化发展进程[J]. 飞航导弹, 2016(3): 15-19.

[24] 武卉, 牛文. 美国积极发展高超声速武器[J]. 飞航导弹, 2014(8): 6-9.

[25] GUY N. Hermeus unveils hypersonic manufacturing prototype[J]. Aerospace Daily & Defense Report, 2021, 278(29): 8.

[26] 李文杰. 从研发项目看美国高超声速飞机发展策略[J]. 战术导弹技术, 2023, (5): 59-63, 72.

[27] A Mach 9 hypersonic spaceplane concept[EB/OL]. [2022-06-09]. https://www.autoevolution.com/news/houston-startup-unveils-stargazer-a-mach-9-hypersonic-spaceplane-concept-190722.html.

[28] 李慧峰. 高超声速飞行器制导与控制技术[M]. 北京: 中国宇航出版社, 2012.

[29] 林旭斌, 张灿. 俄罗斯新型高超声速打击武器研究[J]. 战术导弹技术, 2019(1): 19-24.

[30] 张灿, 林旭斌, 刘都群, 等. 2019 年国外高超声速飞行器技术发展综述[J]. 飞航导弹, 2020(1): 16-20.

[31] 王璐, 韩洪涛, 郑义. 2018 年国外高超声速技术发展回顾[J]. 飞航导弹, 2019(4): 12-15, 55.

[32] 任长胜, 赵聪, 付毅飞, 等. 2022 年宇航领域十大科学问题和技术难题发布[N]. 科技日报, 2022-11-22(002).

[33] 西北工业大学"飞天一号"火箭冲压组合动力飞行试验圆满成功[EB]. 陕西教育(高教), 2022(9): 9.

[34] MARRISON C I, STENGEL R F. Design of robust control systems for a hypersonic aircraft[J]. Journal of Guidance Control & Dynamics, 1998, 21(1): 58-63.

[35] WANG Q, STENGEL R F. Robust nonlinear control of a hypersonic aircraft[J]. Journal of Guidance Control & Dynamics, 2000, 23(4): 577-585.

[36] BOLENDER M A, DOMAN D B. Nonlinear longitudinal dynamical model of an air-breathing hypersonic vehicle[J]. Journal of Spacecraft & Rockets, 2007, 44(2): 374-387.

[37] BOLENDER M, DOMAN D. A non-linear model for the longitudinal dynamics of a hypersonic air-breathing vehicle[C]. AIAA Guidance, Navigation, and Control Conference and Exhibit, San Francisco, California, USA, 2005: 1-22.

[38] PARKER J T, SERRANI A, YURKOVICH S, et al. Control-oriented modeling of an air-breathing hypersonic vehicle[J]. Journal of Guidance Control & Dynamics, 2007, 30(3): 856-869.

[39] REHMAN O U, PETERSEN I R, FIDAN B. Feedback linearization-based robust nonlinear control design for hypersonic flight vehicles[J]. Proceedings of the Institution of Mechanical Engineers, Part I: Journal of Systems and Control Engineering, 2012, 227(1): 3-11.

[40] QIN W, LIU J, LIU G, et al. Robust parameter dependent receding horizon h-infinity control of flexible air-breathing hypersonic vehicles with input constraints[J]. Asian Journal of Control, 2015, 17(2): 508-522.

[41] HU X, WU L, HU C, et al. Dynamic output feedback control of a flexible air-breathing hypersonic vehicle via T-S fuzzy approach[J]. International Journal of Systems Science, 2014, 45(7-9): 1740-1756.

[42] HU X, GUO Y, ZHANG L, et al. Fuzzy stable inversion-based output tracking for nonlinear non-minimum phase system and application to FAHVs[J]. Journal of the Franklin Institute, 2015, 352(12): 5529-5550.

[43] BU X W, WU X Y, HUANG J Q. Novel adaptive neural control design for a constrained flexible air-breathing hypersonic vehicle based on actuator compensation[J]. Acta Astronautica, 2016, 120(12): 75-86.

[44] BU X W, WU X Y, HUANG J Q, et al. Minimal-learning-parameter based simplified adaptive neural back-stepping control of flexible air-breathing hypersonic vehicles without virtual controllers[J]. Neurocomputing, 2016, 175(2): 816-825.

[45] BU X, WU X, ZHANG R, et al. A neural approximation-based novel back-stepping control scheme for air-breathing hypersonic vehicles with uncertain parameters[J]. Proceedings of the Institution of Mechanical Engineers, Part I: Journal of Systems & Control Engineering, 2016, 230(3): 231-243.

[46] ZHANG Y, LI R, XUE T, et al. An analysis of the stability and chattering reduction of high-order sliding mode tracking control for a hypersonic vehicle[J]. Information Sciences, 2016, 348(20): 25-48.

[47] HU Q L, NIU G L. Attitude output feedback control for rigid spacecraft with finite-time convergence [J]. ISA Transactions, 2017, 70(7): 173-186.

[48] WANG J, ZONG Q, TIAN B, et al. Flight control for a flexible air-breathing hypersonic vehicle based on quasi-continuous high-order sliding mode[J]. Journal of Systems Engineering and Electronics, 2013, 24(2): 288-295.

[49] LEVANT A. Homogeneity approach to high-order sliding mode design[J]. Automatica, 2005, 41(5): 823-830.

[50] AN H, WANG C, FIDAN B. Sliding mode disturbance observer-enhanced adaptive control for the air-breathing hypersonic flight vehicle[J]. Acta Astronautica, 2017, 139(6): 111-121.

[51] ZONG Q, DONG Q, WANG F, et al. Super twisting sliding mode control for a flexible air-breathing hypersonic vehicle

based on disturbance observer[J]. Science China Information Sciences, 2015, 58(7): 1-15.

[52] CAO L, ZHANG D, TANG S, et al. A practical parameter determination strategy based on improved hybrid PSO algorithm for higher-order sliding mode control of air-breathing hypersonic vehicles[J]. Aerospace Science and Technology, 2016, 59(10): 1-10.

[53] KAMAL S, CHALANGA A, MORENO J A, et al. Higher order super-twisting algorithm[C]. 13th IEEE Workshop on Variable Structure Systems, Nantes, France, 2014: 1-5.

[54] ZONG Q, WANG F, TIAN B, et al. Robust adaptive dynamic surface control design for a flexible air-breathing hypersonic vehicle with input constraints and uncertainty[J]. Nonlinear Dynamics, 2014, 78(1): 289-315.

[55] AN H, LIU J, WANG C, et al. Disturbance observer-based antiwindup control for air-breathing hypersonic vehicles[J]. IEEE Transactions on Industrial Electronics, 2016, 63(5): 3038-3049.

[56] TARBOURIECH S, TURNER M. Anti-windup design: An overview of some recent advances and open problems[J]. IET Control Theory & Applications, 2009, 3(1): 1-19.

[57] CUI R, ZHANG X, CUI D. Adaptive sliding-mode attitude control for autonomous underwater vehicles with input nonlinearities[J]. Ocean Engineering, 2016, 123(6): 45-54.

[58] ZONG Q, WANG F, TIAN B, et al. Robust adaptive approximate backstepping control of a flexible air-breathing hypersonic vehicle with input constraint and uncertainty[J]. Proceedings of the Institution of Mechanical Engineers, Part I: Journal of Systems and Control Engineering, 2014, 228(7): 521-539.

[59] DONG C, HOU Y, ZHANG Y, et al. Model reference adaptive switching control of a linearized hypersonic flight vehicle model with actuator saturation[J]. Proceedings of the Institution of Mechanical Engineers, Part I: Journal of Systems and Control Engineering, 2010, 224(3): 289-303.

[60] HU X X, KARIMI H R, WU L G, et al. Model predictive control-based non-linear fault tolerant control for air-breathing hypersonic vehicles[J]. IET Control Theory & Applications, 2014, 8(13): 1147-1153.

[61] GAO G, WANG J. Reference command tracking control for an air-breathing hypersonic vehicle with parametric uncertainties[J]. Journal of the Franklin Institute, 2013, 350(5): 1155-1188.

[62] QIN W, HE B, LIU G, et al. Robust model predictive tracking control of hypersonic vehicles in the presence of actuator constraints and input delays[J]. Journal of the Franklin Institute, 2016, 353(17): 4351-4367.

[63] GALEANI S, TARBOURIECH S, TURNER M, et al. A tutorial on modern anti-windup design[J]. European Journal of Control, 2009, 15(3-4): 418-440.

[64] BU X W, WU X Y, MA Z, et al. Novel auxiliary error compensation design for the adaptive neural control of a constrained flexible air-breathing hypersonic vehicle[J]. Neurocomputing, 2016, 171(6): 313-324.

[65] BU X W, WU X Y, WEI D Z, et al. Neural-approximation-based robust adaptive control of flexible air-breathing hypersonic vehicles with parametric uncertainties and control input constraints[J]. Information Sciences, 2016, 346-347: 29-43.

[66] AN H, LIU J X, WANG C H, et al. Approximate back-stepping fault-tolerant control of the flexible air-breathing hypersonic vehicle[J]. IEEE/ASME Transactions on Mechatronics, 2016, 21(3): 1680-1691.

[67] TAN S, LEI H, WANG P. Constrained adaptive neural control for air-breathing hypersonic vehicles without backstepping[J]. Mathematical Problems in Engineering, 2018, 2018(10): 1-13.

[68] BU X, WU X, TIAN M, et al. High-order tracking differentiator based adaptive neural control of a flexible air-breathing hypersonic vehicle subject to actuators constraints[J]. ISA Transactions, 2015, 58: 237-247.

[69] CHEN M, REN B, WU Q, et al. Anti-disturbance control of hypersonic flight vehicles with input saturation using

disturbance observer[J]. Science China Information Sciences, 2015, 58(7): 28-39.

[70] OH C S, BANG H, PARK C S. Attitude control of a flexible launch vehicle using an adaptive notch filter: Ground experiment[J]. Control Engineering Practice, 2008, 16(1): 30-42.

[71] WIE B, BYUN K W. New generalized structural filtering concept for active vibration control synthesis[J]. Journal of Guidance Control & Dynamics, 1989, 2(12): 147-154.

[72] 朴敏楠, 陈志刚, 孙明玮, 等. 高超声速飞行器气动伺服弹性的自适应抑制[J]. 航空学报, 2020 , 41(11): 46-60.

[73] 石永峰, 代金国. 弹性高超声速飞行器振动抑制的自适应控制方法[J]. 飞行力学, 2019, 37(6): 63-67.

[74] 孟中杰, 闫杰. 高超声速弹性飞行器振动模态自适应抑制技术[J]. 宇航学报, 2011, 32(10): 2164-2168.

[75] 张玩乐, 王小虎, 张志健. 基于小波变换与奇异值分解的航空器弹性自适应陷波方法[J]. 航天控制, 2018, 36(4): 59-64.

[76] 楚龙飞, 吴志刚, 杨超, 等. 导弹自适应结构滤波器的设计与仿真[J]. 航空学报, 2011, 32(2): 195-201.

[77] BU X. Air-breathing hypersonic vehicles funnel control using neural approximation of non-affine dynamics[J]. IEEE/ASME Transactions on Mechatronics, 2018, 23(5): 2099-2108.

[78] DONG C, LIU Y, WANG Q. Barrier Lyapunov function based adaptive finite-time control for hypersonic flight vehicles with state constraints[J]. ISA Transactions, 2020, 96: 163-176.

[79] AN H, XIA H, WANG C. Barrier Lyapunov function-based adaptive control for hypersonic flight vehicles[J]. Nonlinear Dynamics, 2017, 88(3): 1833-1853.

[80] XU B, SHI Z, SUN F, et al. Barrier Lyapunov function based learning control of hypersonic flight vehicle with AOA constraint and actuator faults[J]. IEEE Transactions on Cybernetics, 2018: 1-11.

[81] BECHLIOULIS C P, ROVITHAKIS G A. Robust adaptive control of feedback linearizable MIMO nonlinear systems with prescribed performance[J]. IEEE Transactions on Automatic Control, 2008, 53(9): 2090-2099.

[82] BU X W. Guaranteeing prescribed performance for air-breathing hypersonic vehicles via an adaptive non-affine tracking controller[J]. Acta Astronautica, 2018, 151(6): 368-379.

[83] BU X W, WU X, ZHU F, et al. Novel prescribed performance neural control of a flexible air-breathing hypersonic vehicle with unknown initial errors[J]. ISA Transactions, 2015, 59: 149-159.

[84] ZHAO S, LI X, BU X, et al. Prescribed performance tracking control for hypersonic flight vehicles with model uncertainties[J]. International Journal of Aerospace Engineering, 2019, 2019: 1-11.

[85] CHANG J T, YU D, BAO W, et al. Influence factors of unstart boundary for hypersonic inlets[C]. 44th AIAA/ASME/SAE/ASEE Joint Propulsion Conference & Exhibit, Hartford, Connecticut, USA, 2008.

[86] BOLENDER M, OPPENHEIMER M, DOMAN D. Effects of unsteady and viscous aerodynamics on the dynamics of a flexible air-breathing hypersonic Vehicle[C]. AIAA Atmospheric Flight Mechanics Conference and Exhibit, Hilton Head, South Carolina, USA, 2007: 1-18.

[87] 王婕. 弹性高超声速飞行器跟踪问题控制方法研究[D]. 天津: 天津大学, 2014.

[88] WILLIAMS T, BOLENDER M, DOMAN D, et al. An aerothermal flexible mode analysis of a hypersonic vehicle[C]. AIAA Atmospheric Flight Mechanics Conference and Exhibit, Keystone, Colorado, USA, 2006: 1-22.

[89] SRIDHARAN S, RODRIGUEZ A A. Performance based control-relevant design for scramjet-powered hypersonic vehicles[C]. AIAA Guidance, Navigation, and Control Conference, Minneapolis, Minnesota, USA, 2012: 1-17.

[90] OPPENHEIMER M, SKUJINS T, BOLENDER M, et al. A flexible hypersonic vehicle model developed with piston theory[C]. AIAA Atmospheric Flight Mechanics Conference and Exhibit, Hilton Head, South Carolina, USA, 2007: 1-25.

[91] SHEN H, LIU Y, CHEN B, et al. Control-relevant modeling and performance limitation analysis for flexible air-

breathing hypersonic vehicles[J]. Aerospace Science & Technology, 2018, 76(5): 340-349.

[92] 李晓红. 临近空间高超声速飞行器的 L_1 自适应控制[D]. 哈尔滨: 哈尔滨工业大学, 2012.

[93] 杨志红, 徐宝华, 姚德清. 基于高斯伪谱法的吸气式高超声速飞行器爬升弹道优化研究[J]. 导航定位与授时, 2018, 5(3): 35-40.

[94] 杨胜江, 刘超逸. 美国高超声速飞行器级间分离控制技术研究[J]. 飞航导弹, 2014(11): 34-42.

[95] 陈少春, 陈鄂平. Hyper-X 计划发展中的经验与教训[J]. 飞航导弹, 2010(9): 20-23.

[96] GIBSON T, ANNASWAMY A. Adaptive control of hypersonic vehicles in the presence of thrust and actuator uncertainties[C]. AIAA Guidance, Navigation, and Control Conference and Exhibit, Honolulu, Hawaii, USA, 2008: 1-16.

[97] FIORENTINI L, SERRANI A, BOLENDER M A, et al. Nonlinear robust adaptive control of flexible air-breathing hypersonic vehicles[J]. Journal of Guidance Control & Dynamics, 2009, 32(2): 402-417.

[98] 申玉叶. 高超声速飞行器机理建模及特性分析[D]. 天津: 天津大学, 2014.

[99] 王颂超. 高超声速飞行器纵向动力学问题研究[D]. 南京: 南京航空航天大学, 2013.

[100] 张希彬. 高超声速飞行器建模、分析与验证研究[D]. 天津: 天津大学, 2014.

[101] 葛东明. 临近空间高超声速飞行器鲁棒变增益控制[D]. 哈尔滨: 哈尔滨工业大学, 2011.

[102] 朱国梁. 高超声速飞行器建模和控制[D]. 哈尔滨: 哈尔滨工业大学, 2017.

[103] 张勇. 面向控制的高超声速飞行器一体化设计[D]. 南京: 南京航空航天大学, 2012.

[104] KORAD A S. Modeling, analysis, and control of a hypersonic vehicle with significant aero-thermo-elastic-propulsion interactions, and propulsive uncertainty[D]. Phoenix: Arizona State University, 2010.

[105] KELKAR A, VOGEL J, WHITMER C, et al. Design tool for control-centric modeling, analysis, and trade studies for hypersonic vehicles[C]. AIAA International Space Planes and Hypersonic Systems and Technologies Conference, San Francisco, California, USA, 2011: 1-33.

[106] CHAVEZ F, SCHMIDT D K. Analytical aeropropulsive-aeroelastic hypersonic-vehicle model with dynamic analysis[J]. Journal of Guidance Control & Dynamics, 1994, 17(6): 1308-1319.

[107] 逄洪军. 高超声速飞行器气动弹性建模与鲁棒变增益控制[D]. 哈尔滨: 哈尔滨工业大学, 2016.

[108] BOLENDER M A, DOMAN D B. Flight path angle dynamics of air-breathing hypersonic vehicles[C]. AIAA Guidance, Navigation, and Control Conference and Exhibit, Keystone, Colorado, USA, 2006: 1-25.

[109] SIGTHORSSON D , SERRANI A. Development of linear parameter-varying models of hypersonic air-breathing vehicles[C]. AIAA Guidance, Navigation, and Control Conference and Exhibit, Chicago, Illinois, USA, 2009: 1-21.

[110] KHALIL H K. Nonlinear Systems[M]. 3rd ed. Upper Saddle River: Prentice Hall, 2002.

[111] BHAT S, BERNATEIN D S. Lyapunov analysis of finite-time differential equations[C]. American Control Conference, Seattle, Washington D. C., USA, 1995: 1831-1832.

[112] POLYAKOV A. Nonlinear feedback design for fixed-time stabilization of linear control systems[J]. IEEE Transactions on Automatic Control, 2012, 57(8): 2106-2110.

[113] BHAT S P, BERNSTEIN D S. Geometric homogeneity with applications to finite-time stability[J]. Mathematics of Control, Signals, and Systems: MCSS, 2005, 17(2): 101-127.

[114] BHAT S P, BERNSTEIN D S. Continuous finite-time stabilization of the translational and rotational double integrators[J]. IEEE Transactions on Automatic Control, 1998, 43(5): 678-682.

[115] YU S, YU X, SHIRINZADEH B, et al. Continuous finite-time control for robotic manipulators with terminal sliding mode[J]. Automatica, 2005, 41(11): 1957-1964.

[116] JIANG B Y, HU Q L, FRISWELL M I. Fixed-time attitude control for rigid spacecraft with actuator saturation and

faults[J]. IEEE Transactions on Control Systems Technology: A publication of the IEEE Control Systems Society, 2016, 24(5): 1892-1898.

[117] FILIPPOV A F. Differential Equations with Discontinuous Righthand Sides[M]. Berlin: Springer, 1988.

[118] LEVANT A. Sliding order and sliding accuracy in sliding mode control[J]. International Journal of Control, 1993, 58(6): 1247-1263.

[119] LEVANT A. Principles of 2-sliding mode design[J]. Automatica, 2007, 43(4): 576-586.

[120] REICHHARTINGER M, HORN M. Application of higher order sliding-mode concepts to a throttle actuator for gasoline engines[J]. IEEE Transactions on Industrial Electronics, 2009, 56(9): 3322-3329.

[121] BARTOLINI G, FERRARA A, USANI E. Chattering avoidance by second-order sliding mode control[J]. IEEE Transactions on Automatic Control, 2002, 43(2): 241-246.

[122] LEVANT A. Quasi-continuous high-order sliding-mode controllers[J]. IEEE Transactions on Automatic Control, 2005, 50(11): 1812-1816.

[123] LEVANT A. Universal SISO sliding-mode controllers with finite-time convergence[J]. IEEE Transactions on Automatic Control, 2001, 46(9): 1447-1451.

[124] KAMAL S, MORENO J A, CHALANGA A, et al. Continuous terminal sliding-mode controller[J]. Automatica, 2016, 69(2): 308-314.

[125] KAMAL S, CHALANGA A, THORAT V, et al. A new family of continuous higher order sliding mode algorithm[C]. 10th Asian Control Conference, Kota Kinabalu, Malaysia, 2015: 1-6.

[126] MORENO J A, NEGRETE D Y, et al. Adaptive continuous twisting algorithm[J]. International Journal of Control, 2015, 89(9): 1798-1806.

[127] YU S H, YU X H, MAN Z H, et al. On singularity free recursive fast terminal sliding mode control[C]. 2008 International Workshop on Variable Structure Systems, Antalya, Turkey, 2008: 163-166.

[128] FENG Y, YU X, MAN Z. Non-singular terminal sliding mode control of rigid manipulators[J]. Automatica, 2002, 38(12): 2159-2167.

[129] YANG L , YANG J . Nonsingular fast terminal sliding - mode control for nonlinear dynamical systems[J]. International Journal of Robust and Nonlinear Control, 2011, 21(16): 1865-1879.

[130] JIANG B, HU Q, FRISWELL M I. Fixed-time rendezvous control of spacecraft with a tumbling target under loss of actuator effectiveness[J]. IEEE Transactions on Aerospace & Electronic Systems, 2016, 52(4): 1576-1586.

[131] NI J K, LIU L, LIU C X, et al. Fast fixed-time nonsingular terminal sliding mode control and its application to chaos suppression in power system[J]. IEEE Transactions on Circuits & Systems II Express Briefs, 2017, 64(2): 151-155.

[132] ZUO Z. Non-singular fixed-time terminal sliding mode control of non-linear systems[J]. IET Control Theory & Applications, 2015, 9(4): 545-552.

[133] FU J, WANG J. Fixed-time coordinated tracking for second-order multi-agent systems with bounded input uncertainties[J]. Systems & Control Letters, 2016, 93: 1-12.

[134] PISANO A, USAI E. Sliding mode control: A survey with applications in math[J]. Mathematics and Computers in Simulation, 2011, 81(5): 954-979.

[135] LEVANT A. Robust exact differentiation via sliding mode technique[J]. Automatica, 1998, 34(3): 379-384.

[136] LEVANT A. Higher-order sliding modes, differentiation and output-feedback control[J]. International Journal of Control, 2003, 76(9-10): 924-941.

[137] BASIN M, YU P, SHTESSEL Y. Finite- and fixed-time differentiators utilising HOSM techniques[J]. IET Control

Theory & Applications, 2017, 11(8): 1144-1152.

[138] ANGULO M T, MORENO J A, et al. Robust exact uniformly convergent arbitrary order differentiator[J]. Automatica, 2013, 49(8): 2489-2495.

[139] BANDYOPADHYAY B, JANARDHANAN S, et al. Advances in Sliding Mode Control: Concept, Theory and Implementation[M]. Berlin: Springer, 2013.

[140] WANG J, WU Y, DONG X. Recursive terminal sliding mode control for hypersonic flight vehicle with sliding mode disturbance observer[J]. Nonlinear Dynamics, 2015, 81(3): 1489-1510.

[141] WANG N, WU H, GUO L. Coupling-observer-based nonlinear control for flexible air-breathing hypersonic vehicles[J]. Nonlinear Dynamics, 2014, 78(3): 2141-2159.

[142] HE N, GAO Q, GUTIERREZ H, et al. Robust adaptive dynamic surface control for hypersonic vehicles[J]. Nonlinear Dynamics, 2018, 93(3): 1109-1120.

[143] GAO G, WANG J. Observer-based fault-tolerant control for an air-breathing hypersonic vehicle model[J]. Nonlinear Dynamics, 2013, 76(1): 409-430.

[144] YANG F, WEI C, CUI N, et al. Adaptive generalized super-twisting algorithm based guidance law design[C]. 14th IEEE Workshop on Variable Structure Systems, Nanjing, Jiangsu, China, 2016: 1-5.

[145] SHTESSEL Y, TALEB M, PLESTAN F. A novel adaptive-gain supertwisting sliding mode controller: Methodology and application[J]. Automatica, 2012, 48(5): 759-769.

[146] ZONG Q, WANG J, TIAN B, et al. Quasi-continuous high-order sliding mode controller and observer design for flexible hypersonic vehicle[J]. Aerospace Science & Technology, 2013, 27(1): 127-137.

[147] WANG F, ZOU Q, ZONG Q. Robust adaptive backstepping control for an uncertain nonlinear system with input constraint based on Lyapunov redesign[J]. International Journal of Control Automation & Systems, 2016, 15(1): 212-225.

[148] AN H, XIA H, WANG C. Finite-time output tracking control for air-breathing hypersonic vehicles with actuator constraints[J]. Proceedings of the Institution of Mechanical Engineers, Part G: Journal of Aerospace Engineering, 2016, 231(14): 2578-2593.

[149] WANG F, ZOU Q, HUA C, et al. Disturbance observer-based dynamic surface control design for a hypersonic vehicle with input constraints and uncertainty[J]. Proceedings of the Institution of Mechanical Engineers, Part I: Journal of Systems and Control Engineering, 2016, 230(6): 522-536.

[150] UTKIN V I, POZNYAK A S. Adaptive sliding mode control with application to super-twist algorithm: Equivalent control method[J]. Automatica, 2013, 49(1): 39-47.

[151] EDWARDS C, SHTESSEL Y B. Adaptive continuous higher order sliding mode control[J]. Automatica, 2016, 65: 183-190.

[152] POLYAKOV A, EFIMOV D, PERRUQUETTI W. Finite-time and fixed-time stabilization: Implicit Lyapunov function approach[J]. Automatica, 2015, 51(10): 332-340.

[153] 杨超, 许赟, 谢长川. 高超声速飞行器气动弹性力学研究综述[J]. 航空学报, 2010, 31(1): 1-11.

[154] 胡超芳, 杨晓荷, 米涵芃. 一种弹性高超声速飞行器多胞 LPV 系统建模方法: CN112558623A[P]. 2021-03-26.

[155] 胡寿松. 自动控制原理基础教程[M]. 4 版. 北京：科学出版社, 2001.

[156] QIN P, CAI P. A novel algorithm of adaptive IIR lattice notch filter and performance analysis[J]. 上海大学学报(英文版), 2007, 11(5): 485-489.

[157] HUANG N E, SHEN Z, LONG S R, et al. The empirical mode decomposition and the Hilbert spectrum for nonlinear and non-stationary time series analysis[J]. Proceedings of the Royal Society of London Series A, 1998, 454(1971):

903-995.

[158] HARTMAN E J, KEELER J D, KOWALSKI J M. Layered neural networks with Gaussian hidden units as universal approximations[J]. Neural Computation, 1990, 2: 210-215.

[159] PARK J, SANDBERG I. Universal approximation using radial-basis-function networks[J]. Neural Computation, 2014, 3(2): 246-257.

[160] ZHA G C, KNIGHT D, SMITH D. Investigations of high-speed civil transport inlet unstart at angle of attack[J]. Journal of Aircraft, 1998, 35(6): 851-856.

[161] STEPHEN E J, HOENISCH S R, RIGGS C J, et al. HIFiRE-6 unstart conditions at off-design mach numbers[C]. 53rd AIAA Aerospace Sciences Meeting, Kissimmee, Florida, USA, 2015: 1046-1064.

[162] 丁一波, 岳晓奎, 代洪华, 等. 考虑进气约束的高超声速飞行器预定性能控制[J]. 航空学报, 2021, 42(11): 170-187.

[163] 杨宇. 多指标综合评价中赋权方法评析[J]. 统计与决策, 2006(13): 17-19.

[164] 公茂果, 焦李成, 杨咚咚, 等. 进化多目标优化算法研究[J]. 软件学报, 2009, 20(2): 271-289.

[165] 刘建昌, 李飞, 王洪海, 等. 进化高维多目标优化算法研究综述[J]. 控制与决策, 2018, 33(5): 879-887.

[166] DEB K, JAIN H. An evolutionary many-objective optimization algorithm using reference-point-based nondominated sorting approach, part I: Solving problems with box constraints[J]. IEEE Transactions on Evolutionary Computation, 2014, 18(4): 577-601.

[167] ZHOU Z H, FENG J. Deep forest: Towards an alternative to deep neural networks[J]. National Science Review, 2017, 1(6): 74-86.